普通高等教育“十二五”规划教材

土木工程AutoCAD

主　编　闫新勇　任彦茹
副主编　刘炳华　朱庆斌
主　审　富志鹏

内 容 提 要

本书为一部关于土木工程绘图设计实用教材，全书以 AutoCAD 2010 中文版为基础，结合土木类专业绘图的特点，从实用角度出发，采用“命令应用范围＋命令调用＋命令选项＋上机实践＋命令说明＋使用技巧”的编排体系，注重理论讲授、实践训练相结合，突出了应用能力与技能的培养，力求达到高职教育“工学结合、理实一体，项目任务”的目的。书中所举例子全部针对建筑与路桥专业领域，并系统地介绍了 AutoCAD 2010 软件的主要功能及应用技巧。

本书内容分为两大部分：第一部分为基础部分，主要内容包括 CAD 基础知识、AutoCAD 2010 基本操作、基本绘图方法、绘图环境设置、对象特性、二维图形绘制和编辑、高级绘图和编辑、工程尺寸标注、图形打印输出、三维图形绘制和编辑；第二部分为专业应用绘图设计部分，通过实际工程案例介绍建筑工程与路桥工程等实际工程图的画法。

本书可作为高职高专院校土木工程相关专业的教材，也可作为本科生和工程技术人员的学习参考书。

图书在版编目（ＣＩＰ）数据

土木工程AutoCAD / 闫新勇，任彦茹主编. -- 北京 : 中国水利水电出版社，2014.6
普通高等教育“十二五”规划教材
ISBN 978-7-5170-2163-6

Ⅰ. ①土… Ⅱ. ①闫… ②任… Ⅲ. ①土木工程－建筑制图－计算机制图－AutoCAD软件－高等学校－教材 Ⅳ. ①TU204-39

中国版本图书馆CIP数据核字(2014)第131226号

书　　名	普通高等教育“十二五”规划教材 **土木工程 AutoCAD**
作　　者	主　编　闫新勇　任彦茹 副主编　刘炳华　朱庆斌 主　审　富志鹏
出版发行	中国水利水电出版社 （北京市海淀区玉渊潭南路 1 号 D 座　100038） 网址：www.waterpub.com.cn E-mail：sales@waterpub.com.cn 电话：(010) 68367658（发行部）
经　　售	北京科水图书销售中心（零售） 电话：(010) 88383994、63202643、68545874 全国各地新华书店和相关出版物销售网点
排　　版	中国水利水电出版社微机排版中心
印　　刷	北京瑞斯通印务发展有限公司
规　　格	184mm×260mm　16 开本　15 印张　356 千字
版　　次	2014 年 6 月第 1 版　2014 年 6 月第 1 次印刷
印　　数	0001—3000 册
定　　价	**36.00** 元

前言

QIANYAN

土木工程 AutoCAD 是土木工程专业学生的一门专业必修课，是从事工程设计及 CAD 应用和开发的基础。

全书以 AutoCAD 2010 中文版为基础，结合土木类专业绘图的特点，从实用角度出发，采用“命令应用范围＋命令调用＋命令选项＋上机实践＋命令说明＋使用技巧”的编排体系，注重理论讲授、实践训练相结合，突出了应用能力与技能的培养，力求达到高职教育“工学结合、理实一体，项目任务”的目的。

本书的主要任务是使学生了解计算机图形系统中有关硬件配置方面的基本知识，掌握图形生成与输出的基本原理，学会图形设计的基本方法。书中所举例子全部针对建筑与路桥专业领域，并系统地介绍了该软件的主要功能及应用技巧。

本书共 11 章，分为两个主要部分。第一部分由第 1 章～第 5 章组成，主要介绍了 AutoCAD 2010 基础知识、二维绘图基本命令、基本编辑命令、图层与图块等基础知识；第二部分由第 6 章～第 11 章组成，主要介绍了建筑施工图的绘制与路桥工程图绘制、图样输出方法以及三维绘图与实体造型和路桥建模与渲染等提高设计效率的方法等专业应用绘图设计。

参加本书编写的人员有河北交通职业技术学院闫新勇、任彦茹、刘炳华、曹文龙、梁艳、匡博，福建交通职业技术学院朱庆斌；二连浩特至秦皇岛高速公路管理处吴杰；河北省交通规划设计研究院王波，本书由中交第一公路勘察研究院有限公司高级工程师富志鹏主审。本书参与编写人员具体分工为：第 1 章由闫新勇编写；第 2 章由曹文龙编写；第 3 章由任彦茹编写；第 4 章由朱庆斌编写；第 5 章和第 6 章由梁艳、任彦茹编写；第 7 章由刘炳华编写；第 8 章由曹文龙编写；第 9 章由吴杰编写；第 10 章由朱庆斌编写；第 11 章由匡博、王波编写；全书由闫新勇、任彦茹任主编，刘炳华、朱庆斌任副主编。

限于作者的水平和经验，书中难免有不当之处，欢迎读者批评指正。

编　者

2014 年 3 月

目　录

MULU

第二部分　专业应用绘图设计部分

第一部分　基　础　部　分

第1章　AutoCAD 2010 的安装与设置

知识目标：

- 掌握 AutoCAD 2010 的安装方法、基本操作技巧。
- 掌握直角坐标和极坐标的概念。
- 了解 AutoCAD 2010 绘图设置方法。

技能目标：

- 能够掌握 AutoCAD 2010 绘图设置方法。
- 能够应用直角坐标和极坐标方法进行绘图。

本章导语：

学习 AutoCAD 2010 界面基本操作、直角坐标和极坐标、图层的设置和特征点的捕捉；掌握相对直角坐标和相对极坐标的应用，图层的概念与格式设置及特征点的捕捉设定。

1.1　AutoCAD 2010 的安装

AutoCAD 2010 的安装与运行需要一定的计算机软、硬件环境。

1.1.1　AutoCAD 2010 对系统的要求

AutoCAD 2010 对用户的计算机系统有一些基本要求。

1. 操作系统

推荐采用以下操作系统之一：

(1) Windows® XP Home 和 Professional SP2 或更高版本。

(2) Microsoft® Windows 7 或更高版本。

2. Web 浏览器

Internet Explorer® 7.0 或更高版本。

3. 处理器

(1) Windows XP - Intel® Pentium® 4 或 AMD Athlon™ Dual Core 处理器，1.6GHz 或更高，采用 SSE2 技术。

(2) Windows Vista - Intel Pentium 4 或 AMD Athlon Dual Core 处理器，3.0GHz 或

更高，采用 SSE2 技术。

4. 内存

2GB 内存。

5. 显示器

1024×768 VGA 真彩色。

1.1.2 安装 AutoCAD 2010

AutoCAD 2010 的安装非常方便。将 AutoCAD 2010 光盘插入光驱后，双击光盘上的安装程序 setup. exe，系统将弹出图 1.1 所示的界面。

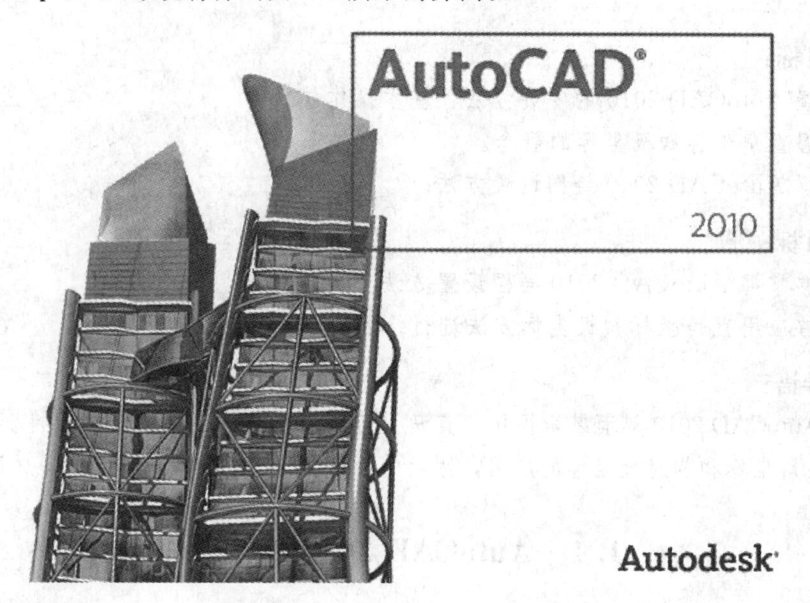

图 1.1 AutoCAD 2010 安装初始界面

在此界面中，有“安装”、“部件”、“文档”、“支持”、“网络展开”五个选项卡，默认时显示“安装”选项卡中的内容，如图 1.1 所示。此时如果单击“步骤 3 安装 AutoCAD 2010”中的“安装”项，即可启动 AutoCAD 2010 安装向导，开始 AutoCAD 2010 的安装。安装过程中，用户应根据安装向导对各种提示信息给予响应，步骤如下：

(1) 在“欢迎使用 AutoCAD 2010 安装向导”对话框中，单击“下一步”。

(2) 查看所适用国家/地区的“Autodesk 软件许可协议”，必须接受协议才能完成安装。要接受协议，则选择“我接受”，然后单击“下一步”(如果不同意协议的条款，则单击“取消”以取消安装)。

(3) 在“序列号”对话框中，输入位于 AutoCAD 2010 产品包装上的序列号，然后单击“下一步”。

(4) 在“用户信息”对话框中，输入用户信息（在此输入的信息是永久性的，要确保在此输入正确信息，因为过后将无法对其进行更改，除非删除安装产品），然后单击“下一步”。

（5）在“选择安装类型”对话框中，指定所需的安装类型，然后单击“下一步”。

（6）在“目标文件夹”对话框中，可执行下列操作之一：

1）单击“下一步”，接受默认的目标文件夹。

2）输入路径或单击“浏览”，指定在其他驱动器和文件夹中安装 AutoCAD 2010，单击“确定”，然后单击“下一步”。

（7）如果希望编辑 LISP、PGP 和 CUS 词典文件等文本文件，可在“选项”对话框中选择要使用的文本编辑器。可以接受默认编辑器；也可以从可用文本编辑器列表中选择；还可以单击“浏览”以定位未列出的文本编辑器。

在“选项”对话框中，还可以选择是否在桌面上显示 AutoCAD 快捷方式图标。默认情况下，产品图标将在桌面上显示；如果不希望显示快捷方式图标，则单击消除此单选按钮的选中状态。然后单击“下一步”。

（8）在“开始安装”对话框中，单击“下一步”，开始安装。

（9）显示“更新系统”对话框，其中显示了安装进度。安装完成后，将显示“AutoCAD 2010 安装成功”对话框。在此对话框中，如果单击“完成”，将打开自述文件。自述文件包含 AutoCAD 2010 文档发布时尚未具备的信息。如果不希望查看自述文件，则将“自述文件”单选按钮为不勾选状态。

安装完成后，如有重新启动计算机的提示，则要重新启动计算机后再运行 AutoCAD 2010 程序。现在用户就可以注册产品然后使用此程序了。要注册产品，启动 AutoCAD 2010 并按照屏幕上的说明操作即可。

1.2 AutoCAD 2010 基本操作

本节将介绍 AutoCAD 2010 系统的启动与退出、文件操作以及图形的查看方法等。

1.2.1 AutoCAD 2010 的启动

在默认情况下，安装完 AutoCAD 2010 后，将自动在桌面上生成一个快捷方式图标，在“开始”菜单中也有对应的子菜单，执行下面三个操作之一就可以启动 AutoCAD 2010。

（1）双击桌面图标。

（2）单击“开始”→“程序”→“AutoCAD 2010”→“ACAD”选项。

（3）找到 AutoCAD 2010 的可执行文件 ACAD.exe，直接双击。

启动后的初始界面如图 1.2 所示。

1.2.2 AutoCAD 2010 的界面介绍

AutoCAD 2010 的界面主要由标题栏、菜单栏、工具栏、绘图窗口、十字光标、坐标系图标、滚动条、命令窗口、状态栏等组成。在默认设置下，启动 AutoCAD 2010 后还会显示出工具选项板。

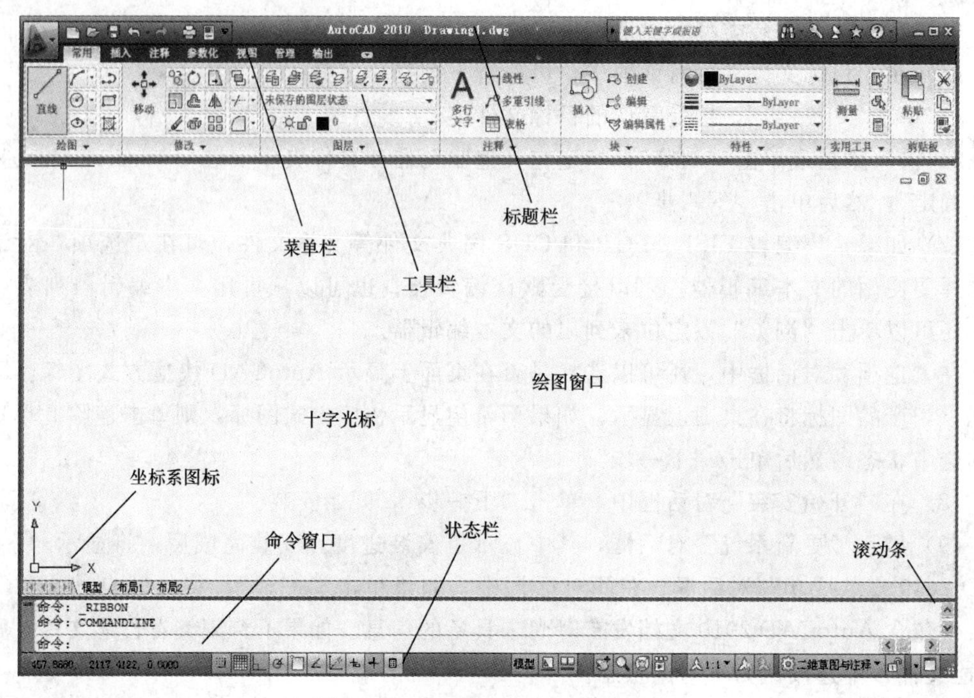

图 1.2 AutoCAD 2010 工作界面

1. 标题栏

标题栏位于工作界面的最上方，和一般的软件标题栏相似，其左端显示软件的图标、名称、版本级别以及当前图形的文件名称，右端的 按钮，可以用来最小化、最大化或者关闭 AutoCAD 2010 的工作界面。

2. 菜单栏

菜单栏位于标题栏的下方，包括“文件”、“编辑”、“视图”、“插入”、“格式”、“工具”、“绘图”、“标注”、“修改”、“窗口”和“帮助”11 个主菜单项。单击任一主菜单项，屏幕将弹出其下拉菜单，利用下拉菜单可以执行 AutoCAD 2010 的绝大部分命令。

3. 工具栏

AutoCAD 2010 输入命令的另一种方式是利用工具栏，单击其上的命令按钮，即可执行相应的命令。将光标移动到工具栏图标上停留片刻，图标旁边会出现相应的命令提示，同时在状态栏中显示该命令的功能介绍。

AutoCAD 2010 提供了众多的工具栏，默认状态下，其工作界面只显示了“标准”、“样式”、“图层”、“对象特性”、“绘图”和“修改”六个工具栏。用户可以根据需要调用其他工具栏，具体方法是通过下拉菜单选择“视图”→“工具栏”选项，屏幕将弹出“自定义”对话框，如图 1.3 所示。

在“工具栏”选项卡左侧的“工具栏”窗口中单击相应选项，可以弹出或关闭相应的工具栏。在选项卡中还能对工具栏进行新建、重命名、删除等管理工作。

另外，用户还可以拖动工具栏至合适的位置。

4. 绘图窗口、十字光标、坐标系图标、滚动条

绘图窗口是用户利用 AutoCAD 2010 绘制图形的区域，类似于手工绘图时的图纸。

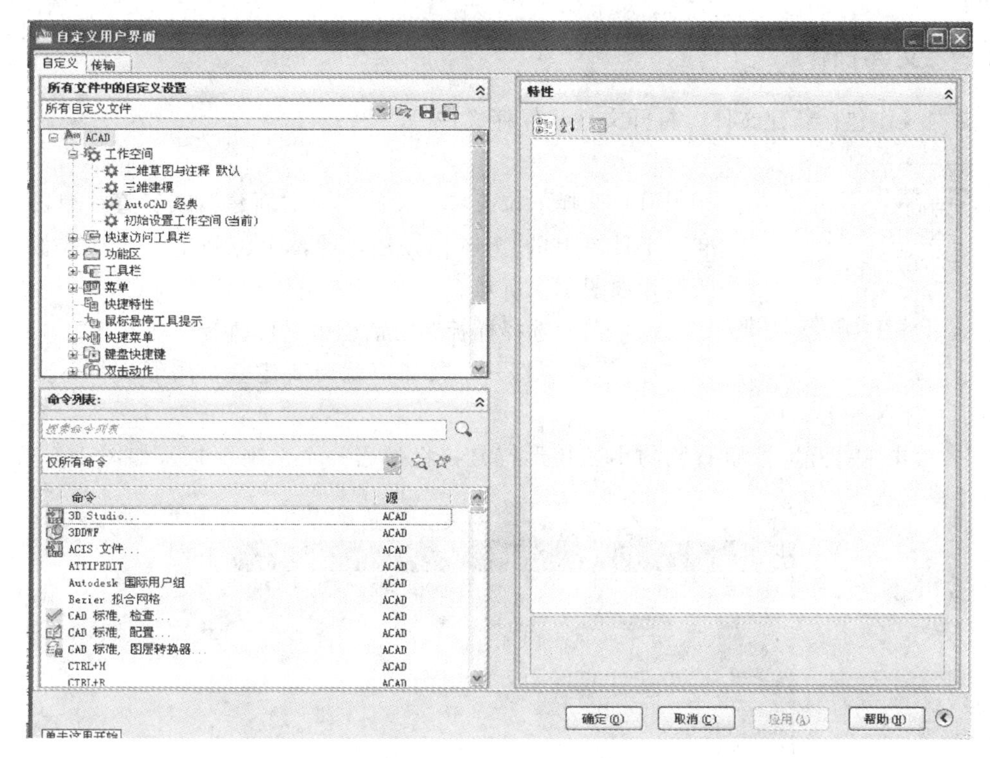

图 1.3　“自定义”对话框

绘图窗口内有一个十字光标，随鼠标的移动而移动，其位置不同，形状亦不相同，这样就可以反映不同的操作。它主要用于执行绘图、选择对象等操作。

绘图窗口的左下角是坐标系图标，它主要用来显示当前使用的坐标系及坐标的方向。用户可以将该图标关掉，即不显示它。

滚动条位于绘图窗口的右侧和底边，单击并拖动滚动条，可以使图样沿水平或竖直方向移动。

5. 命令窗口

命令窗口位于绘图窗口的下方，主要用来接受用户输入的命令和显示 AutoCAD 2010 系统的提示信息。默认情况下，命令窗口只显示最后三行所执行的命令或提示信息。若想查看以前输入的命令或提示信息，可以单击命令窗口的上边缘并向上拖动，或按下〈F2〉快捷键，屏幕上将弹出“AutoCAD 文本窗口”对话框。

命令窗口中位于最下面的行称为命令行。在执行某一命令的过程中，AutoCAD 2010 要在此行给出提示信息，以提示用户当前应进行的响应。当命令行上只有“命令:”提示时，可通过键盘输入新的 AutoCAD 2010 命令（但在执行某一命令的过程中，单击菜单项或工具栏按钮可中断当前命令的执行，并执行对应的新命令）。

6. 状态栏

状态栏位于 AutoCAD 2010 工作界面的最下边，它主要用来显示当前的绘图状态，如当前十字光标的位置（坐标），绘图时是否打开了正交、栅格捕捉、栅格显示等功能以及当前的绘图空间等。

1.2.3　文件操作

文件操作包括新建文件、打开文件、保存文件等。

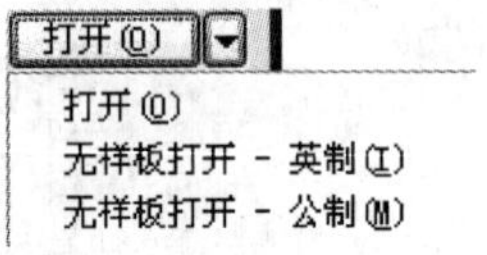

1. 新建文件

打开(O)

打开(O)
无样板打开 - 英制(I)
无样板打开 - 公制(M)

图 1.4 “选择样板”对话框

(1) 选择下拉菜单“文件”→“新建”或者直接单击“标准”工具栏上的图标按钮，屏幕上将弹出“选择样板”对话框，如图 1.4 所示。

(2) 在“选择样板”对话框中，可执行下列操作之一：

1) 单击“打开”按钮，就会新建一个图形文件，文件名将显示在标题栏上。

2) 单击“打开”按钮右侧的小三角形符号，将弹出一个选项面板，如图 1.5 所示。各选项含义如下：

图 1.5 “打开”选项面板

a. 选择“无样板打开—英制”选项，将新建一个英制的无样板打开的绘图文件。

b. 选择“无样板打开—公制”选项，将新建一个公制的无样板打开的绘图文件。

c. 选择“打开”选项，将新建一个有样板打开的绘图文件。

2. 打开文件

通过下拉菜单选择“文件”→“打开”，或者直接单击“标准”工具栏上的按钮，即打开如图 1.6 所示的“选择文件”对话框。选择需要打开的图形文件，单击“打开”按钮即可。

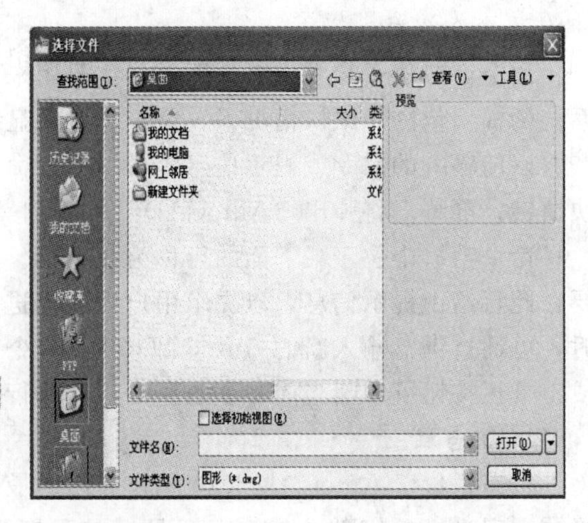

图 1.6 “选择文件”对话框

AutoCAD 2010 支持多图档操作，即同

时打开多个图形文件。多图档操作时，可以通过选择“窗口”下拉菜单中的子命令来控制各图形窗口的排列形式，以及进行窗口之间的切换。

3. 保存文件

通过下拉菜单选择“文件”→“保存”或单击“标准”工具栏上的按钮，也可以使用快捷键〈Ctrl〉＋〈s〉保存图形。如果是第一次存储该图形文件，则弹出如图 1.7 所示的“图形另存为”对话框，用户可以将文件命名并保存到想要保存的地方。如果文件已经命名，则直接以原文件名保存。如果要重新命名保存图形，则要选择“文件”→“另存为”选项。

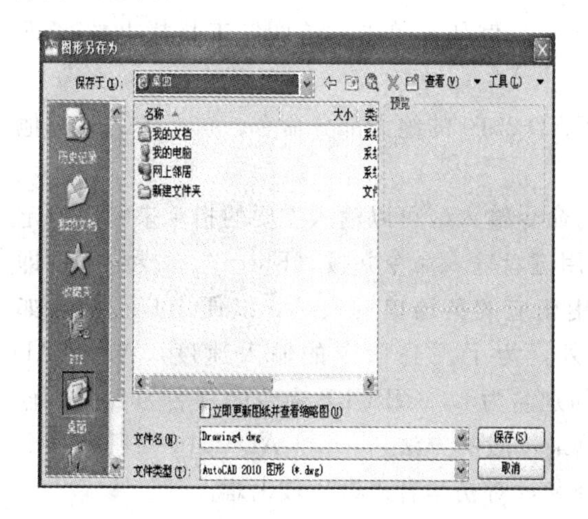

图 1.7 “图形另存为”对话框

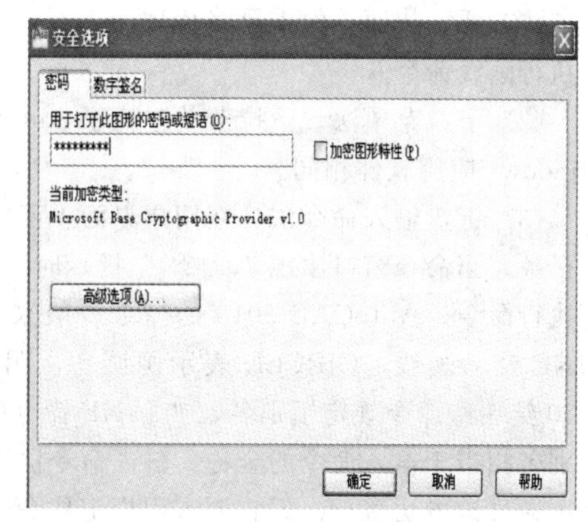

图 1.8 “安全选项”对话框

单击该对话框右上角的“工具”→“安全选项”按钮，系统将弹出“安全选项”对话框，如图 1.8 所示。在此，用户可以为自己的图形文件加密保护。

1.2.4 退出 AutoCAD 2010

用户执行下列操作之一即可退出 AutoCAD 2010：

(1) 在下拉菜单中选择“文件”→“退出”。

(2) 单击标题栏上的按钮。

(3) 在命令行输入 QUIT 或 EXIT。

退出之前如果未曾存盘，系统会询问用户是否将修改保存。

1.2.5 AutoCAD 2010 命令输入方法

1. 命令输入设备

AutoCAD 2010 支持的输入设备主要有键盘、鼠标和数字化仪等，其中键盘和鼠标最为常用。

键盘主要用于命令行输入，尤其是在输入选项或数据时，一般只能通过键盘输入。键盘在输入命令、选项和数据时，字母的大小写是等效的。输入命令、选项或数据后，必须按〈Enter〉键，才能执行。一般情况下，空格键等效于〈Enter〉键。

鼠标主要用于控制光标的移动。在菜单输入和工具栏输入时，只需单击即可执行 AutoCAD 2010 的命令。鼠标的左键主要用于击取菜单、单击按钮、选择对象和定位点等，使用频率最高。单击鼠标右键（可称为“右击”）可以弹出相应的快捷菜单或相当于按〈Enter〉键。

2. 命令输入方法

AutoCAD 2010 的命令主要有三种基本的输入方法：命令按钮法、下拉菜单法和键盘输入命令法。

（1）命令按钮法。即通过单击工具栏上的图标按钮执行相应的命令。这种命令输入方法方便、快捷，但需要将待用的工具栏调出。例如，单击“绘图”工具栏上的即可执行画线命令。

（2）下拉菜单法。下拉菜单包括了 AutoCAD 2010 的绝大部分命令，执行方法和其他 Windows 应用软件相同。

（3）键盘输入命令法。在用户界面下面的命令输入区可以输入需要的指令来完成指定的任务。当命令窗口出现“命令：”提示时，用键盘输入命令并按〈Enter〉键或空格键即可执行命令。AutoCAD 2010 的命令一般采用相应的英语单词表示，以便用户记忆，如 LINE 表示画线，CIRCLE 表示画圆等。另外，为了提高命令的输入速度，AutoCAD 2010 给一些命令规定了别名，如 LINE 命令的别名为 L，CIRCLE 命令的别名为 C 等，输入别名相当于输入命令的全称。输入命令法是最一般的方法，AutoCAD 2010 的所有命令都可通过该方法执行。但它要求用户记住命令名，对初学者来讲比较困难。

除了以上三种基本方法外，对于重新执行上一完成的命令，可以输入〈Enter〉键或空格键，即可执行上一命令。也可以利用〈F1〉～〈F11〉功能键来设置某些状态。〈Esc〉键可以帮助用户尽快脱离错误操作状态。

在 AutoCAD 2010 的诸多命令中，有些命令可以在其他命令的执行过程中插入执行，这样的命令称为透明命令。例如，HELP、ZOOM、PAN、LIMITS 等都属于透明命令。透明命令用键盘输入时要在命令名前输入一个单引号，如'ZOOM。透明命令也可以通过下拉菜单或工具栏按钮执行，这时不必输入另外的符号。

⚠**注意：**本书中主要以键盘输入命令的方法介绍 AutoCAD 2010 在公路工程领域常用的一些绘制命令。

1.2.6　图形查看

在查看或绘制尺寸较大的图形或局部复杂的图形结构时，在屏幕窗口中可能看不到或看不清局部细节，从而使很多操作不方便。AutoCAD 2010 提供的图形显示缩放功能可以解决这个问题。

1. 缩放命令

ZOOM（缩放）命令使用户可以放大或缩小图形，就如同照相机的变焦镜头一样。它能将“镜头”对准图形的任何部分放大或缩小观察对象的视觉尺寸，而保持其实际尺寸

不变。

ZOOM 命令大多数情况下可透明执行。ZOOM 命令在命令窗口的执行过程如下：

命令：ZOOM↙（或 z↙，符号“↙”在本书中代表按〈Enter〉键）

指定窗口角点，输入比例因子（nX 或 nXP），或 [全部（A）/中心点（c）/动态（D）/范围（E）/上一个（P）/比例（s）/窗口（w）]〈实时〉：

各选项含义如下：

(1) 若直接在屏幕上点取窗口的两个对角点，则点取的窗口内的图形将被放大到全屏幕显示。

(2) 若直接输入一数值，系统将以此数值为比例因子，按图形实际尺寸大小进行缩放；若在数值后加上“X”，系统将根据当前视图进行缩放；若在数值后加上“XP”，系统将根据当前的图纸空间进行缩放。

(3) 若直接按〈Enter〉键，系统将进入实时缩放状态。按住鼠标左键向上移动光标，图形随之放大；向下移动光标，图形随之缩小。按〈Enter〉键或〈Esc〉键，将退出实时缩放。

直接单击工具栏上的按钮，具有同样的功能。

(4) 其他选项含义如下：

＞A——在当前视窗缩放显示整个图形。

＞C——缩放显示由中心点和缩放比例（或高度）所定义的窗口。高度值较小时放大图形，较大时缩小图形。

＞D——动态调整视图框的大小和位置，将其中的图形平移或缩放，以充满当前视窗。

＞E——将整个图形尽可能地放大到全屏幕显示。

＞P——恢复显示前一个视图。AutoCAD 2010 中文版最多可以恢复此前的 10 个视图。直接单击工具栏上的按钮，也可以完成同样的功能。

＞S——以指定的比例因子缩放显示。

＞W——用窗口缩放显示，将由两个对角点定义的矩形窗口内的图形放大到全屏幕显示。

2. 平移视图

PAN 命令用于平移视图，以便观察图形的不同部分。PAN 为透明命令，其在命令窗口的执行如下：

命令：PAN↙

执行命令后，光标变成手形，按住鼠标左键移动光标，图形随之移动。

3. 重画

重画命令用于刷新屏幕显示，以消除屏幕上由于编辑而产生的杂乱信息。重画命令在命令窗口的执行如下：

命令：REDRAWALL↙

重画只刷新屏幕显示，这与数据的重生成不同。

4. 重生成

重生成命令也可以刷新屏幕，但它所用的时间要比重画命令长。这是因为重生成命令除了刷新屏幕外，还要对数据库进行操作，使图形显示更加精确。通常情况下，当用重画命令刷新屏幕后仍不能正确地反映图形时，应该调用重生成命令。重生成命令在命令窗口的执行如下：

命令：REGEN↙

1.3　AutoCAD 2010 坐标系的使用

与其他图形设计软件相比，AutoCAD 2010 最大的特点在于它提供了精确绘制图形的功能，用户可以按照非常高的精度标准，准确地设计并绘制图形。其独特的坐标系统是准确绘图的重要基础。

1.3.1　世界坐标系

世界坐标系（World Coordinate System，WCS）又称为通用坐标系。WCS 是一种笛卡尔坐标系，其原点位于绘图窗口的左下角，*X* 轴正方向为水平向右，*Y* 轴正方向为垂直向上，*Z* 轴正方向为垂直于屏幕向外。

1.3.2　用户坐标系

有时为了绘图的方便，要修改坐标系的原点位置和 *X*、*Y* 轴的方向，这种适合于用户需要的坐标系称为用户坐标系（User Coordinate System，UCS）。

要设置 UCS，可选择“工具”菜单下的“命名 UCS”、“正交 UCS”、“移动 UCS”和“新建 UCS”命令选项，或者在命令行执行“UCS”命令。

1.3.3　坐标

在 AutoCAD 2010 中，坐标的表示方法有两种：直角坐标（即笛卡尔坐标）和极坐标。

直角坐标有 *X*、*Y*、*Z* 三个坐标值（一般平面制图只用到 *X*、*Y* 坐标的值），分别表示与坐标原点或前一点的相对距离和方向。极坐标用距离和角度表示，表示一点相对于原点或其前一点的距离和角度。其中，相对于原点的坐标值称为绝对坐标值，相对于前一个输入点的坐标值称为相对坐标值。所以，在 AutoCAD 2010 中，点的坐标形式有绝对直角坐标、绝对极坐标、相对直角坐标和相对极坐标四种。

1.3.4　点的输入方法

在 AutoCAD 2010 中，点的输入方式有两种：通过键盘输入点的坐标和在绘图窗口中用光标定点。

1. 直接键入点的坐标

(1) 绝对直角坐标。指定点的 *X*、*Y* 坐标确定点的位置，输入格式为“*X*，*Y*”。如图 1.9 中的 *A* 点，在执行命令过程中需要输入该点坐标时，直接从键盘在命令窗口键入：

60，55↙

注意：输入坐标时，逗号必须用西文逗号。

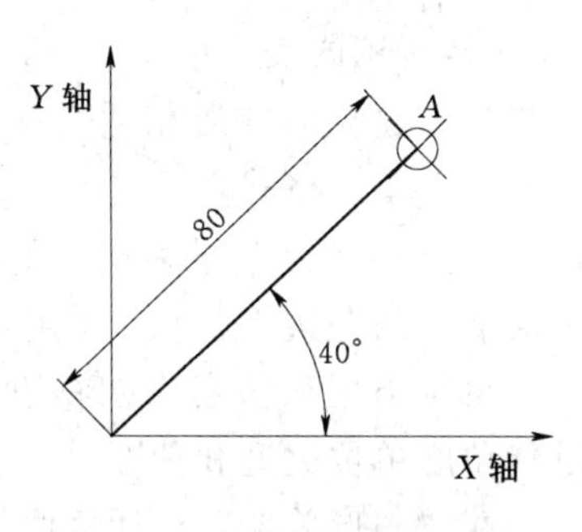

图 1.9　绝对直角坐标

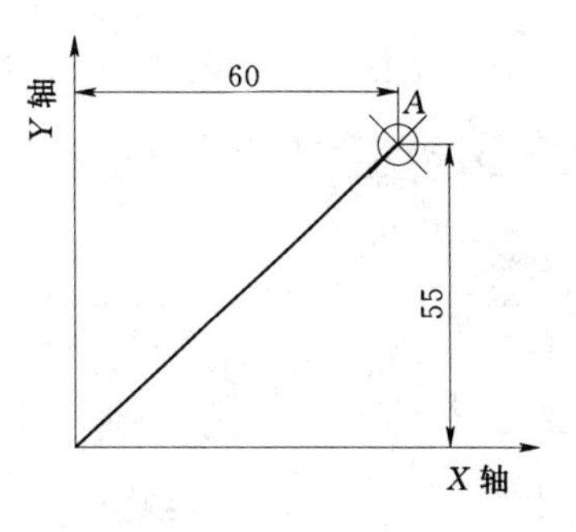

图 1.10　绝对极坐标

(2) 绝对极坐标。指定相对于坐标原点的距离和角度，输入格式为“距离<角度”。其中，角度是从指定点到坐标原点的连线与 *X* 轴正方向间的夹角。如图 1.10 中的 *A* 点，在执行命令过程中需要输入该点坐标时，直接从键盘在命令窗口键入：

80<40↙

(3) 相对直角坐标。指定相对于上一输入点的 *X* 和 *Y* 方向的距离（有正负之分）确定点的位置，输入格式为“@X，Y”。如图 1.11 所示，假设画线段 *AB* 时，*A* 点作为第一点，当需要输入 *B* 点时，直接在命令窗口键入：

@30，−80↙

提示：此时用户可假设将坐标系原点移至 *A* 点来定义 *B* 点坐标。

(4) 相对极坐标。指定相对于前一输入点的距离和角度，输入格式为“@距离<角度”。其中，角度是从指定点到前一输入点的连线与 *X* 轴正方向间的夹角。如图 1.11 中，假设画线段 *BC* 时，以 *B* 点作为第一输入点，*C* 点相对于 *B* 点的相对极坐标在命令窗口的输入形式为：

@100<45↙

2. 用光标定点

通过移动鼠标控制光标，当光标到达指定的位置后，单击即可。但是仅仅使用光标定位往往不够精确，可借助绘图辅助工具帮助定位，从而保证绘图精度。关于绘图辅助工具的使用将在后续章节介绍。

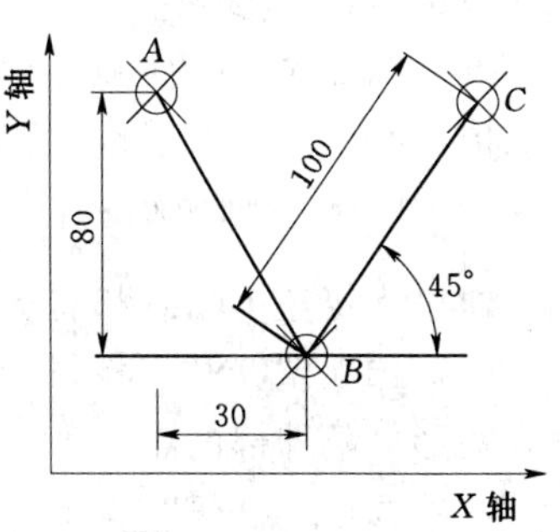

图 1.11　相对直角坐标

1.4　AutoCAD 2010绘图设置

通常，启动新图后首先要设置适合所画图形的绘图环境，如图形单位、图形界限、图层、颜色、线型、绘图辅助工具等。完整的绘图环境设置是获得精确绘图结果的基础。

1.4.1　设置图形单位

单位定义了对象是如何计量的，不同的行业通常所用的表示单位不同，因此用户应使用与自己建立的图形相适合的单位类型。选择下拉菜单“格式”→“单位”选项，即可打开“图形单位”对话框，如图1.12所示。在对话框的左边“长度”栏中选择所需要的长度单位类型和精度，在右边“角度”栏中设置角度单位类型和精度。

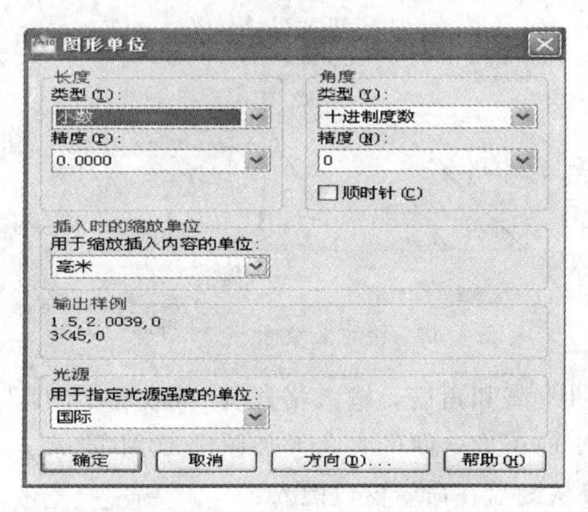

图1.12　“图形单位”对话框

在“图形单位”对话框中：

（1）“顺时针”选项用于设定角度的正方向，默认设置是逆时针为正，若需改变，则选中此项。

（2）“方向”按钮用于设置基准角度的方向，系统默认为0°（向东）方向为起点。

> ⚠**注意：** 以上两项在本书讲解中均取默认值。

1.4.2　设置图形界限

图形界限定义了一个虚拟的、不可见的绘图边界。选择下拉菜单“格式”→“图形界限”选项运行LIMITS命令即可设置图形界限。LIMITS命令在命令窗口的执行过程如下：

命令：LIMITS↙

重新设置模型空间界限：

指定左下角点或［开（ON）/关（OFF）］〈0.0000.0.0000〉：↙（指定一点或输入选项，“〈〉”符号内的数值为默认值，直接按〈Enter〉键即使用默认值）

指定右上角点〈420.0000，297.0000〉：3000，2500↙（指定另一点）

通过指定左下角点和右上角点来设置图形界限。各选项含义如下：

（1）选项“ON”表示打开界限检查，当打开界限检查时，AutoCAD 2010将会拒绝输入图形界限外部的点。

（2）选项“OFF”表示关闭界限检查，关闭后，对于超出界限的点依然可以画出。

提示 1： 在 AutoCAD 2010 中，图形界限的设置不受限制，因此所绘制的图形大小也不受限制，完全可以按 1∶1 的比例来作图，省去了比例变换。可以等图形绘制好后，再按一定的比例输出图形。

提示 2： 在绘图实践中，通常左下角用默认值（0，0）图形界限的大小应该设置得略大于图形的绝对尺寸。例如，要绘制一个总体尺寸为 2000 个绘图单位的工程时，可设置左下角为（0，0）、右上角为（3000，2500）来定义图形界限。

注意： 在设定图形界限后，绘图区域的大小并没有即时改变，应用 ZOOM 命令可以调整显示范围。执行 ZOOM 命令并选择“ALL”选项可以将 LIMITS 设定的区域全部置于屏幕可视范围内。

1.4.3 图层的使用

图层可以理解为一种没有厚度的透明胶片。在绘制复杂图形时，通常把不同的内容分开布置在不同的图层上，而完整的图形则是各图层的叠加。

AutoCAD 2010 对图层的数量没有限制，原则上在一幅图中可以创建任意多个层，对每个层上所能容纳的图形实体个数也没有限制，用户可以在一个层上绘制任意多对象。各层的图形既彼此独立，又相互联系。用户既可以对整幅图形进行整体处理，又可以对某一层上的图形进行单独操作。每一图层可以有自己不同的线型、颜色和状态，对某一类对象进行操作时，可以关闭、冻结或锁住一些不相关的内容，从而使图面清晰、操作方便。同时，各个图层具有相同的坐标系、绘图界限和缩放比例，各图层间是严格对齐的。

每一图层都有一个层名。0 层是 AutoCAD 2010 自己定义的，系统启动后自动进入的就是 0 层。其余的图层要由用户根据需要自己创建，层名也是用户自己给定。用户不能修改 0 层的层名，也不能删除该层，但可以重新设置它的其他属性。图层的默认颜色为白色，默认线型为实线。

正在使用的图层称为当前层，用户只能在当前层上绘图。用户可以将已建立的任意层设置为当前层，但当前层只能有一个。

图层可以根据需要被设置为打开或关闭。只有打开的图层才能被显示和输出。关闭的图层虽然仍是图形的一部分，但不能显示和输出。

图层可以被冻结或解冻。冻结了的图层除了不能被显示、编辑和输出外，也不能参加重新生成运算。在复杂图形中冻结不需要的层，可以大大加快系统重新生成图形的速度。

图层可以被锁定或解锁。锁定了的图层仍然可见，但不能对其上的实体进行编辑。给图层加锁可以保证该层上的实体不被选中和修改。

图层可以设置成可打印或不可打印。关闭了打印设置的图层即使是可见的，也不能打印输出。

1.4.3.1 图层的设置

图层的设置可以通过单击“图层”工具栏上的按钮，或通过下拉菜单选择“格式”→“图层”选项，也可以使用命令“LAYER”。命令执行后，系统将弹出“图层特性管理器”对话框，如图 1.13 所示。

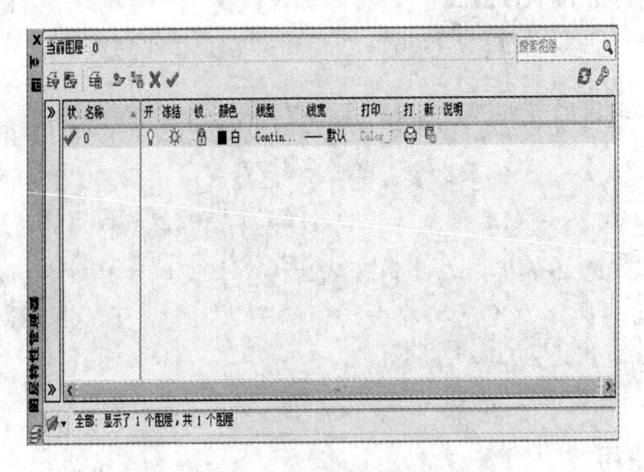

图 1.13 “图层特性管理器”对话框

1. 新建图层

单击“新建”按钮，列表中出现一个名为“图层 1”的新图层。该图层的名称被高亮显示，以便用户能够立即为该图层输入一个新的名称。当输入名称后，按〈Enter〉键或在对话框中间空白处单击即可。

2. 设置图层特性

(1) 设置名称。如果要重新定义现有图层的名称，单击要改名的图层名称，然后再单击一次，即可重新输入图层名称。也可以单击“显示细节”按钮，然后选择要修改的图层，在“详细信息”一栏中修改名称，如图 1.14 所示。

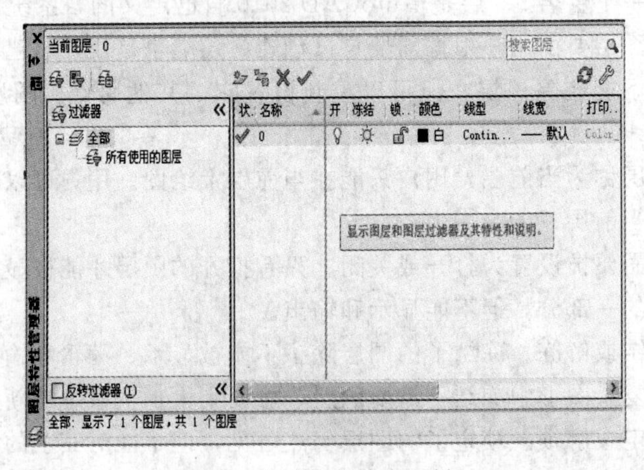

图 1.14 “详细信息”栏

(2) 设置颜色。要修改图层的默认颜色设置，将光标移动到该图层同一排设置中的颜色框上，打开“选择颜色”对话框，如图 1.15 所示。单击想要设置的颜色，然后单击“确定”按钮，返回“图层特性管理器”对话框。

AutoCAD 2010 为用户提供了七种标准颜色，即红、黄、绿、青、蓝、品红和白。建议用户尽量采用标准颜色，因为这七种标准颜色区别较大，便于识别。

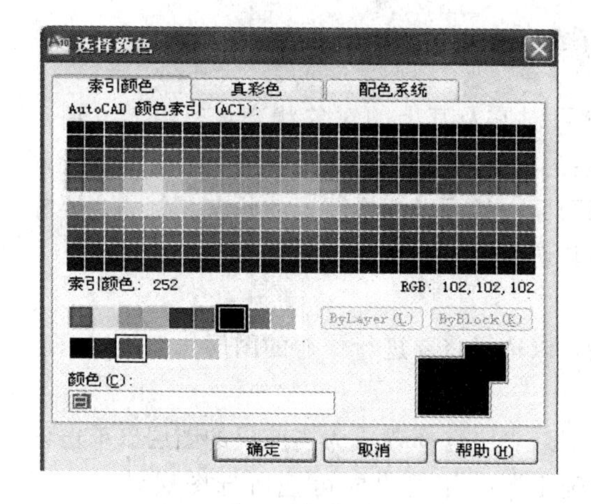

图 1.15 “选择颜色”对话框

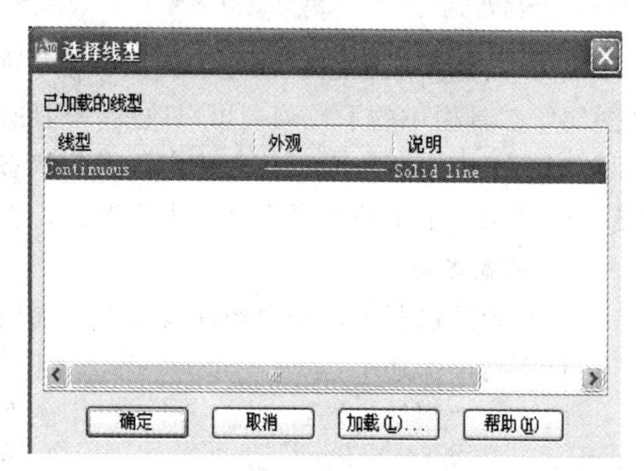

图 1.16 “选择线型”对话框

AutoCAD 2010 还增加了两项新特性：真彩色和配色系统。真彩色选项卡通过对颜色的描述能够使用户更准确地定义颜色，配色系统选项卡显示了系统颜色库中的所有颜色，用户可根据情况合理选择。

（3）设置线型。设置线型与设置颜色的方法类似，不同的是在第一次设置线型前，必须先加载所需的线型。要改变默认的线型设置，将光标移动到该图层同一排设置中的线型上，打开“选择线型”对话框，如图 1.16 所示。单击“加载”按钮，弹出“加载或重载线型”对话框，如图 1.17 所示。

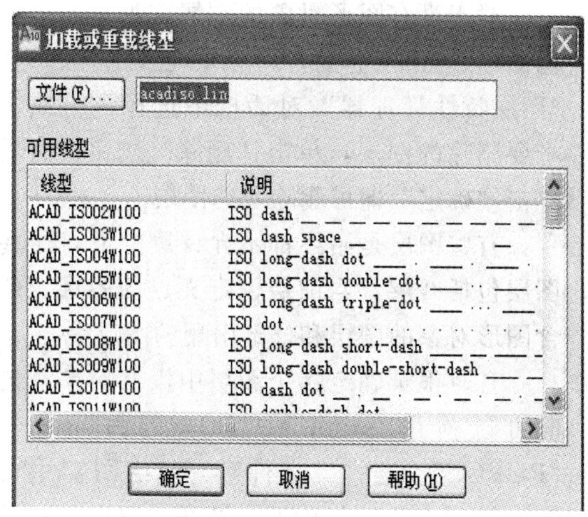

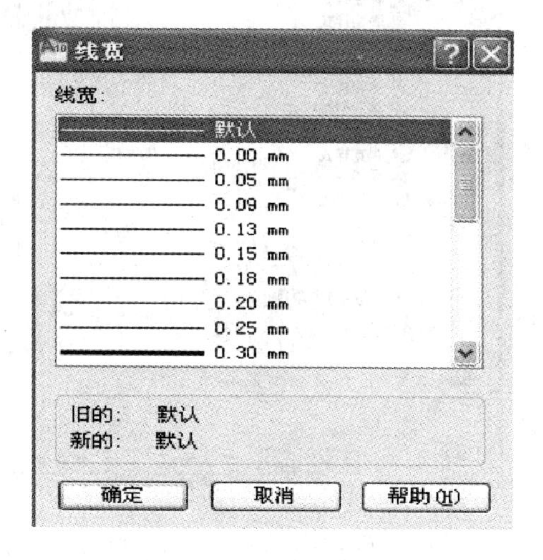

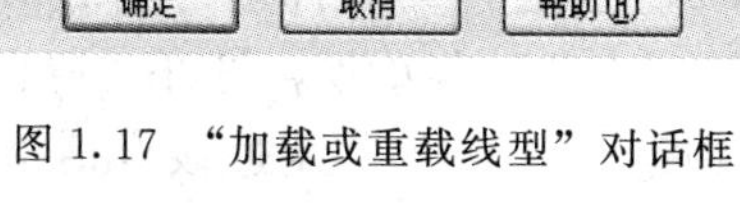

图 1.17 “加载或重载线型”对话框

图 1.18 “线宽”对话框

选择一个或多个需要的线型，单击“确定”回到“选择线型”对话框，现在就可以为图层定义线型了。

（4）设置线宽。线宽是为打印输出作准备的，此宽度表示在输出对象时绘图仪的笔的宽度。在“图层特性管理器”对话框中单击该图层同一排设置的线宽，屏幕上出现“线宽”对话框，如图 1.18 所示。从列表中选择一种线宽值，然后单击“确定”按钮，返回“图层特性管理器”对话框。

⚠注意： 状态栏上的“线宽”按钮用于选择显示或隐藏线宽。

(5) 设置图层状态。创建了图层以后，就可对它及其上的对象状态进行修改。通过“图层”工具栏中的下拉列表可以改变一些图层的状态，其他设置必须在“图层特性管理器”对话框中进行修改。单击指定图层的状态图标，就可以切换图层的状态。例如，要冻结一个图层，单击该图层列表的太阳图标，将其切换为雪花图标，该层即被冻结。

3. 设置当前层

在绘图的过程中，用户经常要改变当前层，以选择将要进行作业的图层。切换当前层可执行下列操作之一：

(1) 在“图层特性管理器”对话框中的图层列表中选择要成为当前层的图层（单击该图层名称），单击“当前”按钮，然后单击“确定”按钮退出即可把所选图层设置为当前层。

(2) 在“图层特性管理器”对话框中的图层列表中双击要成为当前层的图层名称，然后单击“确定”按钮退出也可把所选图层设置为当前层。

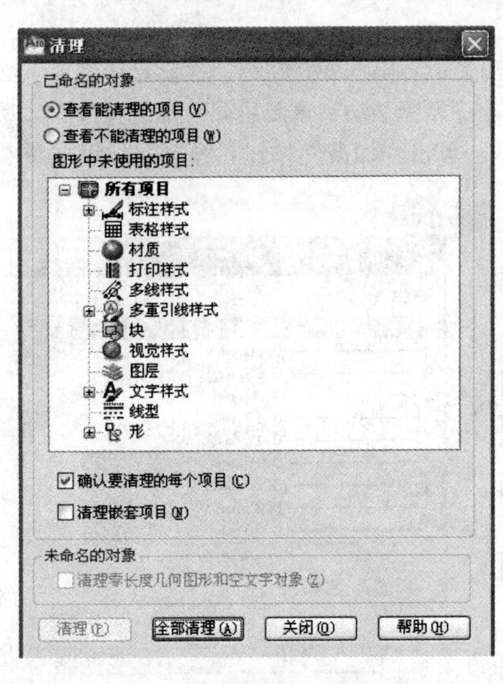

图 1.19 “清理”对话框

(3) 从“图层”工具栏的下拉列表中单击要设置为当前层的图层名称。

(4) 通过“图层”工具栏上的按钮改变当前层。

4. 删除图层

对于没有图形对象的空层，为了节省存储图形占用的空间，可以将它们删除。在“图层特性管理器”对话框中选择一个或多个要删除的图层，单击“删除”按钮，然后单击“确定”即可删除所选图层。

有些图层是始终都不允许删除的，这些图层包括 0 层、当前层、定义点的图层、包含图形对象的图层和外部引用的图层等。

有时很难确定哪个图层中没有对象，这时可以使用 AutoCAD 2010 的另一命令“PURGE”。选择“文件”→“绘图实用程序”→“清理”菜单项，打开“清理”对话框，如图 1.19 所示。通过该对话框不仅可以删除空图层，还可清除图形文件中其他所有无用的项目。

1.4.3.2 对象特性的设置

1. 设置对象特性

利用“对象特性”工具栏设置对象特性颜色、线型、线宽和打印样式是图形对象的四个重要特性，默认时为“随层”，即继承了它们所在图层的颜色、线型、线宽和打印样式。利用“对象特性”工具栏（图 1.20），可以快速查看和改变对象的颜色、线型、线宽和打

印样式。对象特性被改变后只对后续绘图有效，对已有的图形没有影响。

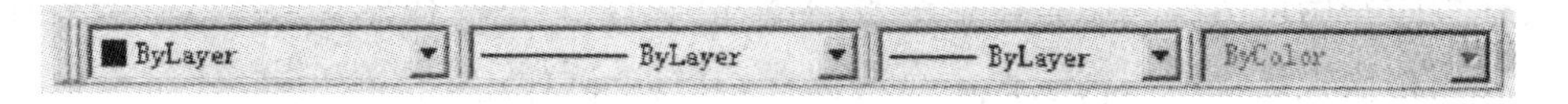

图 1.20 “对象特征”工具栏

提示：“格式”下拉菜单中的“颜色”、“线型”、“线宽”和“打印样式”选项分别与“对象特性”工具栏中的响应下拉列表等效。

2. 设置线型比例

线型定义一般是由一连串的点、短划线和空格组成的。线型比例因子直接影响着每个绘图单位中线型重复的次数。线型比例因子越小，短划线和空格的长度就越短，于是在每个绘图单位中重复的次数就越多。

线型比例分为全局线型比例和对象线型比例两种。全局比例因子将影响所有已经绘制和将要绘制的图形对象。对于每个图形对象，除了受全局线型比例因子的影响外，还受到当前对象的缩放比例因子的影响，对象最终所用的线型比例因子等于全局线型比例因子与当前对象缩放比例因子的乘积。

选择下拉菜单“格式”→“线型”，打开“线型管理器”对话框，单击“显示细节”按钮，在“详细信息”栏中即可设置线型比例，如图 1.21 所示。也可使用“LTSCALE”命令设置全局线型比例。

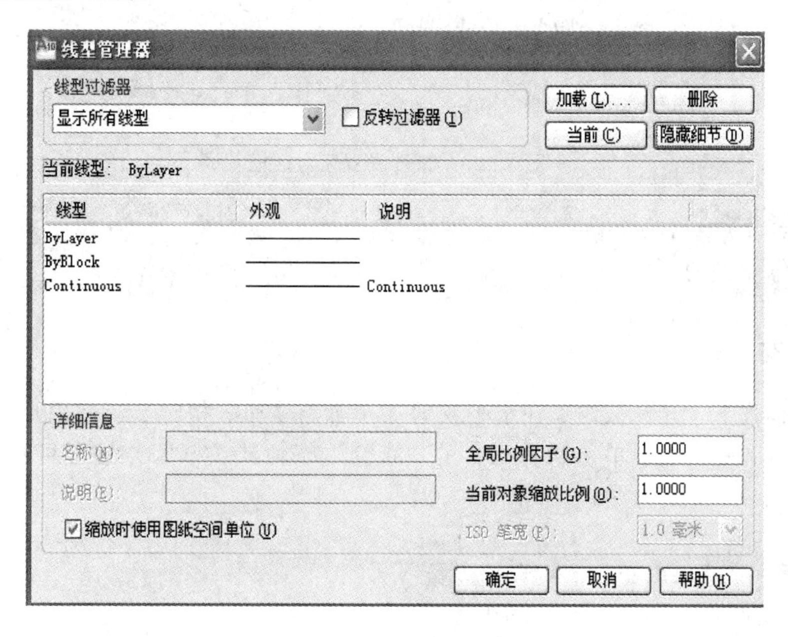

图 1.21 设置线型比例

1.4.4 栅格与捕捉

AutoCAD 2010 可在屏幕绘图区内显示类似于坐标纸一样的可见点阵，称为栅格。通

过单击状态栏中的“栅格”按钮或按〈F7〉键，可以随意显示或隐藏栅格。显示栅格点可有效地判定绘图的方位，确定图形上点的位置。栅格只是一种辅助工具，不会被打印输出。仅凭栅格模式还难以用肉眼控制点的位置，为此 AutoCAD 2010 提供了捕捉模式。利用它就可以在绘图过程中精确地捕捉到栅格点。单击状态栏中的“捕捉”按钮或按〈F9〉键就可以打开或关闭捕捉模式。

通过下拉菜单选择“工具”→“草图设置”选项，或者在状态栏“栅格”或“捕捉”按钮上右击并选择“设置”选项，系统将打开“草图设置”对话框，如图 1.22 所示。在“捕捉和栅格”选项卡中，用户可以对栅格和捕捉特性进行设置。

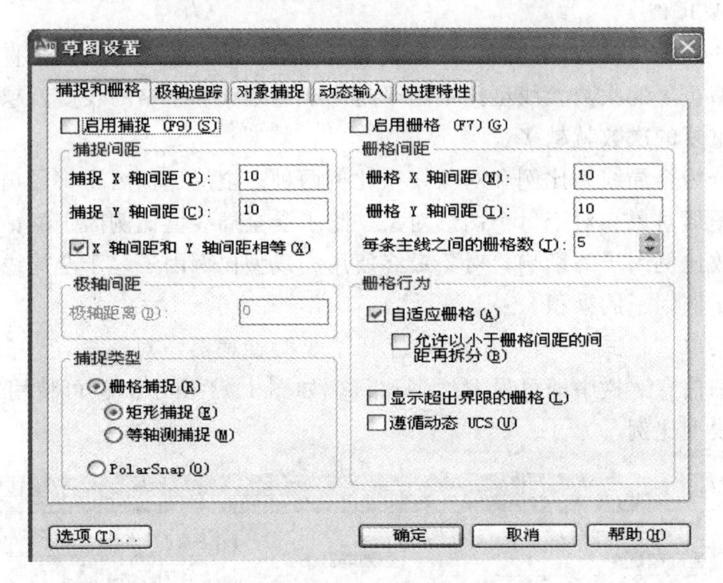

图 1.22　“草图设置”对话框

提示： 为了既能准确定位，又能看到栅格点，通常将捕捉间距设置为与栅格间距相等或是它的倍数。

1.4.5　正交

在正交模式下，光标被约束在水平或垂直方向上移动（相对于当前用户坐标系），方便于画水平线和竖直线。单击状态栏上的“正交”按钮或按〈F8〉键即可打开或关闭正交模式。

注意： 正交模式不影响从键盘上输入点。

小　结

本章介绍了 AutoCAD 2010 的安装方法，介绍了图层和绘图前的一些基本设置与操作，详细介绍了直角坐标、极坐标和图层的建立、删除、修改；介绍了图层中线型、颜

色、线宽等的设置方法；介绍了特征点的捕捉，这对提高绘图的规范性和绘图效率有指导意义。

习 题 与 实 训

1. 利用 AutoCAD 2010 正式绘图之前需要做哪些准备工作？

2. AutoCAD 2010 的图层有什么特点？

3. 建立一个图层，名字为“实线”，并设置其颜色为黑色、线型为实线；再建立一个图层，名字为“虚线”，并设置其颜色为蓝色、线型为虚线；最后建立一个图层，名字为“点划线”，并设置其颜色为红色、线型为点划线。

第2章　二 维 绘 图 命 令

知识目标：

- 掌握点、直线、射线和构造线的绘制方法。
- 掌握多边形和圆弧的绘制方法。
- 掌握多线及多段线的绘制方法。

技能目标：

- 能够熟练使用绘图菜单栏下面常用命令。
- 能够运用二维绘图命令绘制复杂图形。

本章导语：

二维绘图命令是 AutoCAD 2010 绘图的基础，二维图形比较简单，在中文版 AutoCAD 2010 中不仅可以绘制点、直线、圆、圆弧、多边形、圆环等二维图形，还可以绘制多线、多段线和样条曲线等高级图形对象。因此，只有熟练地掌握这些二维图形的绘制方法和技巧，才能更好地绘制出复杂的工程图。

2.1　绘制二维图形的方法

为了满足不同用户的需要，体现灵活性、方便性，中文版 AutoCAD 2010 提供了多种方法来实现相同的功能。常用的绘图方法有四种：使用“绘图”选项卡、使用“绘图”菜单、使用“绘图”命令、动态输入。

2.1.1　使用“绘图”选项卡

“绘图”选项卡的每个工具按钮都对应于“绘图”菜单中的绘图命令，用户可以直接单击便可执行相应的命令，如图 2.1 所示。

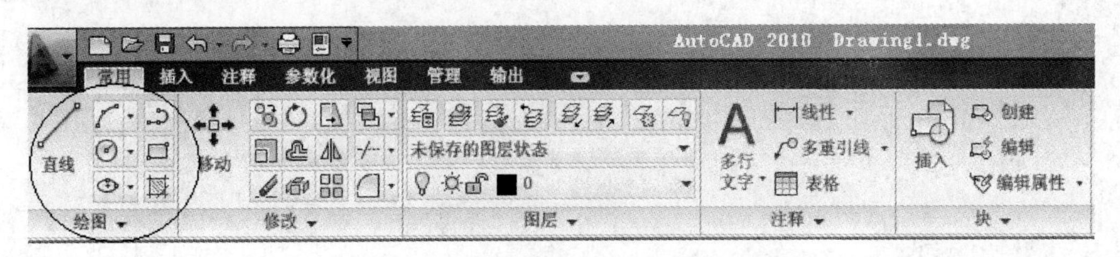

图 2.1　“绘图”选项卡

2.1.2 使用“绘图”菜单

“绘图”菜单是绘制图形最基本、最常用的方法，如图 2.2 所示。“绘图”菜单中包含了中文版 AutoCAD 2010 中大部分绘图命令，用户可以选择菜单中的命令或子命令，绘制相应图形。

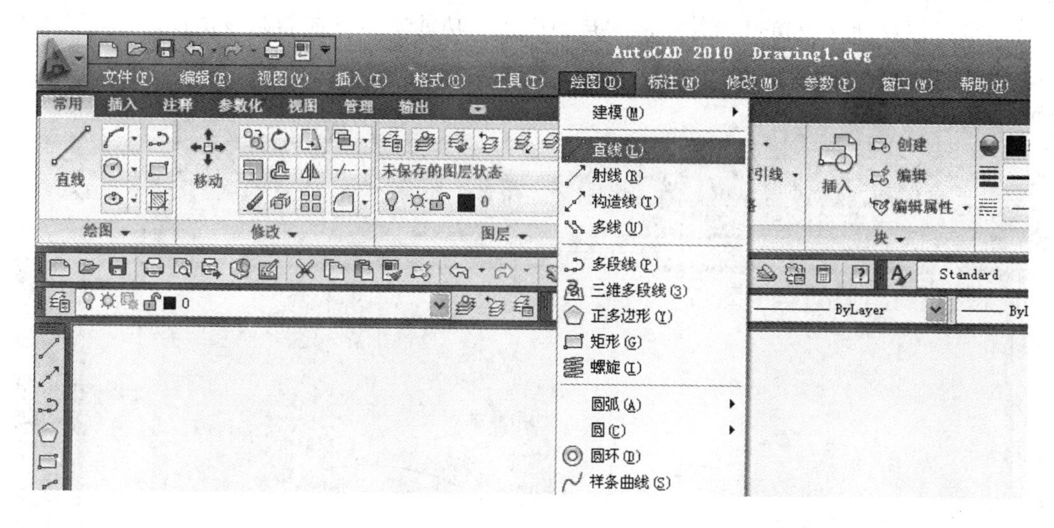

图 2.2 “绘图”菜单

2.1.3 使用“绘图”命令

在命令提示行后输入绘图命令，按〈Enter〉键，可根据提示行的提示信息进行绘图操作。这种方法快捷、准确性高，但需要掌握绘图命令及其选项的具体功能，如图 2.3 所示为输入直线命令“line”后的情形。

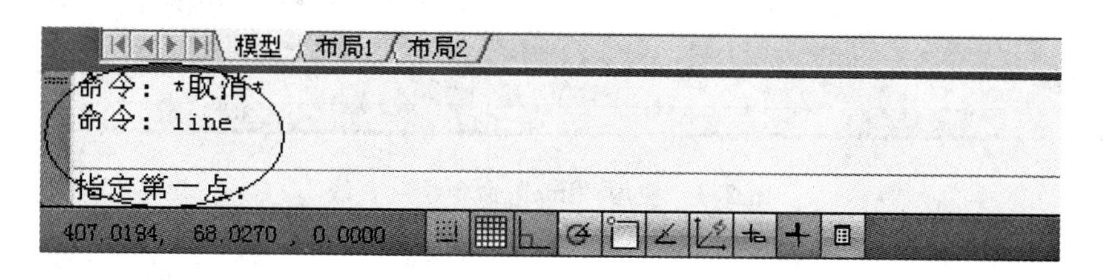

图 2.3 使用“line”命令绘制直线

2.1.4 动态输入

“动态输入”在光标附近提供了一个命令界面，以帮助用户专注于绘图区域。打开“动态输入”时，工具提示将在光标旁边显示信息，该信息会随光标移动动态更新。当某命令处于活动状态时，工具提示将为用户提供输入的位置。

在输入字段中输入值并按〈TAB〉键后，该字段将显示一个锁定图标，并且光标会受用户输入的值约束。随后可以在第二个输入字段中输入值。另外，如果用户输入值然后

按〈Enter〉键，则第二个输入字段将被忽略，且该值将被视为直接距离输入。

完成命令或使用夹点所需的动作与命令提示中的动作类似。区别是用户的注意力可以保持在光标附近。

动态输入不会取代命令窗口。可以隐藏命令窗口以增加绘图屏幕区域，但是在有些操作中还是需要显示命令窗口。按〈F2〉键可根据需要隐藏和显示命令提示和错误消息。另外，也可以浮动命令窗口，并使用“自动隐藏”功能来展开或卷起该窗口，如图2.4所示为输入直线命令“line”后的情形。

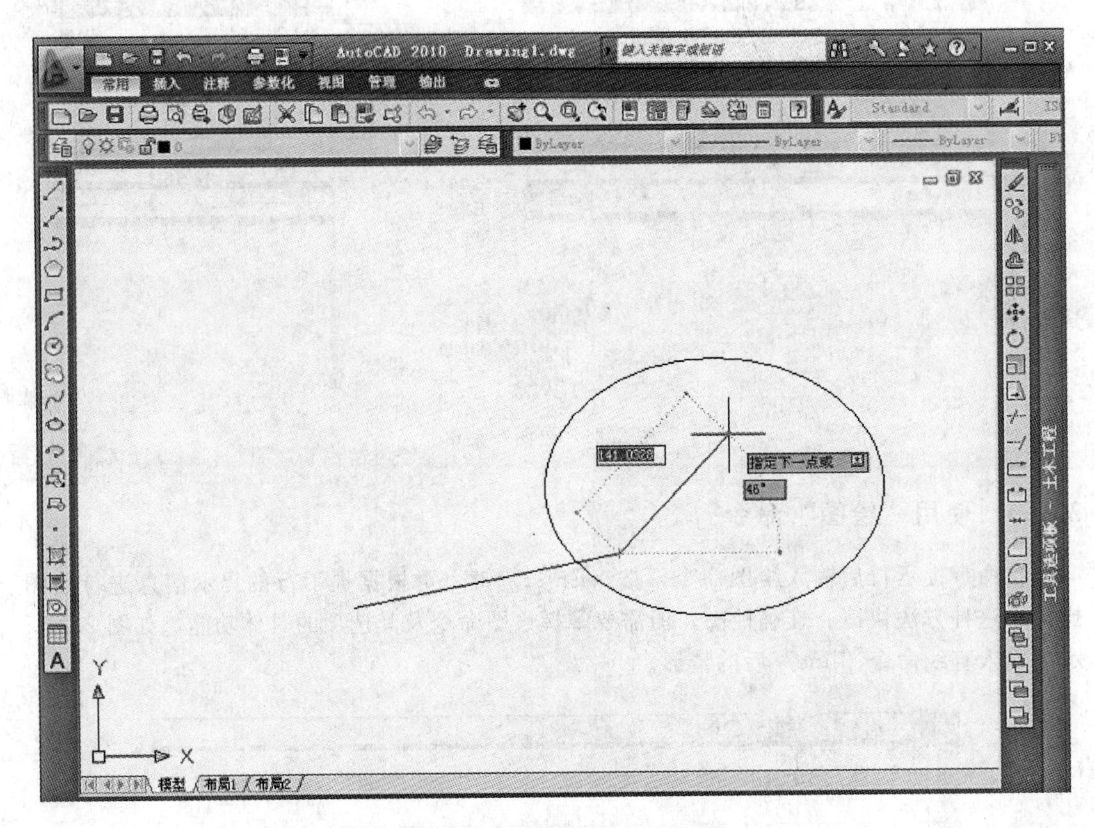

图2.4 使用“line”命令绘制直线

2.2 点和线的绘制

在AutoCAD 2010中，点对象有单点、多点、定数等分和定居等分，用户根据需要可以绘制各种类型的点。作为节点或参照几何图形的点对象对于对象捕捉和相对偏移非常有用。可以相对于屏幕或使用绝对单位设置点的样式和大小。修改点的样式，使它们有更好的可见性并更容易与栅格点区分开，影响图形中所有点对象的显示。图形由对象组成，直线、射线和构造线是最简单的一组线形对象，是最基本的绘图命令，基本上所有的绘图都要用到这些线的命令。

2.2.1　绘制单点和多点

1. 操作方法

执行绘制点的途径有三种：

（1）依次单击“快速访问工具栏”→“显示菜单栏”→“绘图”→“点”→“单点”，可以在绘图窗口中一次指定一个点。

（2）在功能区依次单击“常用”→“绘图”→“多点”按钮，可以在绘图窗口中一次指定多个点。

（3）在命令行输入命令：“point”输入单点。

2. 调整点的形式和大小

调整点的形式和大小的方法如下：

（1）依次单击“格式”→“点样式”，弹出“点样式”对话框，如图 2.5 所示。

（2）在该对话框中，用户可以选择所需要的点的样式。

（3）在“点大小”栏内调整点的大小。

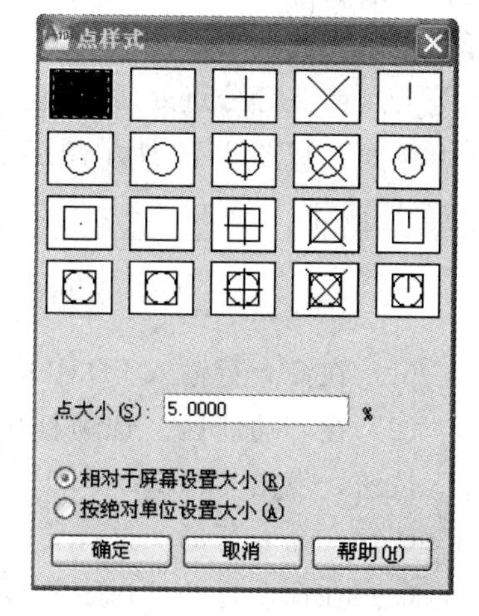

图 2.5　设置点的样式

3. 定数等分

在 AutoCAD 2010 中，在快速访问工具栏中选择“显示菜单”命令，在弹出的菜单中选择“绘图”→“点”→“定数等分”命令（DIVIDE），或在“功能区”选项板中选择“常用”选项卡，在“绘图”面板中单击“等数等分”按钮，都可以在制定的对象上绘制等分点或在等分点处插入块。在使用该命令时应注意以下两点：

（1）因为输入的是等分数，而不是放置点的个数，所以如果将所选对象分成 N 份，则实际上只生成 $N-1$ 个点。

（2）每次只能对一个对象操作，而不能对一组对象操作。

例如，在如图 2.6 所示图形的基础上绘制如图 2.7 所示的线段图。

图 2.6　原始图形

图 2.7　绘制线段图

1）在“功能区”选项板中选择“常用”选项卡，在“绘图”面板中单击“定数等分”按钮，发出 DIVIDE 命令。

2）在命令行的“选择要定数等分的对象：”提示下，拾取直线作为要等分的对象。

3）在命令行的“输入线段数目或 [块（B）]：”提示下，输入等分段数 6，然后按〈Enter〉键，等分结果如图 2.8 所示。

4）在“功能区”选项板中选择“常用”选项卡，在“绘图”面板中单击“定数等分”按钮，发出“point”命令。

5）在命令行的“指定点：”提示下，在屏幕上单击直线的起点和终点，效果如图 2.9

所示。

6）在命令行输入“PDMODE”，将其设置为4，修改点的样式，此时效果如图2.7所示。

图2.8 等分直线　　　　图2.9 绘制多点

4. 定距等分

在AutoCAD 2010中，在快速访问工具栏中选择“显示菜单”命令，在弹出的菜单中选择“绘图”→“点”→“定距等分”命令（MEASURE），或在“功能区”选项板中选择“常用”选项卡，在“绘图”面板中单击“等距等分”按钮，都可以在制定的对象上绘制等分点或在等分点处插入块。

例如，在图2.10所示图形中按AB的长度定居等分直线，效果如图2.11所示。

图2.10 原始图形　　　　图2.11 定居等分对象绘制线段图

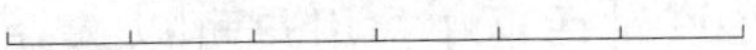

（1）在命令行输入PDMODE，将其设置为4，修改点的样式。

（2）在“功能区”选项板中选择“常用”选项卡，在“绘图”面板中单击“定距等分”按钮，发出“MEASURE”命令。

（3）在命令行的“选择要定距等分的对象:”提示下，拾取直线作为要等分的对象。

（4）在命令行的“指定线段长度或［块（B）］:”提示下，分别拾取点A和点B，效果如图2.10所示。

2.2.2 绘制直线

直线是各种位图中最常用、最简单的一类图形对象，只要指定了起点和终点即可绘制一条直线。可以指定直线的特性，包括颜色、线型和线宽。在AutoCAD 2010中，图元是最小的图形元素，不能再被分解。一个图线由若干个图元组成。

1. 操作途径

点的绘制直线的途径有三种：

（1）依次单击“快速访问工具栏”→“显示菜单栏”→“绘图”→“射线”。

（2）在功能区选项板中依次单击“常用”→“绘图”→“射线”按钮。

（3）在命令行输入命令“line”。

2. 操作方法

（1）在绘图选项卡中单击“直线”按钮，命令行显示：

命令：line 指定第一点：

（2）单击鼠标或从键盘输入起点的坐标，以指定起点。命令行显示：

输入下一点或［放弃（U）］：

(3) 移动鼠标并单击，即可指定下一点，同时画出了一条线段。

(4) 移动鼠标并单击，即可连续画出直线。

(5) 右击弹出快捷菜单，选择确认或者按〈Enter〉键结束画直线操作。

3. 应用提高

(1) 在响应“下一点”时，若输入“U”或者右击选择“放弃”命令，则取消刚刚画出的线段。连续输入“U”并按〈Enter〉键，即可取消响应的线段。

(2) 在命令行的“命令”提示下输入“U”，则取消刚执行的命令。

(3) 在相应“下一点”时若输入“C”或选择快捷菜单中的“闭合”命令，可以使画出的折现封闭并结束操作。也可直接输入长度值，绘制出定长的直线段。

(4) 若要画出水平线和铅垂线，可按〈F8〉键进入正交模式。

(5) 若要准确画线到某一特定点，可用对象捕捉工具。

(6) 利用〈F6〉键切换坐标形式，便于确定线段的长度和角度。

(7) 从命令行输入命令时，可输入快捷键，如“line”命令，从键盘输入“L”即可。

(8) 若要绘制带宽度信息的直线，可以此单击“常用”→“特性”→“线宽”。

4. 应用举例

利用 AutoCAD 2010 的直线命令，完成如图 2.12 所示矩形的绘制。

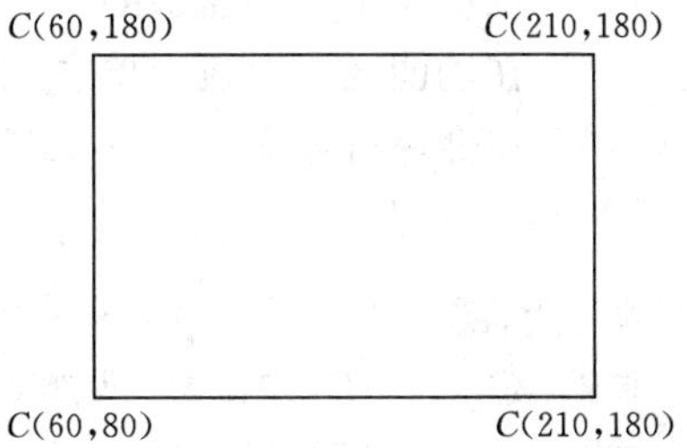

图 2.12 直线的绘制

采用“动态输入”的命令流如下（如果使用命令窗口输入，只需在相对坐标前输入“@”，在绝对坐标前去掉“#”即可）命令窗口的键盘操作如下：

命令：L（回车确认）。

指定第一点：#60，80↙

指定下一点或 [放弃 (U)]：#210，80↙

指定下一点或 [放弃 (U)]：#210，180↙

指定下一点或 [闭合 (C) 或放弃 (U)]：#60，180↙

指定下一点或 [闭合 (C) 或放弃 (U)]：C↙

2.2.3 绘制射线

在建筑工程图的绘制过程中，利用参照先能够方便地实现基本图形的定位，射线命令的作用是绘制图形定位的参照线，用来创建只有共同起点、不同过点，没有终点的绘图参照线。

1. 操作途径

点的绘制直线的途径有三种：

(1) 依次单击“快速访问工具栏”→“显示菜单栏”→“绘图”→“直线”。

(2) 在功能区选项板中依次单击“常用”→“绘图”→“直线”按钮。

(3) 在命令行输命令“ray”。

2. 操作方法

（1）单击“绘图”→“射线”。

（2）单击或从键盘输入起点的坐标，以指定起点。

（3）移动鼠标并单击，或输入点的坐标，即可指定通过点，同时画出了一条射线。

（4）连续移动鼠标并单击，即可画出多条射线。

（5）按〈Enter〉键结束画射线操作。

2.2.4　绘制构造线

构造线是指在两个方向上无限延长的直线。构造线主要用作绘图时的辅助线。当绘制多视图时，为了保持投影联系，可先画出若干条构造线，再以构造线为基准画图。

1. 操作途径

点的绘制直线的途径有三种：

（1）依次单击“快速访问工具栏”→“显示菜单栏”→“绘图”→“构造线”。

（2）在功能区选项板中单击“常用”→“绘图”→“构造线”按钮。

（3）在命令行输命令“xline”。

2. 操作方法

命令：XL↙

指定点或［水平（H）/垂直（V）/角度（A）/二等分（B）/偏移（O）］：汇交通过点的坐标

通过点：绘图参照线通过点坐标

……

通过点：绘图参照线通过点坐标

通过点：

操作选项说明：

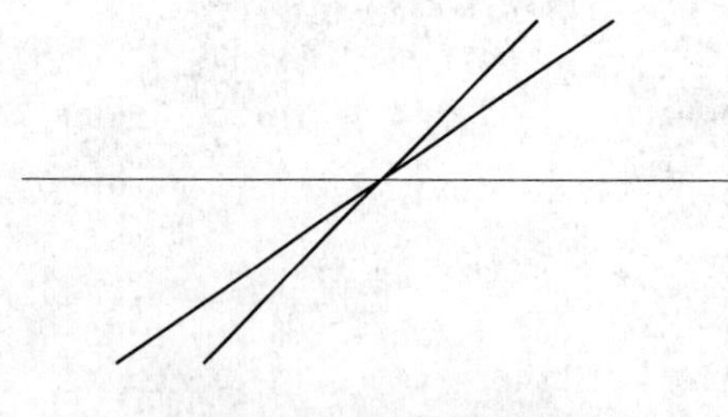

图 2.13　构造线的绘制

水平（H）：创建一条通过选定点的水平参照线。

垂直（V）：创建一条通过选定点的垂直参照线。

角度（A）：以指定的角度创建一条参照线。

二等分（B）：创建一条参照线，它经过选定的角顶点，并且将选定的两条线之间的夹角平分。

偏移（O）：创建平行于另一个对象的参照线。

3. 应用举例

利用 AutoCAD 2010 的构造线命令，完成如图 2.13 所示构造线的绘制。

命令窗口的键盘操作如下：

命令：XL↙

指定点或［水平（H）/垂直（V）/角度（A）/二等分（B）/便宜（O）］：60，80↙

通过点：210，80↙

通过点：210，180↙

通过点：60，180↙

通过点：↙

2.3 多边形的绘制

2.3.1 绘制矩形

用户可直接绘制矩形，也可以对矩形倒角或倒圆角，还可以改变矩形的线宽。

1. 操作途径

执行绘制矩形的途径有三种：

（1）依次单击“快速访问工具栏”→“显示菜单栏”→“绘图”→“矩形”。

（2）在功能区选项板中依次单击“常用”→“绘图”→“矩形”按钮。

（3）在命令行输命令“RECLANGLE”。

2. 操作方法

执行绘制矩形命令后，系统提示：

指定第一角点或［倒角（C）/标高（E）/圆角（F）/厚度（T）/宽度（W）］：

（1）第一角点：该选项用于确定矩形的第一角点。执行该选项后，输入另一角点，即可直接绘制一个矩形［图 2.14（a）］。

（2）倒角（C）：该选项用于确定矩形的倒角。图 2.14（b）所示为带倒角的矩形。

（3）圆角（F）：该选项用于确定矩形的圆角。图 2.14（c）所示为带圆角的矩形。

（4）宽度（W）：该选项用于确定矩形的线宽。图 2.14（d）所示为具有宽度信息的矩形。

说明：选项标高（E）和厚度（T）分别用于在三维绘图时设置矩形的基面位置和高度。

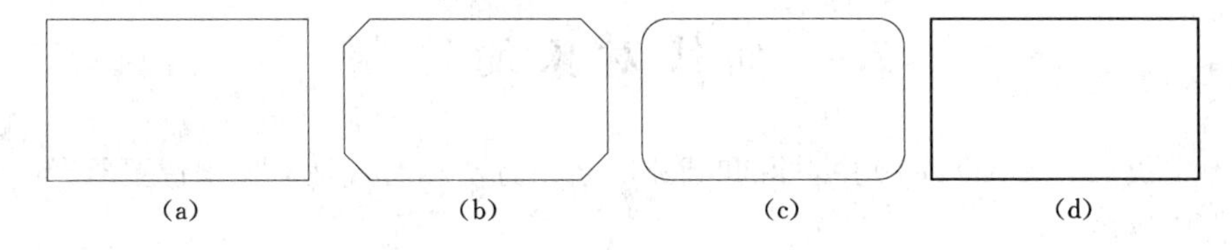

(a)　(b)　(c)　(d)

图 2.14　使用“矩形”命令绘制的图形

2.3.2 绘制正多边形

创建正多边形是绘制正方形、等边三角形和八边形等图形的简单方法。在 AutoCAD 2010 中可以绘制边数为 3～1024 的正多边形。

1. 操作途径

执行绘制正多边形的途径有三种：

（1）依次单击“快速访问工具栏”→“显示菜单栏”→“绘图”→“正多边形”。

(2) 在功能区选项板中依次单击“常用”→“绘图”→“正多边形”按钮。

(3) 在命令行输命令“POLYGON”。

2. 操作方法

执行绘制正多边形命令后，系统提示：

输入边的数目〈4〉：(输入正多边形的边数)
指定正多边形的中心点或［边（E)］：

(1) 边（E)：执行该选项后，输入边的第一个端点和第二个端点，即可由边数和一条边确定正多边形，如图2.15（a）所示。

(2) 正多边形的中心点：执行该选项，系统提示：

输入选项［于圆（T)/外切于圆（C)］〈I〉：

1) 选择I是根据多边形的外接圆确定多边形，多边形的顶点均位于假设圆的弧上，需要指定边数和半径，如图2.15（b）所示。

2) 选择C是根据多边形的内接圆确定多边形，多边形的各边与假设圆相切，需要指定边数和半径，如图2.15（c）所示。

在利用这两个选项绘图时，外接圆和内接圆是不出现的，只显示代表圆半径的直线段。

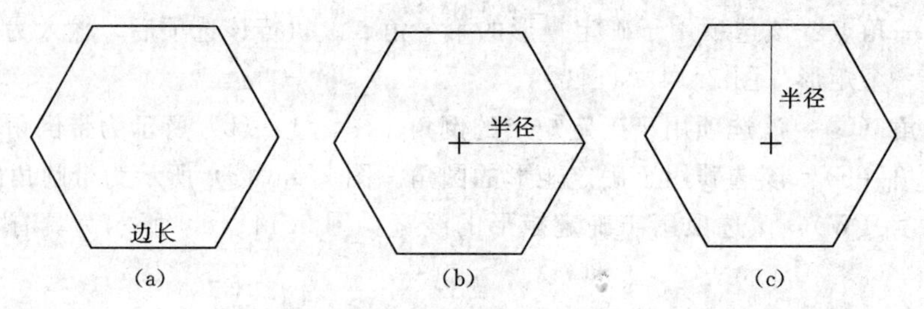

图2.15　使用“多边形”命令绘制的图形

2.4　曲线对象的绘制

在中文版AutoCAD 2010中，圆和圆弧的绘制方法相对线性对象来说要复杂一点，并且方法也比较多。

2.4.1　绘制圆

AutoCAD 2010提供了6种画圆方式，用户可根据不同需要选择不同的方法。

1. 操作途径

执行绘制圆的途径有三种：

(1) 依次单击“快速访问工具栏”→“显示菜单栏”→“绘图”→“圆”。

(2) 在功能区选项板中依次单击“常用”→“绘图”→“圆”按钮。

(3) 在命令行输命令“CIRCLE”。

2. 操作方法

执行画圆命令，命令行显示如下：

指定圆的圆心或［三点（3P）/两点（2P）/相切、相切、半径（T）］：

各选项含义如下：

（1）三点（3P）：基于圆周上的三点绘制圆。依次输入三个点，即可绘制出一个圆。

（2）两点（3P）：基于圆直径上的两个端点绘制圆。依次输入两个点，即可绘制出一个圆，两点间的距离为圆的直径。

（3）相切、相切、半径（T）：基于指定半径和两个相切对象绘制圆。输入T后，根据命令行提示，指定相切对象并给出半径后，即可画出一个圆。在建筑制图中，常使用该方法绘制连接弧。

（4）相切、相切、相切：通过依次指定圆的三个对象来绘制圆。

3. 应用提高

（1）相切对象可以是直线、圆、圆弧、椭圆等图线，这种绘制圆的方式在圆弧连接中经常使用。

（2）用户在命令提示后输入半径或者直径时，如果所输入的值无效，如英文字母、负值等，系统将显示“需要数值距离或第二点”、“值必须为正且非零”等信息，并提示用户重新输入值，或者退出该命令。

（3）使用“相切、相切、半径”命令时，系统总是在距拾取点最近的部位绘制相切的圆。因此，拾取相切对象时，所拾取的位置不同，最后得到的结果有可能也不相同。

2.4.2 绘制圆弧

AutoCAD 2010 提供了11种画圆弧的方法，用户可根据不同的情况选择不同的方式。

1. 执行途径

执行绘制圆弧的途径有三种：

（1）依次单击“快速访问工具栏”→“显示菜单栏”→“绘图”→“圆弧”。

（2）在功能区选项板中依次单击“常用”→“绘图”→“圆弧”按钮。

（3）在命令行输命令“ARC”。

2. 操作方法

从绘图菜单中执行画圆弧命令最为直观。图2.16所示为画圆弧的菜单。由此可以看出画圆弧的方式有11种。要绘制圆弧，可以指定圆心、端点、起点、半径、角度、弦长和方向值的各种组合形式。可以使用多种方法创建圆弧。除第一种方法外，其他方法都是从起点到端点逆时针绘制圆弧。

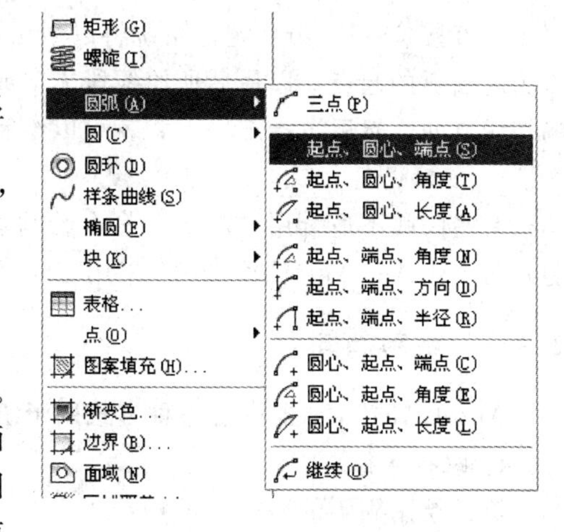

图2.16 “圆弧”菜单

（1）三点：通过给定的三个点绘制一个圆弧，此时应指定圆弧的起点、通过的第二个点和端点。

（2）起点、圆心、端点：通过指定圆弧的起点、圆心和端点绘制圆弧。

（3）起点、圆心、角度：通过指定圆弧的起点、圆心和角度绘制圆弧。

使用“起点、圆心、角度”命令绘制圆弧时，在命令行的“指定包含角：”提示下，所输入角度值的正负将影响到圆弧的绘制方向。如果当前环境设置逆时针为角度方向，若输入正的角度值，则所绘制的圆弧是从起始点沿逆时针方向绘出；如果输入负的角度值，则沿顺时针方向绘制圆弧。

（4）起点、圆心、长度：通过指定圆弧的起点、圆心和弦长绘制圆弧。

使用该命令时，用户所给定的弦长不得超过起点到圆心距离的两倍。另外在命令行的“指定弦长：”提示下，所输入的值如果为负值，则该值的绝对值作为对应的整圆空缺部分圆弧的弦长。

（5）起点、端点、角度：通过指定圆弧的起点、端点和角度绘制圆弧。

（6）起点、端点、方向：通过指定圆弧的起点、端点和方向绘制圆弧。

使用该命令时，当命令行提“指定圆弧的起点切向：”时，可以通过拖动鼠标的方式动态地确定圆弧在起始点处的切线方向与水平方向的夹角。方法是：拖动鼠标，AutoCAD 2010 会在当前光标与圆弧起始点之间形成一条橡皮筋线，此橡皮筋线即为圆弧在起始点处的切线。通过拖动鼠标确定圆弧在起始点处的切线方向后单击拾取键，即可得到相应的圆弧。

（7）起点、端点、半径：通过指定圆弧的起点、端点和半径绘制圆弧。

（8）圆心、起点、端点：通过指定圆弧的圆心、起点和端点绘制圆弧。

（9）圆心、起点、角度：通过指定圆弧的圆心、起点和角度绘制圆弧。

（10）圆心、起点、长度：通过指定圆弧的圆心、起点和长度绘制圆弧。

（11）继续：当执行绘圆弧命令，并在命令行的“指定圆弧的起点或［圆心（C）］”提示下直接按〈Enter〉键，系统将以最后一次绘制的线段或圆弧过程中确定的最后一点作为新圆弧的起点，以最后所绘线段方向或圆弧终止点处的切线方向为新圆弧在起始点处的切线方向，然后再指定一点，就可以绘制出一个圆弧。

3. 应用提高

有些圆弧不适合用“ARC”命令绘制，而适合用“CIRCLE”命令结合“TRIM”（修剪）命令生成；AutoCAD 2010 采用逆时针绘制圆弧。

2.4.3 绘制椭圆

AutoCAD 2010 提供了三种方式用于绘制精确的椭圆。

1. 执行途径

执行绘制椭圆的途径有三种：

（1）依次单击“快速访问工具栏”→“显示菜单栏”→“绘图”→“椭圆”。

（2）在功能区选项板中依次单击“常用”→“绘图”→“椭圆”按钮。

（3）在命令行输命令“ELLIPSE”。

2. 操作方法

执行画椭圆命令，系统提示如下：

指定椭圆的轴端点或 [圆弧 (A)/中心点 (C)]:

中心点 (C)：执行该选项，根据系统提示，先确定椭圆中心、轴的端点，再输入另一半轴距（或输入 R 后再输入旋转角）绘制椭圆。

圆弧 (A)：执行该选项，是绘制椭圆弧。

3. 应用提高

(1) 选择“绘图”→“椭圆”→“中心点”命令，可以通过指定椭圆中心、一个轴的端点（主轴）以及另一个轴的半轴长度绘制椭圆。

(2) 选择“绘图”→“椭圆”→“轴、端点”命令，可以通过指定一个轴的两个端点（主轴）和另一个轴的半轴长度绘制椭圆。

(3) 圆在正等测轴测图中投影为椭圆。在绘制正等测轴测图中的椭圆时，应先打开等轴测平面，然后绘制椭圆。

2.4.4 绘制椭圆弧

1. 执行途径

(1) 依次单击“快速访问工具栏”→“显示菜单栏”→“绘图”→“椭圆弧”。

(2) 在功能区选项板中依次单击“常用”→“绘图”→“椭圆弧”按钮。

(3) 在命令行输命令“ELLIPSE”。

2. 操作方法

椭圆弧的操作与绘制椭圆相同，先确定椭圆的形状，再按起始角和终止角参数绘制椭圆弧。

2.5 多线的绘制与应用

2.5.1 绘制多线

多线由 1～16 条平行线组成，这些平行线称为元素。在绘制多线前应该对多线样式先进行定义，然后用定义的样式绘制多线。通过指定每个元素与多线原点的偏移量可以确定元素的位置。用户可以自己创建和保存多线的样式。用户可以设置每个元素的颜色、线型，以及显示或隐藏多线的接头。所谓接头就是指那些出现在多线元素每个顶点处的线条。

1. 定义多线的样式

定义多线样式的步骤如下：

(1) 选择“快速访问工具栏”→“显示菜单栏”→“格式”→“多线样式”命令，弹出一个“多线样式”对话框，如图 2.17 (a) 所示。

(2) 单击“新建”按钮，弹出“创建新的多线样式”对话框。在新样式名称栏内输入

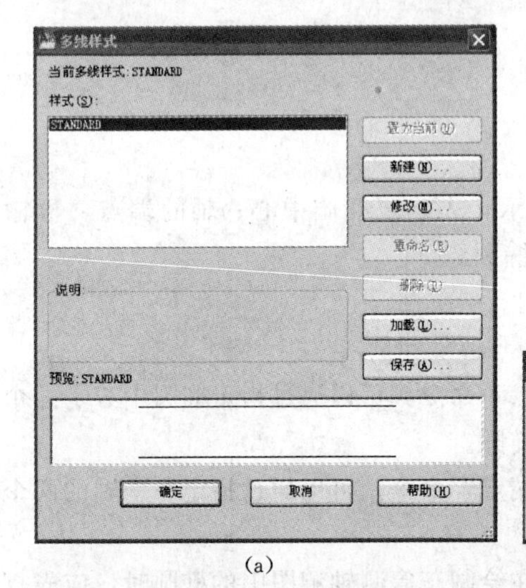

(a)

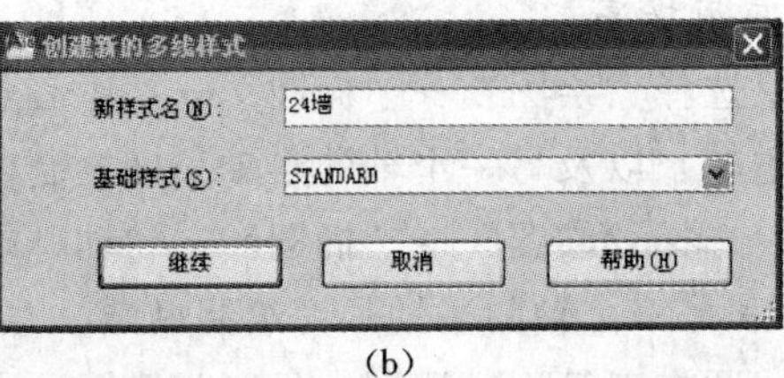

(b)

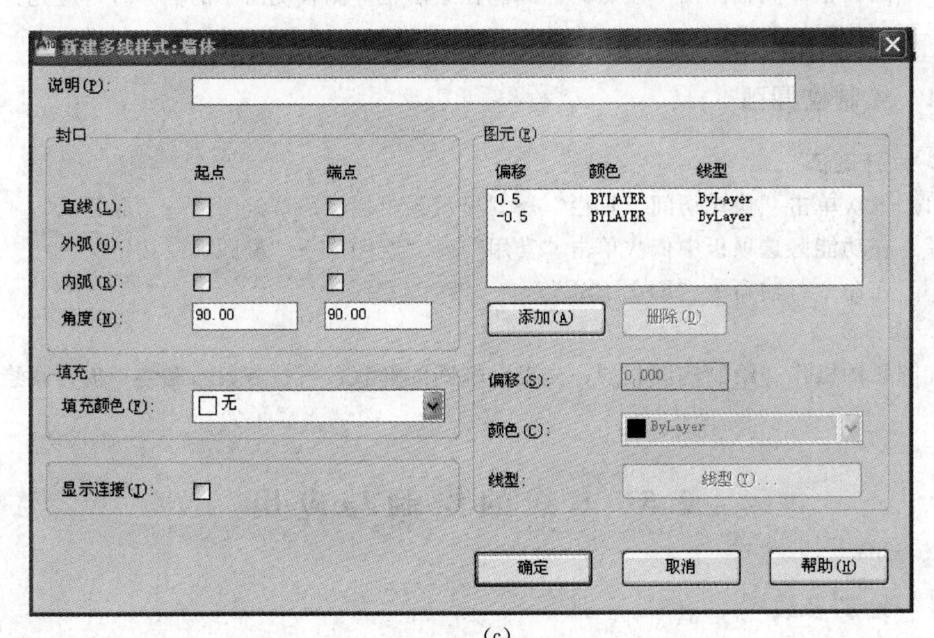

(c)

图 2.17　设置“多线样式”

名称，如“24 墙”，如图 2.17（b）所示。

（3）单击“继续”按钮，弹出“新建多线样式”对话框，如图 2.17（c）所示。

（4）在“封口”选项区域，确定多线的封口形式、填充和显示连接。

（5）在“图元”选项区域，点取“添加”按钮，在图元栏内添加了一个图元。

（6）在“偏移”栏内可以设置新增元素的偏移量。

（7）分别利用“颜色”、“线型”按钮设置新增元素的颜色和线型。

（8）单击“确定”按钮，返回到“多线样式”对话框。

（9）单击“置为当前”按钮，最后点击“确定”按钮，完成定义多线样式。

2. 操作途径

(1) 依次单击“快速访问工具栏”→“显示菜单栏”→“绘图”→“多线”。

(2) 在命令行输入命令“MLINE”。

3. 操作方法

在命令行输入命令“MLINE”，系统提示如下：

指定起点或［对正（J）/比例（S）/样式（ST）］：

单击或从键盘输入起点的坐标，以指定起点。移动鼠标并单击，即可指定下一点，同时画出了一段多线。图 2.18 所示即为利用多线绘制的图形。

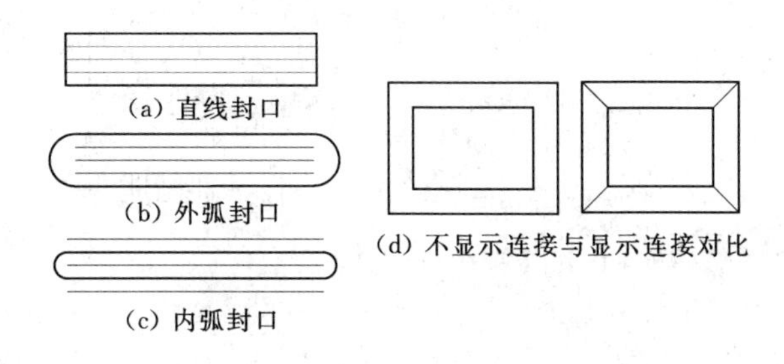

图 2.18　利用多线绘制的图形

执行“多线”命令后，在命令行显示出四个选项，各选项的含义如下：

(1) 指定起点：用当前多行样式绘制到指定起点的多行线段，然后继续提示输入点。

(2) 对正（J）：确定如何在指定的点之间绘制多行。

(3) 比例（S）：控制多行的全局宽度。该比例不影响线型比例。这个比例基于在多行样式定义中建立的宽度。当比例因子为 2，绘制多行时，其宽度是样式定义的宽度的两倍。负比例因子将翻转偏移线的次序：当从左至右绘制多行时，偏移最小的多行绘制在顶部。负比例因子的绝对值也会影响比例。比例因子为 0 时，将使多行变为单一的直线。

(4) 样式（ST）：该选项用来绘制多线时所使用的多线样式，缺省样式为 STANDARD。执行此命令后，系统显示为“输入多行样式名或［?］”，输入定义过的样式名称或输入“?”显示已有的多线样式。

CAD 系统设置了基本的多线，用户可以按照绘制直线的方法，使用系统能默认的多线绘制需要的图形，此时多线的对正方式为上，平行线间距为 20，默认比例为 1，样式为 STANDARD。

2.5.2　编辑多线

1. 操作途径

(1) 依次单击“快速访问工具栏”→“显示菜单栏”→“修改”→“对象”→“多线”。

(2) 在命令行输入命令“MLEDIT”。

2. 操作方法

在命令行输入命令“MLEDIT”后，弹出一个“多线编辑工具”对话框（图

2.19），编辑多线主要通过该框进行。对话框中的各个图标形象地反映了 MLEDIT 命令的功能。

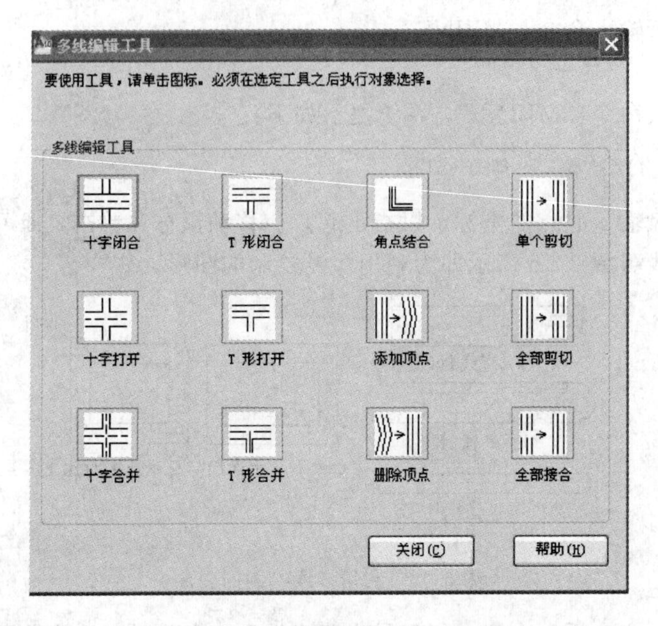

图 2.19 “多线编辑工具”对话框

选择多线的编辑方式后，命令行提示：

选择第一条多线：（指定要剪切的多线的保留部分）

选择第二条多线：（指定剪切部分的边界线）

2.5.3 多线的绘制和编辑应用举例

以图 2.20 为例，介绍多线的绘制和编辑。操作方法如下：

（1）定义多线样式。本图设置 24 墙。

1）选择“快速访问工具栏”→“显示菜单栏”→“格式”→“多线样式”命令，如图 2.17（a）所示。

2）单击“新建”按钮，弹出“创建新的多线样式”对话框。在新样式名称栏内输入名称“24 墙”，如图 2.17（b）所示。

3）单击“继续”按钮，弹出“新建多线样式”对话框，如图 2.17（c）所示。

4）在“偏移”栏内 0.5 改为 120，－0.5 改为－120。

5）单击“确定”按钮，退出“多线样式”对话框。

（2）执行“直线”和“偏移”命令绘制轴线，如图 2.21 所示。

（3）使用定义的“24 墙”多线的样式，中心对齐方式和 100 比例大小绘制多线。

1）执行“MLINE”命令，系统提示如下：

指定起点或［对正（J）/比例（S）/样式（ST）］：

输入“J”，按〈Enter〉键。

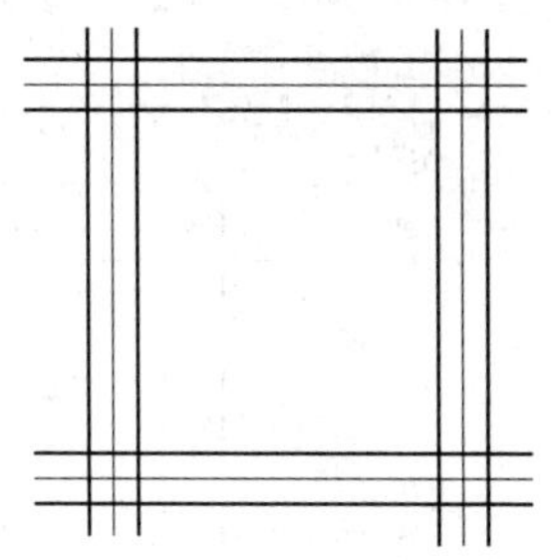

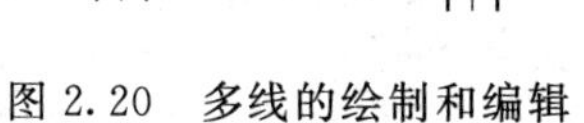

图 2.20 多线的绘制和编辑

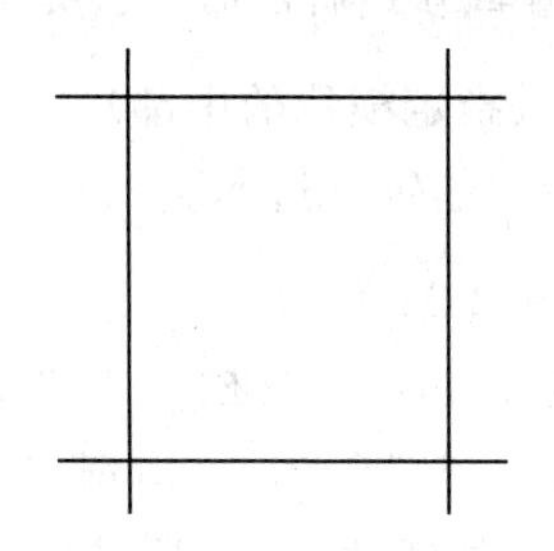

图 2.21 绘制轴线

输入“Z”，按〈Enter〉键。

2）系统提示如下：

指定起点或［对正（J）/比例（S）/样式（ST）］：

输入“S”，按〈Enter〉键。

输入“100”，按〈Enter〉键。

3）系统提示如下：

指定起点或［对正（J）/比例（S）/样式（ST）］：

输入“ST”，按〈Enter〉键。

输入“24 墙”，按〈Enter〉键。

4）指定多线起点、下一点。绘制多线如图 2.20 所示。

（4）执行“快速访问工具栏”→“显示菜单栏”→“修改”→“对象”→“多线”，出现“多线编辑工具”对话框，选择“T 形打开”，如图 2.22 所示。关闭对话框。

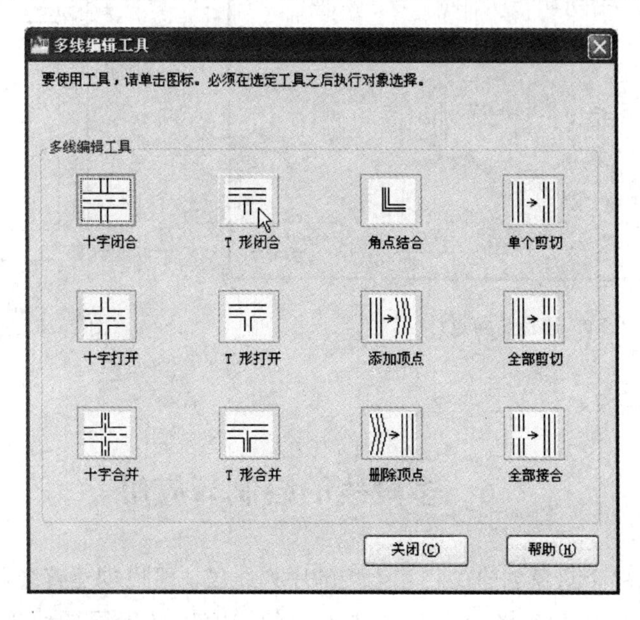

图 2.22 多线编辑工具

选择多线的编辑方式后，命令行提示：

选择第一条多线：（指定横线的中部）

选择第二条多线：（指定左边的竖线）

修改结果如图 2.23 所示。

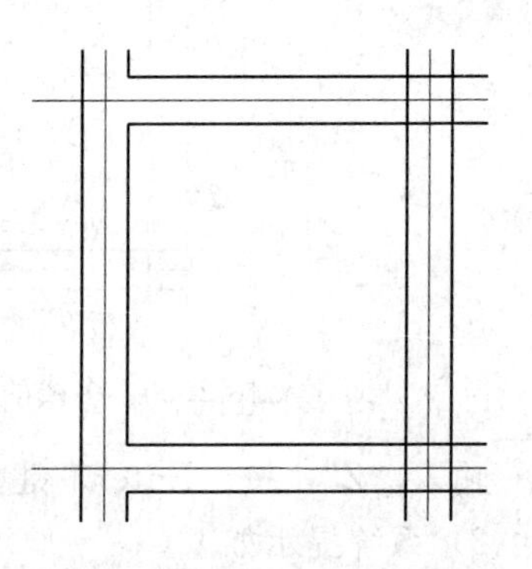

图 2.23　选择“T 形打开”修改结果

（5）执行“快速访问工具栏”→“显示菜单栏”→“修改”→“对象”→“多线”，出现“多线编辑工具”对话框，选择“角点结合”，如图 2.24 所示。关闭对话框。

选择多线的编辑方式后，命令行提示：

选择第一条多线：（指定横线的中部）

选择第二条多线：（指定右边的竖线）

修改结果如图 2.25 所示。

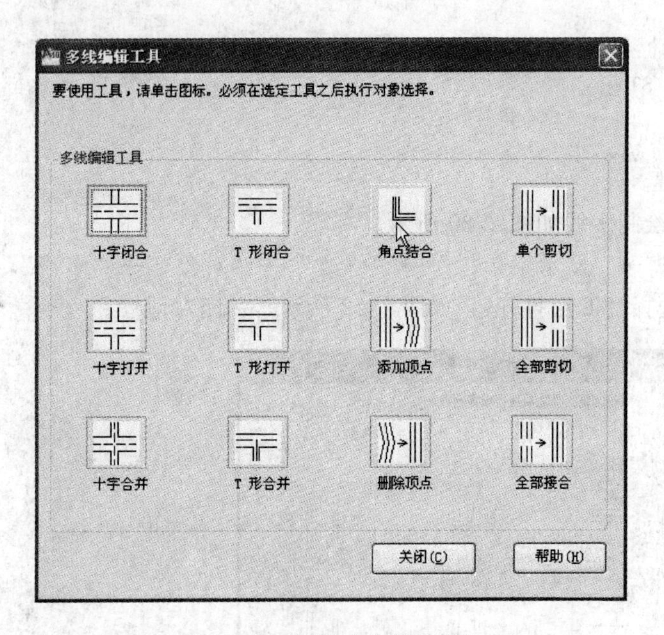

图 2.24　选择“角点结合”

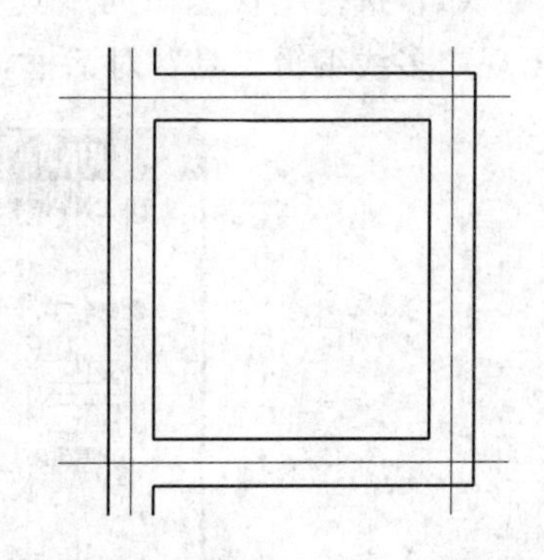

图 2.25　选择“角点结合”修改结果

2.6　多段线的绘制与应用

多段线是作为单个对象创建的相互连接的序列线段，可以创建直线段、弧线段或两者的组合线段。多线段中的线条可以设置成不同的线宽以及不同的线形，具有很强的实用性。

1. 操作途径

(1) 依次单击“快速访问工具栏”→“显示菜单栏”→“绘图”→“多段线”。

(2) 在功能区选项板中依次单击“常用”→“绘图”→“多段线”按钮。

(3) 在命令行输命令“PLINE”。

2. 操作方法

单击“多段线”按钮，系统显示如下提示：

指定点：(输入点)

当前线宽为 0.0000

指定下一个点或 [圆弧 (A)/关闭 (C)/半宽 (H)/长度 (L)/放弃 (U)/宽度 (W)]：指定点或输入选项。

圆弧 (A)：将圆弧段添加到多段线中。

关闭 (C)：从指定的最后一点到起点绘制直线段，从而创建闭合的多段线。必须至少指定两个点才能使用该选项。

半宽 (H)：指定从宽多段线线段的中心到其一边的宽度。

长度 (L)：在与上一线段相同的角度方向上绘制指定长度的直线段。如果上一线段是圆弧，程序将绘制与该圆弧段相切的新直线段。

放弃 (U)：删除最近一次添加到多段线上的直线段。

宽度 (W)：指定下一条直线段的宽度。

3. 应用提高

(1) 利用多段线命令可以画出不同款图的直线、圆和圆弧。但在实际工程绘图时，不利用这个命令画出具有不同宽度的图线，二是利用直线、圆弧等画出图形。

(2) 多段线是否填充受 Fill 命令的控制。执行该命令，输入“OFF”，即可关闭填充。

图 2.26　绘制箭头

4. 应用举例

绘制如图 2.26 所示方向的箭头。

(1) 在命令行输命令：“PLINE”。

(2) 在命令行的“指定起点：”提示下，在绘图窗口单击，确定多段线的起点。

(3) 在命令行的“指定下一个点或 [圆弧 (A)/关闭 (C)/半宽 (H)/长度 (L)/放弃 (U)/宽度 (W)]”提示下用鼠标指定水平方向下一点。

(4) 在命令行的“指定下一个点或 [圆弧 (A)/关闭 (C)/半宽 (H)/长度 (L)/放弃 (U)/宽度 (W)]”提示下输入 W。

(5) 在命令行的“指定起点宽度〈0.0000〉：”提示下输入多段线的起点宽度 50。

(6) 在命令行的“指定端点宽度〈50.0000〉：”提示下输入多段线的端点宽度 0。

(7) 在命令行的“指定下一个点或 [圆弧 (A)/关闭 (C)/半宽 (H)/长度 (L)/放弃 (U)/宽度 (W)]”提示下输入坐标 (@0，−150)，绘制一条垂直线段。

(8) 在命令行的“指定下一个点或 [圆弧 (A)/关闭 (C)/半宽 (H)/长度 (L)/放弃 (U)/宽度 (W)]”提示下，按〈Enter〉键，完成绘图，如图 2.26 所示。

2.7 样条曲线的编制

1. 操作途径

(1) 依次单击“快速访问工具栏”→“显示菜单栏”→“绘图”→“样条曲线”。

(2) 在功能区选项板中依次单击“常用”→“绘图”→“样条曲线”按钮。

(3) 在命令行输命令“SPLINE”。

2. 操作方法

(1) 在命令行输命令“SPLINE”。

(2) 系统将显示“指定第一个点或［对象（O)]:”指定一点或输入O。

第一点：使用指定点、使用NURBS（非一致有理B样条曲线）数学创建样条曲线。

对象：将二维或三维的二次或三次样条曲线拟合多段线转换成等效的样条曲线并删除多段线（取决于DELOBJ系统变量的设置）。

(3) 指定一点后系统显示“指定下一点:”指定一点。

(4) 输入点一直到完成样条曲线的定义为止。输入两点后，将显示以下提示：

指定下一点或［闭合（C)/拟合公差（FT)]〈起点切向〉：指定点、输入选项或按〈Enter〉键。

下一点：继续输入点将增加附加样条曲线线段，直至按〈Enter〉键为止。输入“undo”以删除上一个指定的点。按〈Enter〉键后，将提示用户指定样条曲线的起点切向。

闭合（C)：将最后一点定义为与第一点一致并使它在连接处相切，这样可以闭合样条曲线。

拟合公差（FT)：修改拟合当前样条曲线的公差。根据新公差以现有点重新定义样条曲线。可以重复更改拟合公差，但这样做会更改所有控制点的公差，不管选定的是哪个控制点。

起点切向：定义样条曲线的第一点和最后一点的切向。

2.8 面域和图案高级填充

2.8.1 面域

面域是封闭区域所形成的二维实体对象，可将它看成一个平面实心区域。尽管AutoCAD 2010中有许多命令可以生成封闭形状（如圆、多边形），但所有这些都只包含边的信息而没有面，它们和面域有本质区别。

1. 操作途径

(1) 依次单击“快速访问工具栏”→“显示菜单栏”→“绘图”→“面域”。

(2) 在功能区选项板中依次单击“常用”→“绘图”→“面域”按钮。

(3) 在命令行输命令“REGION”。

2. 操作方法

执行命令后，软件提示用户选择想转换为面域的对象，如选取有效，则系统将该有效

选取转换为面域。但选取面域时要注意：

(1) 自相交或端点不连接的对象不能转换为面域。

(2) 缺省情况下进行面域转换时，REGION 命令将用面域对象取代原来的对象并删除原对象。但是如果想保留原对象，则可通过设置系统变量 DELOBJ 为零来达到这一目的。

2.8.2　图案填充

在建筑制图中，剖面图用来表达各种建筑材料的类型、地基轮廓面、房屋顶的结构特征以及墙体的剖面等。AutoCAD 2010 软件为用户提供了图案填充功能。图案填充操作，用户需要明确三个内容：一是填充的区域；二是填充的图案；三是填充的方式。

1. 操作途径

(1) 依次单击“快速访问工具栏”→“显示菜单栏”→“绘图”→“图案填充”。

(2) 在功能区选项板中依次单击“常用”→“绘图”→“图案填充”按钮。

(3) 在命令行输命令“HATCH/BHATCH”。

2. 操作方法

在命令行输命令“HATCH/BHATCH”，打开“图案填充和渐变色”对话框，如图 2.27 所示。

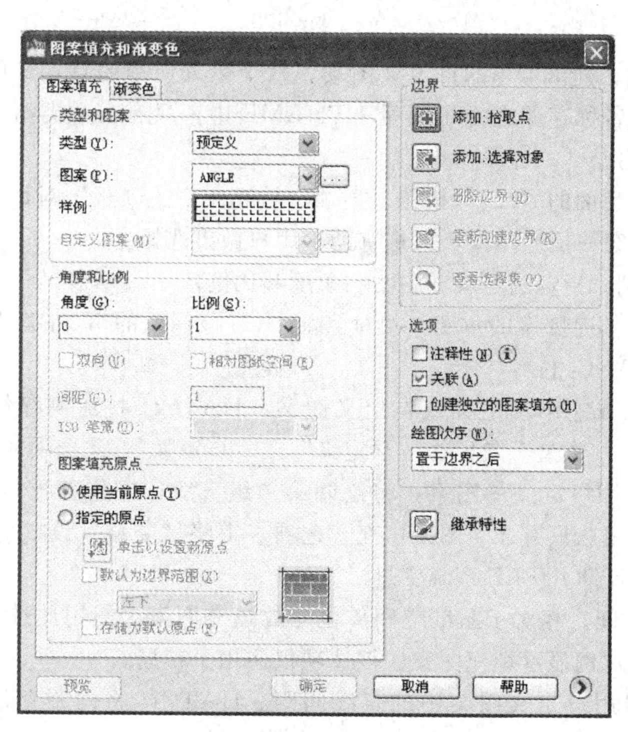

图 2.27　“图案填充和渐变色”对话框

使用“图案填充”对话框中的“图案填充”选项卡，定义图案填充和渐变填充对象的边界、图案类型、图案特性和其他特性。可以快速设置图案填充，各选项的含义和功能

如下：

“图案填充和渐变色”对话框包括以下内容：

“图案填充”选项卡；“渐变色”选项卡；“其他选项区域”；“添加：拾取点”；“添加：选择对象”；“重新创建边界”；“删除边界”；“查看选择集”；“选择边界对象”；“选项”；“继承特性”；“预览”。

(1)“图案填充”选项卡（“图案填充和渐变色”对话框）。

1）类型和图案。指定图案填充的类型和图案。

a. 类型。设置图案类型。用户定义的图案基于图形中的当前线型。自定义图案是在任何自定义 PAT 文件中定义的图案，这些文件已添加到搜索路径中。可以控制任何图案的角度和比例。预定义图案存储在随产品提供的 acad. pat 或 acadiso. pat 文件中。

b. 图案。列出可用的预定义图案。最近使用的六个用户预定义图案出现在列表顶部。HATCH 将选定的图案存储在系统变量 HPNAME 中。只有将“类型”设置为“预定义”，该“图案”选项才可用。

c. 图案后面的“...”按钮。显示“填充图案选项板”对话框，从中可以同时查看所有预定义图案的预览图像，这将有助于用户做出选择。

d. 样例。显示选定图案的预览图像。可以单击“样例”以显示“填充图案选项板”对话框。选择 SOLID 图案时，可以单击右箭头以显示颜色列表或“选择颜色”对话框。

e. 自定义图案。列出可用的自定义图案。六个最近使用的自定义图案将出现在列表顶部。选定图案的名称存储在系统变量 HPNAME 中。只有在“类型”中选择了“自定义”，此选项才可用。

f. 自定义图案后面的“...”按钮。显示“填充图案选项板”对话框，从中可以同时查看所有自定义图案的预览图像，这将有助于用户做出选择。

2）角度和比例。指定选定填充图案的角度和比例。

a. 角度。指定填充图案的角度（相对当前 UCS 坐标系的 X 轴）。HATCH 将角度存储在系统变量 HPANG 中。

b. 比例。放大或缩小预定义或自定义图案。HATCH 将比例存储在系统变量 HP-SCALE 中。只有将“类型”设置为“预定义”或“自定义”，此选项才可用。

c. 双向。对于用户定义的图案，将绘制第二组直线，这些直线与原来的直线成 90°角，从而构成交叉线。只有在“图案填充”选项卡上将“类型”设置为“用户定义”时，此选项才可用。(HPDOUBLE 系统变量)

d. 相对图纸空间。相对于图纸空间单位缩放填充图案。使用此选项，可很容易地做到以适合于布局的比例显示填充图案。该选项仅适用于布局。

e. 间距。指定用户定义图案中的直线间距。HATCH 将间距存储在系统变量 HP-SPACE 中。只有将“类型”设置为“用户定义”，此选项才可用。

f. ISO 笔宽。基于选定笔宽缩放 ISO 预定义图案。只有将“类型”设置为“预定义”，并将“图案”设置为可用的 ISO 图案的一种，此选项才可用。

3）图案填充原点。制填充图案生成的起始位置。某些图案填充（例如砖块图案）需

要与图案填充边界上的一点对齐。默认情况下，所有图案填充原点都对应于当前的 UCS 原点。

a. 使用当前原点。使用存储在系统变量 HPORIGINMODE 中的设置。默认情况下，原点设置为（0，0）。

b. 指定的原点。指定新的图案填充原点。单击此选项可使以下选项可用：

（a）单击以设置新原点。直接指定新的图案填充原点。

（b）默认为边界范围。根据图案填充对象边界的矩形范围计算新原点。可以选择该范围的四个角点及其中心（HPORIGINMODE 系统变量）。

（c）存储为默认原点。将新图案填充原点的值存储在系统变量 HPORIGIN 中。

（d）原点预览。显示原点的当前位置。

（2）"渐变色"选项卡（"图案填充和渐变色"对话框）。定义要应用的渐变填充的外观。

1）颜色。

a. 单色。指定使用从较深着色到较浅色调平滑过渡的单色填充。选择"单色"时，HATCH 将显示带有"浏览"按钮和"着色"和"染色"滑块的颜色样本。

b. 双色。指定在两种颜色之间平滑过渡的双色渐变填充。选择"双色"时，HATCH 将显示颜色 1 和颜色 2 的带有"浏览"按钮的颜色样本。

c. 颜色样本。指定渐变填充的颜色。单击浏览按钮"..."以显示"选择颜色"对话框，从中可以选择 AutoCAD 颜色索引（ACI）颜色、真彩色或配色系统颜色。显示的默认颜色为图形的当前颜色。

d."着色"和"渐浅"滑块。指定一种颜色的渐浅（选定颜色与白色的混合）或着色（选定颜色与黑色的混合），用于渐变填充。

2）渐变图案。显示用于渐变填充的九种固定图案。这些图案包括线性扫掠状、球状和抛物面状图案。

3）方向。指定渐变色的角度以及其是否对称。

a. 居中。指定对称的渐变配置。如果没有选定此选项，渐变填充将朝左上方变化，创建光源在对象左边的图案。

b. 角度。指定渐变填充的角度。相对当前 UCS 指定角度。此选项与指定给图案填充的角度互不影响。

（3）添加：拾取点。根据围绕指定点构成封闭区域的现有对象确定边界。对话框将暂时关闭，系统将会提示拾取一个点。

（4）添加：选择对象。根据构成封闭区域的选定对象确定边界。对话框将暂时关闭，系统将会提示选择对象。

（5）重新创建边界。围绕选定的图案填充或填充对象创建多段线或面域，并使其与图案填充对象相关联（可选）。单击"重新创建边界"时，对话框将暂时关闭，并显示一个命令提示。

（6）删除边界。从边界定义中删除之前添加的任何对象。单击"删除边界"后，对话框将暂时关闭，并显示一个命令提示。

(7) 查看选择集。暂时关闭"图案填充和渐变色"对话框，并使用当前的图案填充或填充设置显示当前定义的边界。如果未定义边界，则此选项不可用。

(8) 选择边界对象。显示选定图案填充的边界夹点控件，并关闭"图案填充和渐变色"对话框。如果尚未为现有图案填充定义任何边界，则此选项不可用。

(9) 选项。控制几个常用的图案填充或填充选项。

(10) 继承特性。使用选定图案填充对象的图案填充或填充特性对指定的边界进行图案填充或填充。HPINHERIT 将控制是由 HPORIGIN 还是由源对象来决定生成的图案填充的图案填充原点。在选定图案填充要继承其特性的图案填充对象之后，可以在绘图区域中单击鼠标右键，并使用快捷菜单在"选择对象"和"拾取内部点"选项之间进行切换以创建边界。单击"继承特性"后，对话框将暂时关闭，并显示一个命令提示。

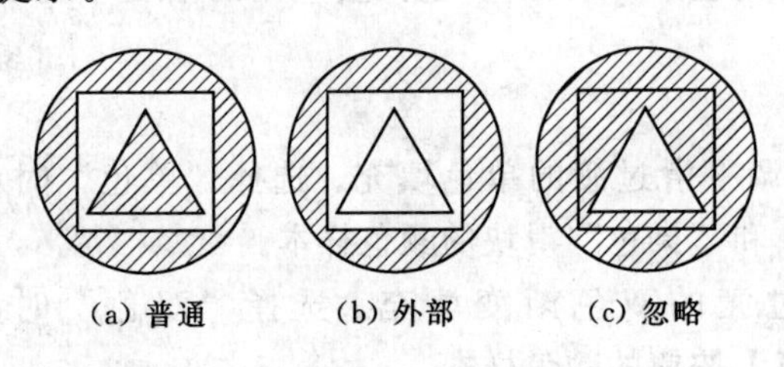

图 2.28　三种填充方式

(11) 预览。关闭对话框，并使用当前图案填充设置显示当前定义的边界。单击图形或按〈Esc〉键返回对话框。右击或按〈Enter〉键接受图案填充或填充。如果没有指定用于定义边界的点，或没有选择用于定义边界的对象，则此选项不可用。

(12) 其他选项。展开对话框以显示其他选项。

3. 特别说明

在填充区域内的对象成为孤岛，如封闭的图形、文字串的外框等。它影响了填充图案时的内部边界，因此对孤岛的处理方式不同而形成了三种填充方式，如图 2.28 所示。

(1) 普通。从外部边界向内填充。如 HATCH 遇到内部孤岛，将关闭图案填充，直到遇到该孤岛内的另一个孤岛。也可以通过在系统变量 HPNAME 的图案名称中添加，N 将填充方式设置为"普通"样式。

(2) 外部。从外部边界向内填充。如果 HATCH 遇到内部孤岛，将关闭图案填充。此选项只对结构的最外层进行图案填充或填充，而结构内部保留空白。也可以通过在系统变量 HPNAME 的图案名称中添加，"O" 将填充方式设置为"外部"样式。

(3) 忽略。忽略所有内部的对象，填充图案时将通过这些对象。也可以通过在系统变量 HPNAME 的图案名称中添加，"I" 将填充方式设置为"忽略"样式。

用户可以在边界内拾取点或选择边界对象时（即单击"拾取点"或单击"选取对象"后），在图形区右击，从弹出的快捷菜单中选择三种样式之一，如图 2.29 所示。

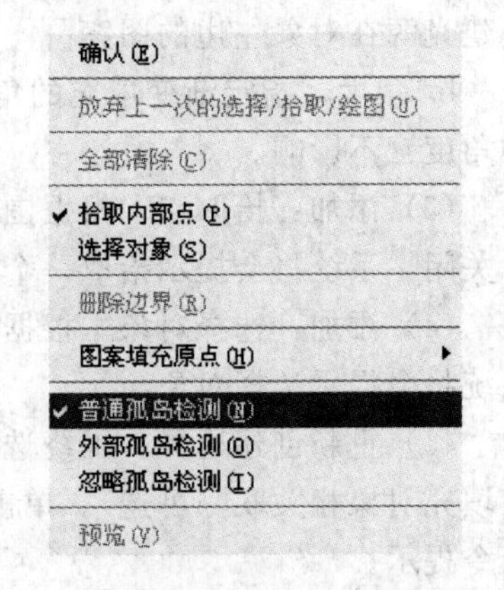

图 2.29　选择孤岛处理方式

4. 应用举例

下面以图 2.30 所示图形为例，说明图案填充的方法。图 2.30（a）所示比例为 0.5，图 2.30（b）所示比例为 1，图 2.30（c）所示比例为 2。

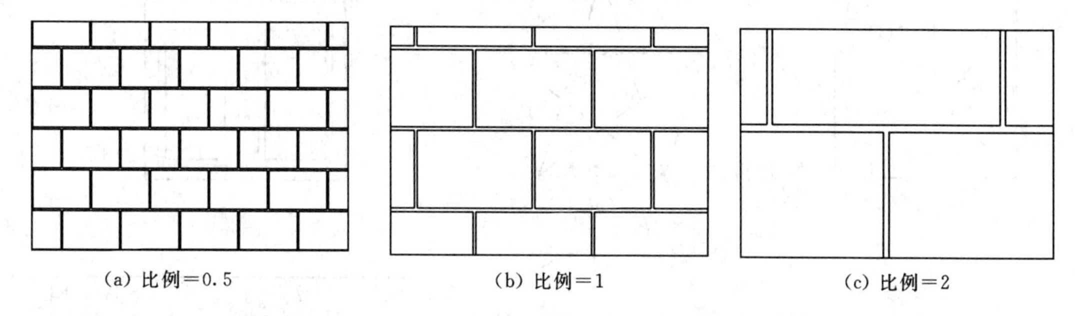

图 2.30　不同比例的图案填充

（1）单击“图案填充”按钮，弹出“图案填充和渐变色”对话框，如图 2.27 所示。
（2）单击“类型”下拉菜单，选择“预定义”。
（3）单击“图案”下拉菜单，选择需要填充的图案。
（4）在“比例”框内分别输入 0.5、1 和 2。
（5）单击“拾取点”对话框，命令行提示：选择内部点。
（6）在图形轮廓线内部单击，此时图线以高亮显示。
（7）按〈Enter〉键结束填充区域的选择。
（8）单击“确定”按钮，完成图案填充。

小　　结

本章详细介绍了 AutoCAD 2010 里面二维绘图命令的绘图方法，点、直线、曲线、多边形等是组成工程图的基本元素，多段线、样条曲线、图案填充等功能也是工程图里经常用到的，所以只有有熟练地掌握这些二维图形的绘制方法和技巧，才能更好地绘制出复杂的工程图。

习 题 与 实 训

1. 调用二维绘图命令的方法有哪些？
2. CAD 中点的格式如何调整？
3. 如何利用定数等分和定距等分对直线进行等分？
4. 射线、构造线如何绘制？它们在工程图中有何应用？
5. 试用三种方法绘制边长为 20 的正六边形。
6. 绘制圆的方法有哪些？
7. 什么是多线？绘制时有哪些注意点？
8. 进行图案填充时要注意哪些问题？

9. 综合运用绘图命令绘制图 2.31 所示图形。

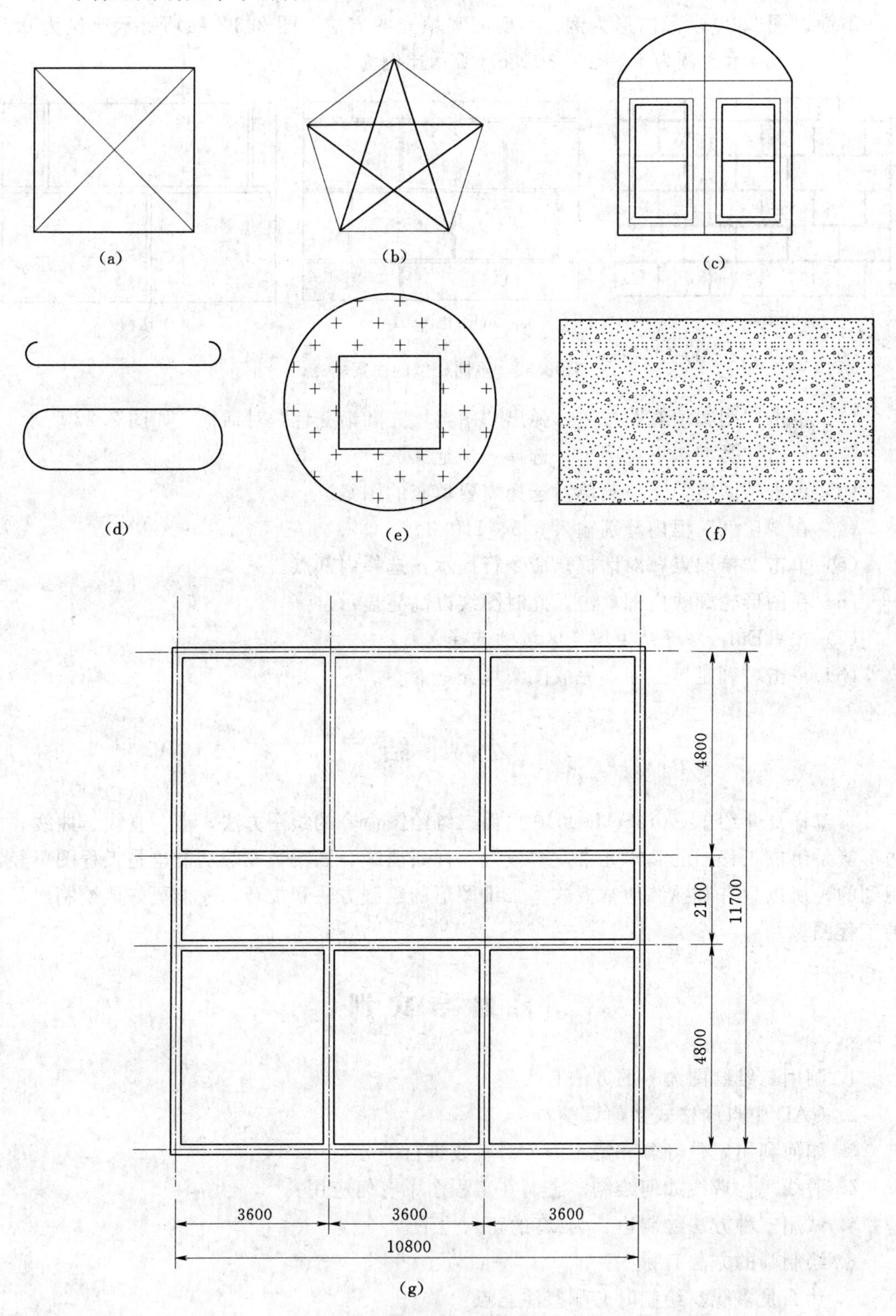

图 2.31　题 9 图

第3章 基本编辑命令

知识目标：

- 掌握旋转、复制与镜像等编辑命令。
- 能灵活运用复制、偏移等修改工具正确绘制图形。

技能目标：

- 熟练掌握 AutoCAD 2010 基本绘图操作，能够利用图层、偏移完成图框、标题栏的绘制。
- 巩固与复习前面所学到的知识技能，达到熟练操作、灵活运用的程度。

本章导语：

从前面章节已经了解了 AutoCAD 2010 的基本知识，本章学习 AutoCAD 2010 基本编辑命令，掌握对象的偏移、图形的复制与旋转等相关修改工具的运用；灵活运用所学知识于平面图绘制中，达到从技能训练中巩固已有知识、产生知识拓展的目的，寻求学习新知识的方法。

3.1 对象的选取

在基本编辑命令中，都会涉及到对象的选取（select object)，如移动或复制某个图形，在执行命令后都要选择要编辑的对象，AutoCAD 2010 提供了许多选择对象的方法，供在绘图过程中根据图样的特性进行选择。

3.1.1 直接选择对象方式

1. 点选

单击：直接选择一个对象。

2. 窗选

(1) 窗围（W 窗口）。先确定窗口左上角点，然后确定窗口右下角，被窗口包围的图形被选中。

(2) 窗交（C 窗口）。先确定窗口右下角点，然后确定窗口左上角，被窗口穿过的图形被选中。

这两种方式是默认方式。

3.1.2 编辑命令下选择对象方式

当执行某一编辑命令后，命令提示行出现“select object”时，键入如下命令，其含

义如下：

L：选择最近一个生成的对象。

P：选择前一次编辑或修改过的一个或一组对象。

ALL：选择当前图形中的所有对象（不包括冻结层和锁定层中的对象）。

F：输入一些点，与这些点确定的临时线段相交的对象被选中。

WP：输入一些点形成不规则形状的多边形，如对象完整包含在多边形中，则被选中。

CP：输入一些点形成不规则形状的多边形，如对象有部分或全部在多边形中，则被选中。

R：将选择方式改为移去方式，后面进行的选择从选择集中移走，即不被选中；按下〈SHIFT〉键选择对象，也可以将特定的对象从选择集中移去。

A：将选择方式改为添加方式，默认为添加方式。

U：回退一步，放弃最近对选择集的操作。

3.2　基本编辑命令

基本编辑命令在 AutoCAD 2010 中称为修改命令，其命令栏如图 3.1 所示。

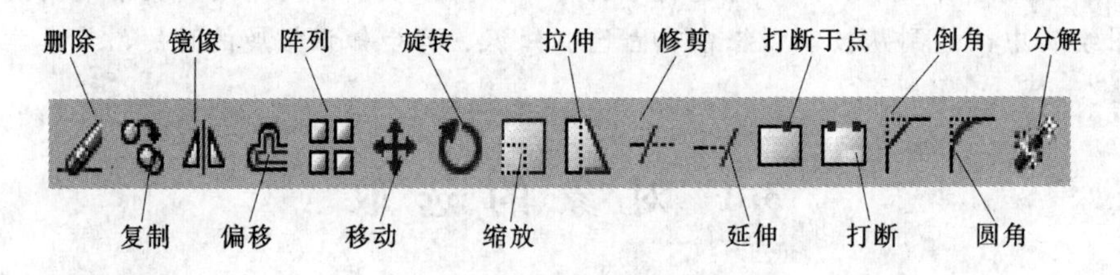

图 3.1　修改命令行

3.2.1　删除命令 ERASE

绘图过程中，如需去掉多余对象，可使用删除命令实现。

1. 执行删除命令的方法

执行删除命令的方法有以下四种：

(1) 工具栏：单击图标。

(2) 菜单："修改"中的"删除"选项。

(3) 先选中要删除的对象，再按键盘上的〈Delete〉键。

(4) 命令行"ERASE"或"E"。

2. 命令及提示

命令：ERASE↙

选择对象：(选择一个或多个要删除的对象)

选择对象：↙ (选择完成后按〈Enter〉键确认)

3.2.2 复制命令 COPY

对于图形中相同的对象，不管其复杂程度如何，只要完成一个，便可使用复制命令，绘出与之相同的若干图形，从而减少大量的重复性劳动。

1. 执行复制命令的方法

执行复制命令的方法有以下三种：

（1）工具栏：单击图标。

（2）菜单："修改"中的"复制"选项。

（3）命令行输入"COPY"或快捷命令"CO"、"CP"。

2. 命令及提示

命令：Copy↙

选择对象：（选择要复制的图形对象，按〈Enter〉键确认选择）

指定基点或［位移（D）］〈位移〉：（指定复制的基础点）。

指定第二个点或〈使用第一个点作为位移〉：（缺省选择，用第一个点作为位移的起点）。

指定第二个点或［退出（E）/放弃（U）］〈退出〉：（按〈Enter〉键）。

3. 实例应用

使用复制命令，完成如图 3.2 所示门的绘制。

作图方法：

命令：Copy↙

选择对象：（选择要复制的门，按〈Enter〉键确认选择）

指定基点或［位移（D）］〈位移〉：（鼠标左键捕捉 A 点）

指定第二个点或〈使用第一个点作为位移〉：（捕捉 B 点，按〈Enter〉键）

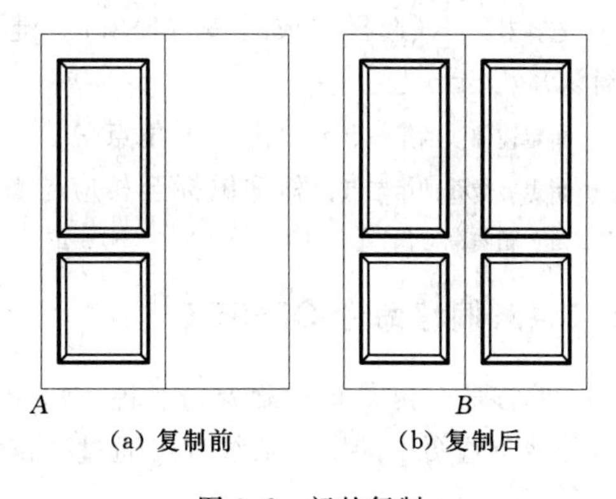

（a）复制前　（b）复制后

图 3.2　门的复制

提示："编辑"菜单下的"复制"命令与"修改"菜单下的"复制"命令有着本质的区别，前者是将目标复制到粘贴板上，再通过"粘贴"命令才能完成复制工作，这个"复制"命令既可以在同一文件下使用，也可以在不同文件下进行图形的复制；而后者只能在同一文件中使用。

3.2.3 镜像命令 MIRROR

镜像命令也是复制命令的一种，只是镜像后的图形与原对象呈对称结构。

1. 执行镜像命令的方法

执行镜像命令的方法有以下三种：

（1）工具栏：单击图标。

（2）菜单："修改"中的"镜像"选项。

（3）命令行输入"MIRROR"或"MI"。

2. 命令及提示

命令：MIRROR↙

选择对象：（选择一个或多个要镜像的对象）

选择对象：↙（选择完成后按〈Enter〉键确认）

指定镜像线的第一点：

指定镜像线的第二点：

是否删除源对象？[是（Y）/否（N）]〈N〉：

3. 实例应用

使用镜像命令，完成图3.3所示洗菜池的绘制。

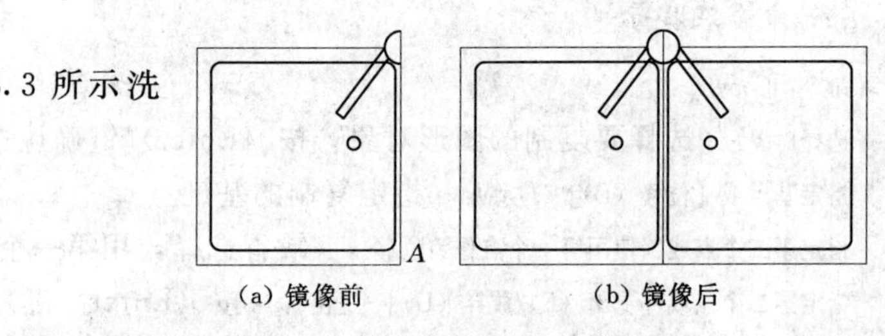

图3.3 洗菜池的镜像

作图方法：

命令：MIRROR↙

选择对象：选择（a）图↙

选择对象：（选择完成后按〈Enter〉键确认）

指定镜像线的第一点：单击右下角点A↙

指定镜像线的第二点：移动鼠标至相应位置↙

是否删除源对象？[是（Y）/否（N）]〈N〉：↙

3.2.4 偏移命令OFFSET

偏移命令也是复制命令的一种，可绘制平行线或同心结构（图3.4）。如建筑施工图和桥梁布置图中的定位轴线都可通过"偏移"命令完成。

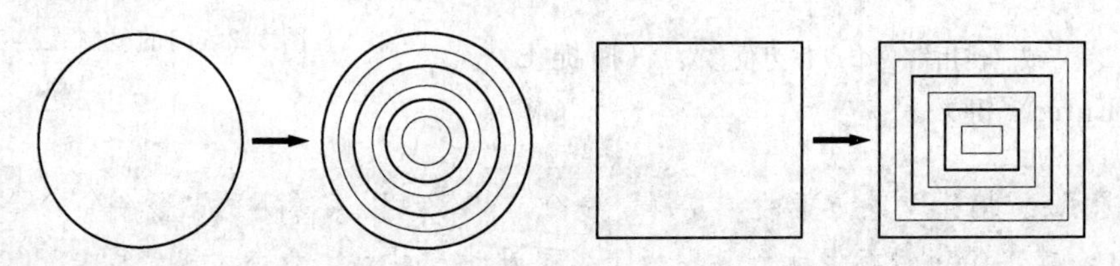

图3.4 同心结构

1. 执行偏移命令的方法

执行偏移命令的方法有以下三种：

（1）工具栏：单击图标。

（2）菜单："修改"中的"偏移"选项。

（3）命令行输入"OFFSET"或快捷命令"O"。

2. 命令及提示

命令：OFFSET↙

当前设置：删除源=否，图层=源 OFFSETGAPTYPE=0
指定偏移距离或 [通过 (T)/删除 (E)/图层 (L)]〈通过〉：

(1) 若键入偏移距离并按〈Enter〉键，系统提示：

选择要偏移的对象或〈退出〉：(选择要偏移的对象)
指定点以确定偏移所在一侧：(在要偏移对象的一侧指定一点)
选择要偏移的对象或〈退出〉：(继续选择对象或按〈Enter〉键退出命令)

(2) 若键入 T 并按〈Enter〉键，系统提示：

选择要偏移的对象或〈退出〉：(选择要偏移的对象)
指定通过点：(指定一点，对象偏移后将通过该点)
选择要偏移的对象或〈退出〉：(继续选择对象或按〈Enter〉键退出命令)

(3) 若键入 E 并按〈Enter〉键，系统提示：

要在偏移后删除源对象吗？[是 (Y)/否 (N)]〈否〉：(输入 Y 或 N 后继续下面的操作)

(4) 若键入 L 并按〈Enter〉键，系统提示：

输入偏移对象的图层选项？[当前 (C)/源 (S)]〈源〉：(输入 C 或 S 后继续下面的操作)

3. 实例应用

使用偏移命令，完成图 3.5 所示定位轴线的绘制。

作图方法：利用“直线”命令沿水平、竖向各画一条点划线。

命令：OFFSET↙
当前设置：删除源=否，图层=源 OFFSETGAPTYPE=0
指定偏移距离或 [通过 (T)/删除 (E)/图层 (L)]〈通过〉：3000↙
选择要偏移的对象或〈退出〉：选择要偏移的水平线
指定点以确定偏移所在一侧：在要偏移的水平线上方指定一点↙
选择要偏移的对象或〈退出〉：重复上述命令完成其他轴线的绘制。

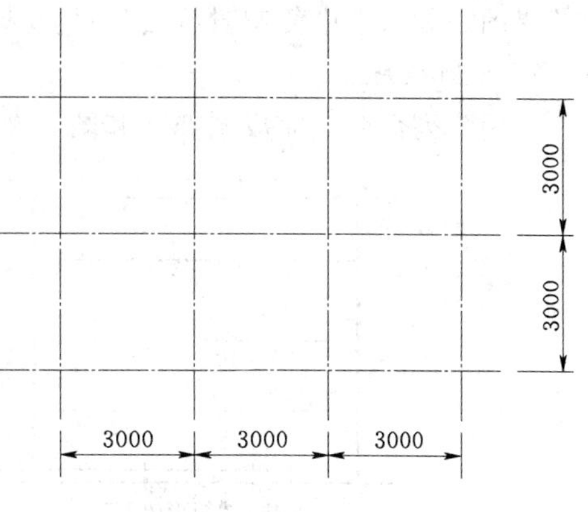

图 3.5 定位轴线

3.2.5 阵列命令 ARRAY

在绘制具有阵列方式的均布特征的对象时，将若干个对象进行阵列方式的复制。

1. 执行阵列命令的方法

执行阵列命令的方法有以下三种：

(1) 工具栏：单击⊞图标。

(2) 菜单：“修改”中的“阵列”选项。

（3）命令行输入“ARRAY”或快捷命令“AR”。

输入命令后会出现图 3.6 所示对话框。

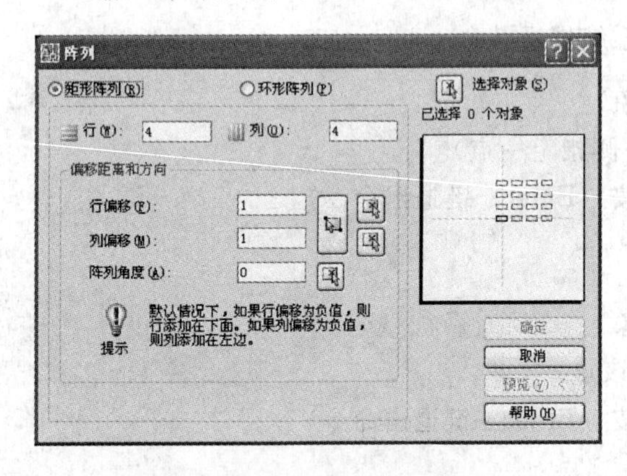

图 3.6 “矩形阵列”命令对话框

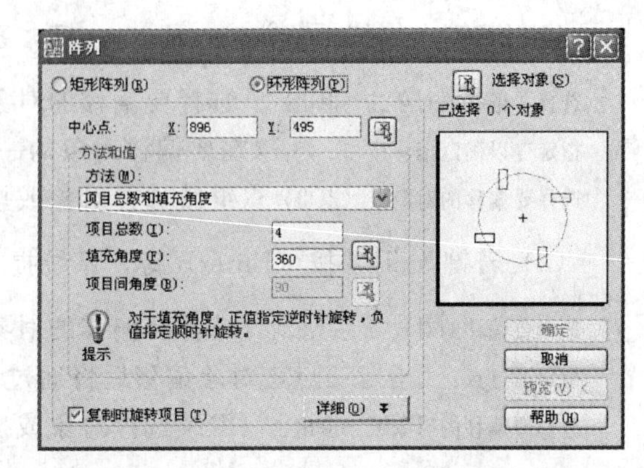

图 3.7 “环形阵列”命令对话框

阵列分为矩形阵列和环形阵列两种。执行阵列命令时，首先选择阵列的类型，填写相应的参数，最后点击确定即可。

在“阵列”对话框中选中“环形阵列”单选按钮，如图 3.7 所示，可以设置环形阵列的相关参数，包括环形阵列的中心点、项目总数、填充角度和项目间角度，还可预览阵列的效果图。如果选中复制时旋转项目复选框，则阵列时将复制出的对象旋转。

2. 实例应用

使用阵列命令，完成图 3.8 和图 3.9 所示图形的绘制。

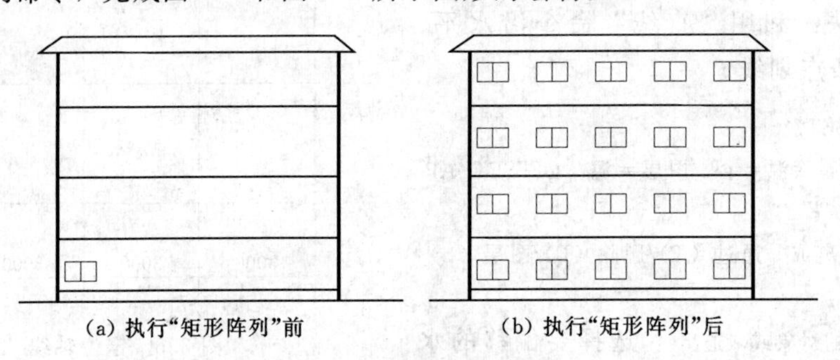

(a) 执行“矩形阵列”前　　(b) 执行“矩形阵列”后

图 3.8 立面窗的矩形阵列

（1）图 3.8 所示图形的作图方法：绘制出图 3.8（a）所示图形后，进行四行五列的“矩形阵列”。行偏移值体现的是层高、而列偏移值体现的则是开间尺寸。

（2）图 3.9 所示图形的作图方法：绘制出图 3.9（a）所示图形后，执行“环形阵列”命令。中心点选择圆心，项目总数为 10，填充角度 360，再选择餐椅，即可完成阵列。

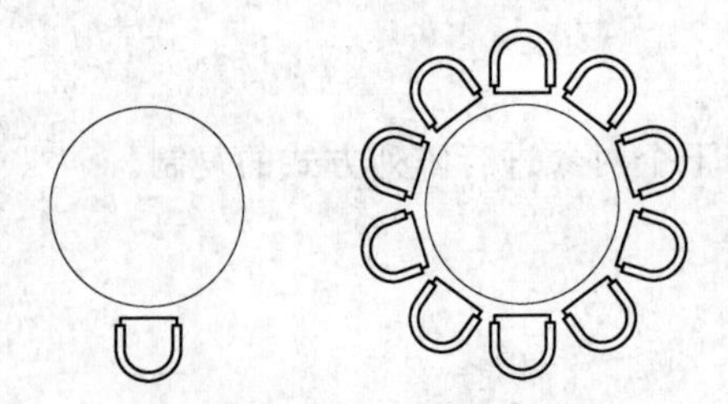

图 3.9 餐椅的环形阵列

3.2.6 移动命令 MOVE

移动命令是将目标对象从一个位置移动到另一

指定位置。不改变对象的形状和大小，仅仅是位置上的平移。

1. 执行移动命令的方法

执行移动命令的方法有以下三种：

(1) 工具栏：单击图标。

(2) 菜单："修改"中的"移动"选项。

(3) 命令行输入"MOVE"或快捷命令"M"。

移动命令的操作方法与复制基本相同，只是移动后，原有图形不复存在。

2. 实例应用

使用移动命令，完成图3.10所示图形的移动。

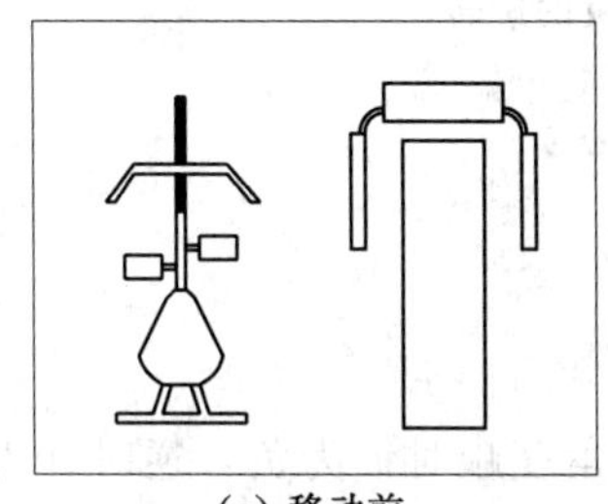

(a) 移动前

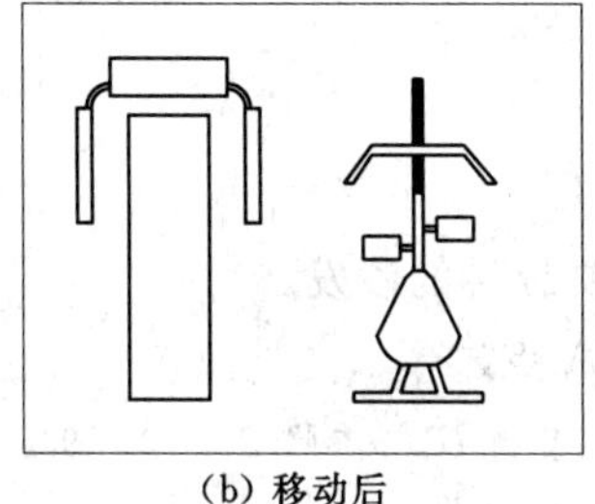

(b) 移动后

图3.10 图形的移动

作图方法：

命令：M↙

选择对象：选取要移动的对象↙

选择对象：↙（选择完成后按〈Enter〉键确认）

指定基点或［位移(D)］〈位移〉：指定第二个点或〈使用第一个点作为位移〉：将对象移至相应位置

3.2.7 旋转命令 ROTATE

旋转命令是将目标对象绕指定的基点按照指定的角度进行旋转。

1. 执行旋转命令的方法

执行旋转命令的方法有以下三种：

(1) 工具栏：单击图标。

(2) 菜单："修改"中的"旋转"选项。

(3) 命令行输入"ROTATE"或快捷命令"RO"。

2. 命令及提示

命令：ROTATE↙

UCS当前的正角方向：ANGDIR=逆时针 ANGBASE=0

选择对象：（选择一个或多个需要旋转的对象）

选择对象：（选择完成后按〈Enter〉键确认）

指定基点：（指定旋转中心）

指定旋转角度，或［复制(C)/参照(R)］：

3. 实例应用

使用旋转命令，完成图 3.11 所示沙发的旋转。

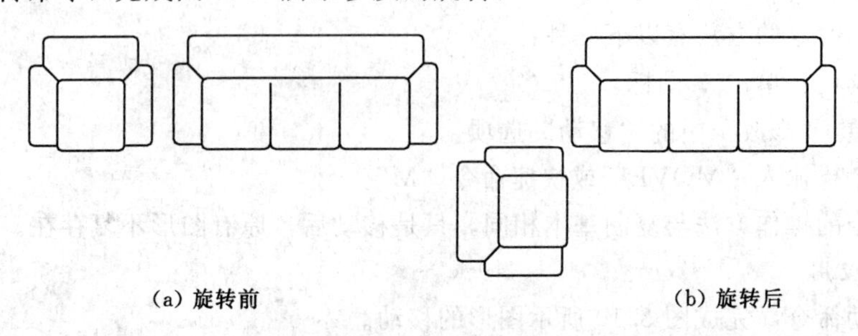

图 3.11 沙发的旋转

作图方法：

命令：_ rotate↙

选择对象：选取要旋转的沙发↙

指定基点：点取 A 点↙

指定旋转角度，或［复制（C）/参照(R)］〈0〉：90↙（角度顺时针为负，逆时针为正）

3.2.8 缩放命令 SCALE

缩放命令是放大或缩小选定的图形，这种放缩是图形的真实尺寸的放大与缩小，而 ZOOM 命令是图形相对于屏幕的放大与缩小，图形的真实尺寸不变。

1. 执行缩放命令的方法

执行缩放命令的方法有以下三种：

（1）工具栏：单击图标。

（2）菜单："修改"中的"缩放"选项。

（3）命令行输入"SCALE"或快捷命令"SC"。

2. 命令及提示

命令：SCALE↙

选择对象：（选择一个或多个需要缩放的对象）

选择对象：（选择完成后按〈Enter〉键确认）

指定基点：（指定在比例缩放中的基准点，即缩放中心点）

指定比例因子或［复制（C）/参照（R）］：（指定一个比例因子或输入选项 C/R）

3. 实例应用

使用缩放命令，完成图 3.12 所示汽车的缩放。

作图方法：

命令：sc↙

选择对象：选取汽车↙

选择对象：↙

指定基点：指定左下角点↙

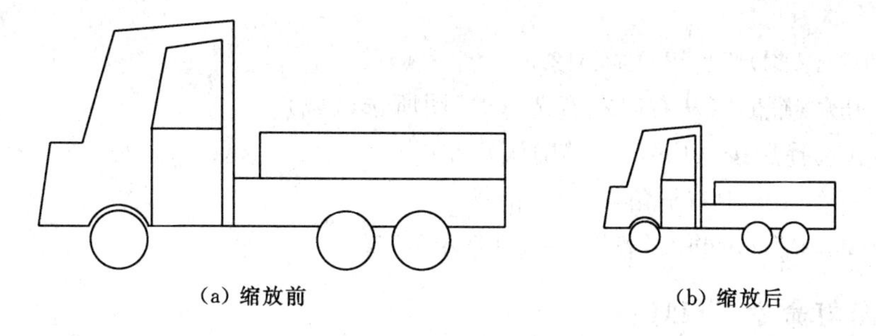

图 3.12　汽车的缩放

指定比例因子或 [复制 (C) /参照(R)] 〈1.0000〉: 0.5↙

3.2.9　拉伸命令 STRETCH

拉伸命令是将某个对象的尺寸在一定方向上进行拉伸或缩短。

1. 执行拉伸命令的方法

执行拉伸命令的方法有以下三种：

(1) 工具栏：单击图标。

(2) 菜单："修改" 中的 "拉伸" 选项。

(3) 命令行输入 "STRETCH" 或快捷命令 "S"。

2. 命令及提示

命令：S↙

STRETCH

以交叉窗口或交叉多边形选择要拉伸的对象...

选择对象：指定对角点：(选中要拉伸的区域)

选择对象：(选择完成后按〈Enter〉键确认)

指定基点或位移：(左键选基点)

指定位移的第二个点或〈用第一个点作位移〉：(输入相应数值)

3. 实例应用

使用拉伸命令，完成图 3.13 所示浴盆的拉伸。

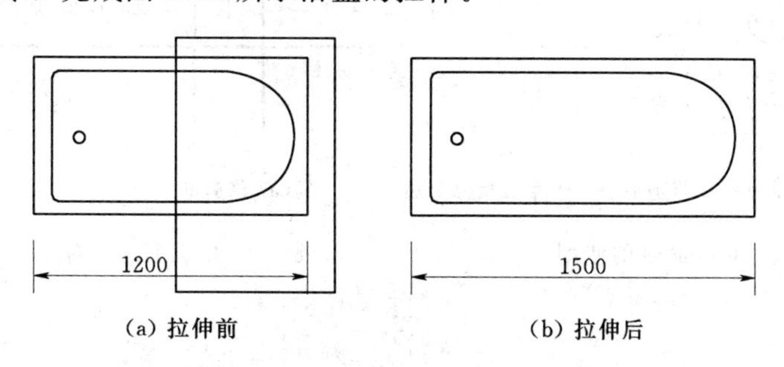

图 3.13　浴盆的拉伸

作图方法：

命令：S↙

以交叉窗口或交叉多边形选择要拉伸的对象...

选择对象：指定对角点：（从右向左窗选（a）图所选区域）

选择对象：（选择后按〈Enter〉键确认）

指定基点或位移：（选中右下角点）

指定位移的第二个点或〈用第一个点作位移〉：@300，0↙

3.2.10　修剪命令TRIM

修剪命令是将对象的某一部分从指定边界以外裁掉。

1. 执行修剪命令的方法

执行修剪命令的方法有以下三种：

（1）工具栏：单击图标。

（2）菜单："修改"中的"修剪"选项。

（3）命令行输入"TRIM"或快捷命令"TR"。

2. 命令及提示

命令：TRIM↙

当前设置：投影=UCS，边=无

选择剪切边...

选择对象〈或全部选择〉：（用鼠标拾取对象）

选择对象：（剪切边选择完成后，按〈Enter〉键确认）

选择要修剪的对象，或按住〈Shift〉键选择要延伸的对象，或［栏选（F）/窗交（C）/投影（P）/边（E）/删除（R）/放弃（U）］：

3. 实例应用

使用修剪命令，完成图3.14和图3.15所示图形的修剪。

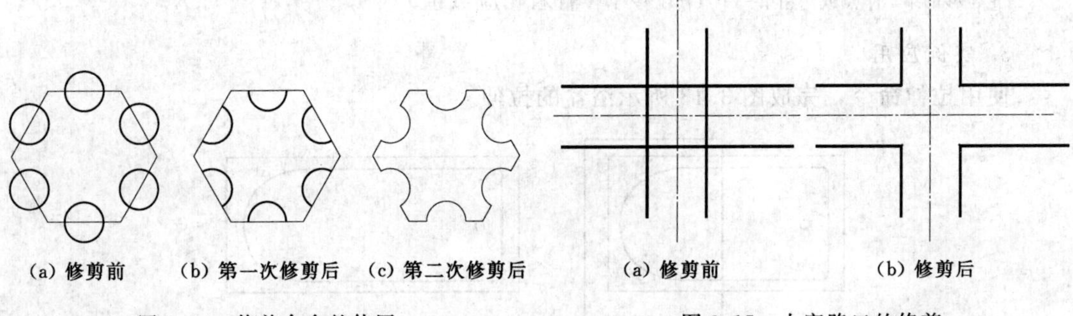

(a) 修剪前　(b) 第一次修剪后　(c) 第二次修剪后

图3.14　修剪命令的使用

(a) 修剪前　(b) 修剪后

图3.15　十字路口的修剪

作图方法：

命令：_trim↙

当前设置：投影=UCS，边=无

选择剪切边...

选择对象或〈全部选择〉：选择全部↙
选择对象：↙
选择要修剪的对象，或按住 Shift 键选择要延伸的对象，或
[栏选（F）/窗交(C)/投影(P)/边(E)/删除(R)/放弃(U)]：依次单击许剪切的部分↙

3.2.11 延伸命令 EXTEND

延伸命令是将对象延伸到某指定边界。

1. 执行延伸命令的方法

执行延伸命令的方法有以下三种：

（1）工具栏：单击图标。

（2）菜单："修改"中的"延伸"选项。

（3）命令行输入"EXTEND"或快捷命令"EX"。

2. 命令及提示

命令：EXTEND↙
当前设置：投影=UCS，边=无
选择边界的边...
选择对象：（选择一个或多个对象作为其他对象的延伸边界）
选择对象：（边界选择完成后按〈Enter〉键确认）
选择要延伸的对象，或按住〈Shift〉键选择要修剪的对象，或［栏选（F）/窗交（C）/投影（P）/边（E）/放弃（U）]：用栏选（F）或窗交（C）模式选择要延伸的对象，该对象将延伸至距离光标拾取处最近的边界。其他选项的用法与使用修剪命令一样。

3. 实例应用

使用延伸命令，完成图 3.16 所示图形的延伸。

作图方法：

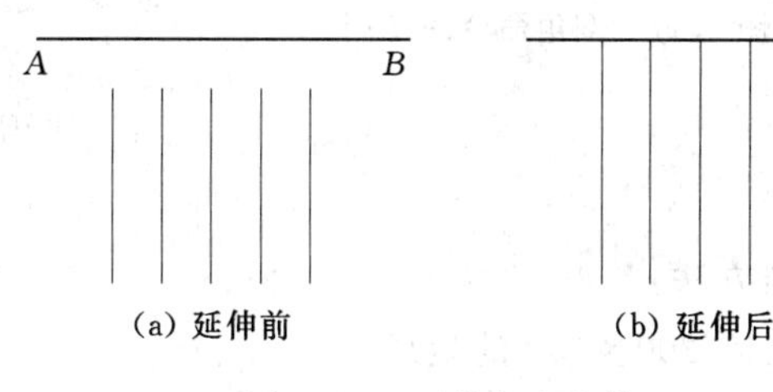

(a) 延伸前　　(b) 延伸后

图 3.16　延伸命令的使用

命令：EXTEND↙
当前设置：投影=UCS，边=无
选择边界的边...
选择对象：（选择一个或多个对象作为其他对象的延伸边界）：点取直线 AB↙
选择要延伸的对象，或按住〈Shift〉键选择要修剪的对象，或［栏选（F）/窗交（C）/投影（P）/边（E）/放弃（U）]：依次点取竖向直线↙

提示："修改"菜单下的"延伸"命令和"拉伸"命令有着本质的区别，前者是将目标延伸到所选界限，而后者则不设界限，可通过输入数值确定拉伸的距离。

3.2.12 倒角命令 CHAMFER

倒角命令是把两条非平行直线在相交点处（或延长线交点处）进行倒棱角，可用距离和角度两种方式控制倒角的大小。

1. 执行倒角命令的方法

执行倒角命令的方法有以下三种：

(1) 工具栏：单击图标。

(2) 菜单："修改"中的"倒角"选项。

(3) 命令行输入"CHAMFER"或快捷命令"CHA"。

2. 命令及提示

命令：CHAMFER↙

("修剪"模式) 当前倒角距离1=当前值，距离2=当前值

选择第一条直线或 [放弃 (U)/多段线 (P)/距离 (D)/角度 (A)/修剪 (T)/方式 (E)/多个 (M)]：D↙ (一般都先指定倒角的大小)

指定第一个倒角距离〈当前值〉：(输入第一条边的倒角距离)

指定第二个倒角距离〈当前值〉：(输入第二条边的倒角距离)

选择第一条直线或 [放弃 (U)/多段线 (P)/距离 (D)/角度 (A)/修剪 (T)/方式 (E)/多个 (M)]：(选择一条边)

选择第二条直线：(选择另一条边)

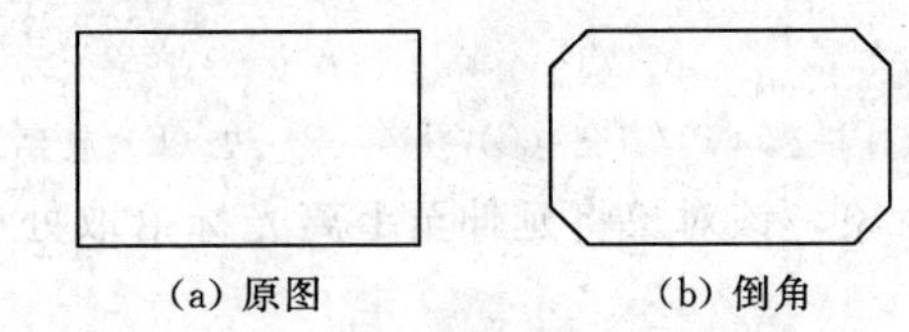
(a) 原图　(b) 倒角

图 3.17　倒角命令的使用

各选项含义为：U—放弃刚才的输入；P—对多段线作倒角编辑；A—通过第一条边的倒角距离和角度；T—设定修剪模式，控制是否将选定边修剪到倒角线端点；E—控制设定倒角的方法；M—对多条边作倒角编辑。

3. 实例应用

使用倒角命令，完成图 3.17 所示图形的倒角。

作图方法：

先绘制 200×150 的矩形。

命令：_chamfer↙

("修剪"模式) 当前倒角距离1=0.0000，距离2=0.0000

选择第一条直线或 [放弃 (U) /多段线(P) /距离(D) /角度(A) /修剪(T) /方式(E) /多个(M)]：d↙

指定第一个倒角距离〈0.0000〉：20↙

指定第二个倒角距离〈20.0000〉：↙

选择第一条直线或 [放弃 (U) /多段线(P) /距离(D) /角度(A) /修剪(T) /方式(E) /多个(M)]：选择组成倒角的一条直线↙

选择第二条直线，或按住 Shift 键选择要应用角点的直线：选择组成倒角的另一条直线

3.2.13　圆角命令 FILLET

圆角命令是把两条非平行直线在相交点处（或延长线交点处）用圆滑的弧线连接，可

用半径控制圆角的大小。

1. 执行圆角命令的方法

执行圆角命令的方法有以下三种：

(1) 工具栏：单击图标。

(2) 菜单："修改"中的"圆角"选项。

(3) 命令行输入"FILLET"或快捷命令"F"。

2. 命令及提示

命令：FILLET↙
当前设置：模式=修剪，半径=当前值
选择第一个对象或 [放弃 (U)/多段线 (P)/半径 (R)/修剪 (T)/多个 (M)]：R↙
指定圆角半径〈当前值〉：(输入圆角半径值，输入一个具体值就可)
选择第一个对象或 [放弃 (U)/多段线 (P)/半径 (R)/修剪 (T)/多个 (M)]：(选择一个对象)
选择第二个对象，或按住〈Shift〉键选择要应用角点的对象：(选择另一个对象)

完成圆角，其他选项的应用与倒角一样。

3. 实例应用

使用圆角命令，完成图 3.18 所示图形的圆角。

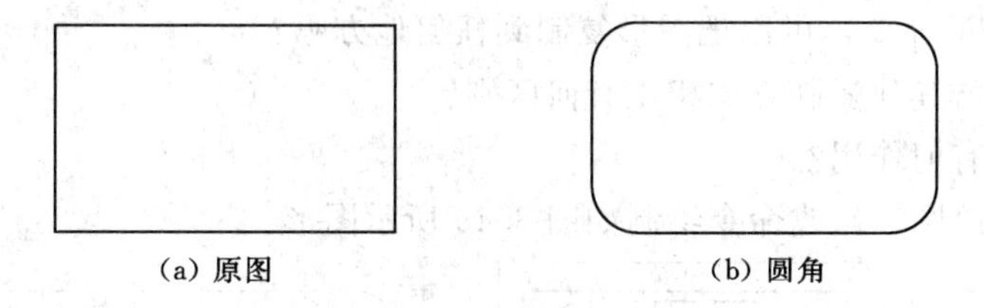
(a) 原图　　(b) 圆角

图 3.18 圆角命令的使用

作图方法：

先绘制 200×150 的矩形。

命令：_fillet↙
当前设置：模式=修剪，半径=0.0000
选择第一个对象或 [放弃 (U) /多段线(P) /半径(R) /修剪(T) /多个(M)]：R↙
指定圆角半径〈0.0000〉：20↙
选择第一个对象或 [放弃 (U) /多段线(P) /半径(R) /修剪(T) /多个(M)]：选择组成圆角的一条直线

选择第二个对象，或按住 Shift 键选择要应用角点的对象：选择组成圆角的另一条直线

3.2.14 分解命令 EXPLODE

分解命令也叫炸开命令，可将对象分解成它的部件对象。如用"矩形"命令绘制的矩形四边为一个整体，利用"分解"命令可将其四边变为四条独立的直线。

1. 执行分解命令的方法

执行"分解"命令的方法有以下三种：

（1）工具栏：单击图标。

（2）菜单："修改"中的"分解"选项。

（3）命令行输入"EXPLODE"。

2. 命令及提示

命令：EXPLODE↙

选择对象：（选择要分解的一个或多个对象）

选择对象：（选择完成后按〈Enter〉键或右击确认）

小　　结

本章详细介绍了常用修改编辑命令的使用方法与技巧，包括图形对象的复制、旋转、偏移及镜像等修改命令，读者可以结合具体实例操作步骤学习、领会这些命令的使用方法与技巧。

习题与实训

1. 使用COPY命令，可以把图形复制到任何地方吗？

2. 偏移复制与其他复制方式相比有何区别？

3. 部分镜像有何作用？

4. 综合运用绘图、修改命令绘制如图3.19所示图形。

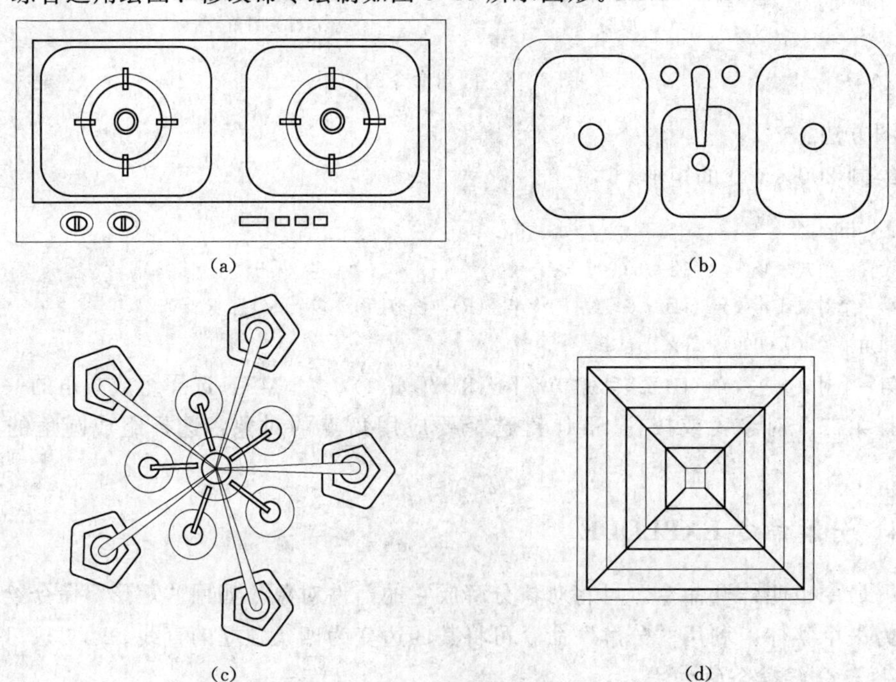

图3.19（一） 题4图

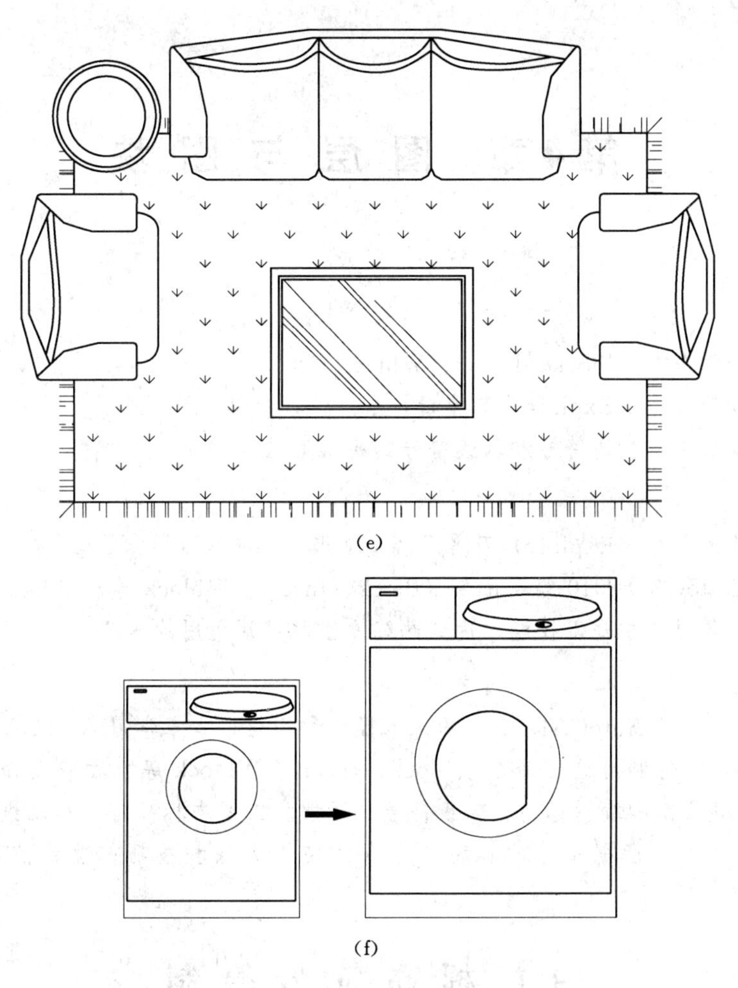

(e)

(f)

图 3.19（二） 题 4 图

第4章　图层与图块

知识目标：

- 掌握绘图命令（Block、Insert、Wblock 等）。
- 掌握修改命令（Explore）等编辑命令。
- 了解施工图中标高符号和轴线符号的标准画法。

技能目标：

- 熟悉修改命令（Explore）及各种辅助工具。
- 掌握 AutoCAD 2010 绘图命令（Block、Insert、Wblock 等）。
- 巩固与复习所学知识技能，达到熟练操作、灵活运用的程度。

本章导语：

前面已经学习了 AutoCAD 2010 的基本操作和图层，本章学习 AutoCAD 2010 命令使用方法和技巧，能够利用绘图命令（Block、Insert、Wblock 等）和修改命令（Explore）及各种辅助工具绘制和编辑标高、轴线符号；了解施工图中标高符号和轴线符号的标准画法；掌握绘制过程中所需命令的各种子命令的使用方法和技巧；熟练使用命令的快捷方式。

4.1　标高符号绘制

4.1.1　图形分析

建筑施工图中标高符号如图 4.1 所示。由图可知标高符号是由一个高度为 3mm 的等腰直角三角形与一根长度适中的直线以及标注数据 3 部分组成。施工图中，往往有多处不同位置需要标注不同的标高，下面具体介绍怎样建立标高符号并标注不同的标高值。

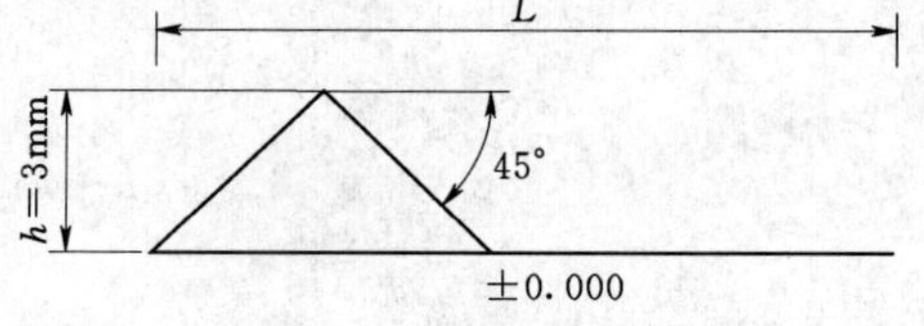

图 4.1　标高符号

4.1.2　操作步骤

1. 方法一

(1) 利用“直线”(L) 命令，采用相对坐标绘制等腰直角三角形的两条直角边。

(2) 重复利用“直线”(L) 命令，绘制用于标注标高数字的直线。

(3) 利用“单行文字”(DT) 命令，标注标高数据。

(4) 利用“复制”(CO) 命令,复制标高符号及标注数据到相应位置。

(5) 用“编辑文字”(ED) 命令修改标注数据。

1) 绘制符号。

命令:L↙

LINE

指定第一点:(可在屏幕上任意指定一点)

指定下一点或[放弃(U)]:@3,-3

指定下一点或[放弃(U)]:@3,3

2) 标注数据。

命令:DT↙

TEXT

当前文字样式:“标高数据”文字高度:3.5000 注释性:否

指定文字的起点或[对正(J)/样式(S)]:(指定合适的文字起点位置,若文字样式需要修改的,则先选择字母S输入正确的文字样式名)

指定文字的旋转角度〈0〉:(指定文字的旋转角度后按〈Enter〉键确认)(输入标高数据,完毕)

(光标单击别处,确定,结束命令)

3) 复制符号并编辑数据。

命令:CO↙

COPY

选择对象:

指定对角点:找到4个(选择绘制好的符号和标注数据)

选择对象:(结束选择)

当前设置:复制模式=多个

指定基点或[位移(D)/模式(O)]〈位移〉:(因标高符号所标注的是三角形直角顶点所指位置的标高,故一般指定该顶点作为基点)

指定第二个点或[退出(E)/放弃(U)]〈退出〉:(指定需要标注的位置)

命令:ED↙

DDEDIT

选择注释对象或[放弃(U)]:(单击需要修改的标注数据)

(编辑数据为正确标高值并确定编辑结束)

2. 方法二

(1) 操作方法。

1) 同方法一绘制好直角三角形及标注数据的直线。

2) 选择“绘图”→“块”→“定义属性…”命令,打开块“属性定义”对话框,如图4.2所示。

3) 更改对话框设置如图4.2所示,其中“标记”、“提示”、“默认”文本框的设置值与实际输入的标高值无关，只是起到提示作用；在样式中选择合适的文字样式，如本例中的“标高数据”样式，高度为3.5。

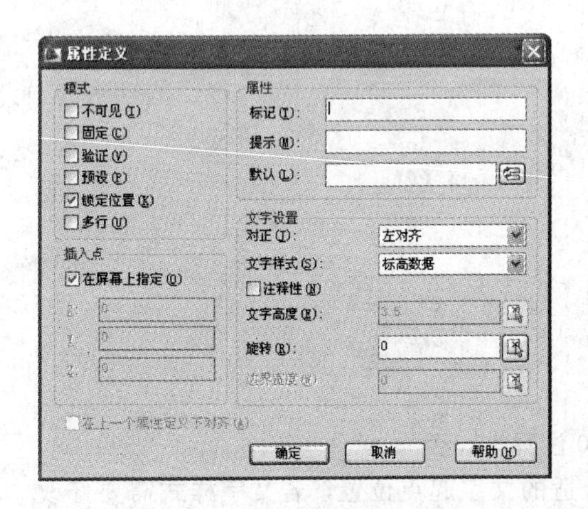

图4.2 块“属性定义”对话框

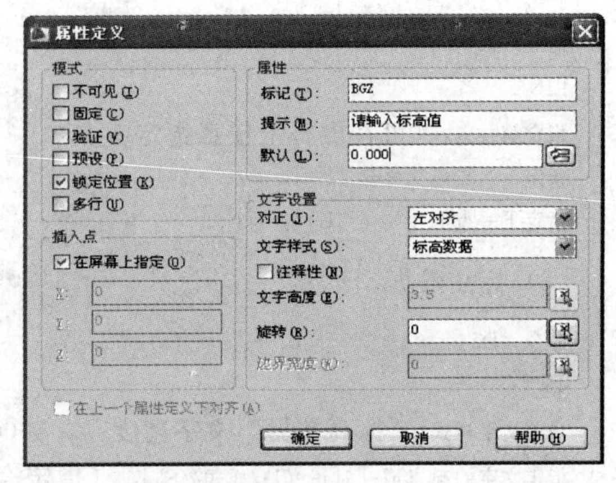

图4.3 块“属性定义”对话框的设置

4）确定设置之后将属性置于标高符号的合适位置。定义块属性如图4.3所示。

5）输入“块”（B）命令，弹出“块定义”对话框，如图4.4所示。定义块的各项参数如图4.5所示。将符号及块属性创建成一个块，单击“确定”按钮，弹出如图4.6所示的“编辑属性”对话框，单击“确定”按钮。

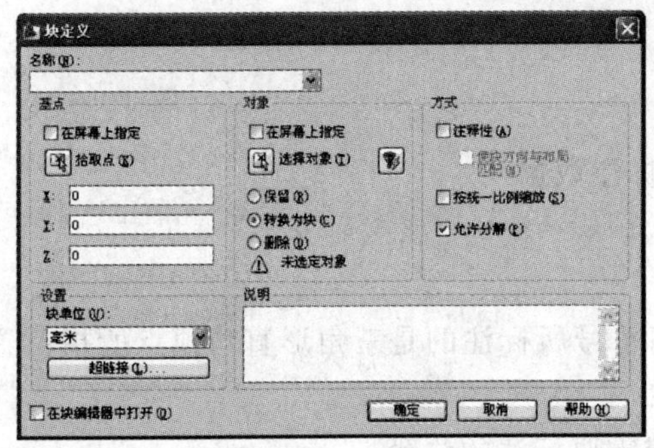

图4.4 “块定义”对话框

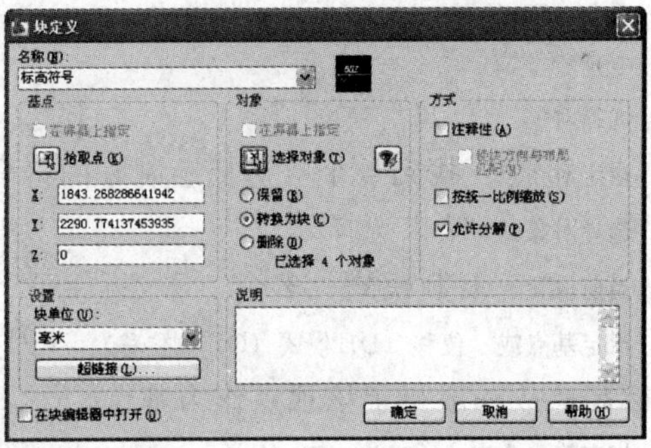

图4.5 “块定义”对话框的参数

6）读者可发现此时标高符号和块属性组成一个整体，且块属性由原来的标记BGZ自动变成默认值0.000。

7）输入“插入块”（I）命令，弹出“插入”对话框，如图4.7所示，选择块名称，单击“确定”按钮，在屏幕上指定插入点，输入正确标高值，插入标高符号。

（2）命令显示。

定义块属性。

命令：ATTDEF（弹出块“属性定义”对话框；输入“标记”、“提示”和“默认”值，此三处的设置值与实际插入标高值无关，仅作提示之用；选择正确的文字样式）

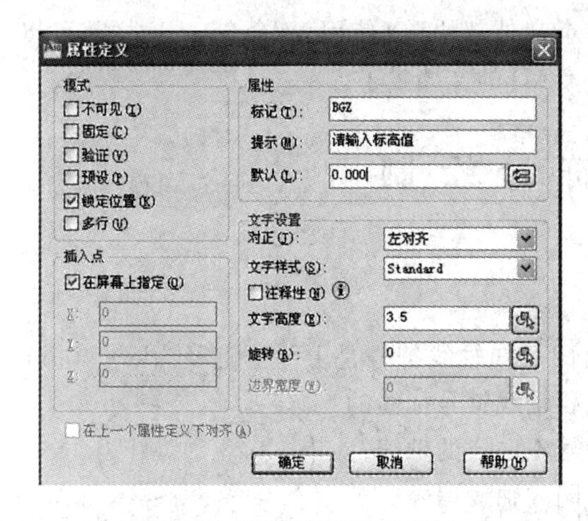

图 4.6 “编辑属性”对话框

图 4.7 “插入”对话框

指定起点：（指定的为属性在块中的位置）

（确定）

命令：B↙（弹出“块定义”对话框，输入块名称）

BLOCK

指定插入基点：（指定的基点为后面插入时的点，一般选取块中特殊点。如，此处点取标高符号中三角形的直角顶点）

选择对象：

指定对角点：找到四个（选取的为将要定义成一个块的所有对象。如，此处选取的应该是三角形、标注的直线、定义好的属性 4 个对象）

选择对象：回车（结束）

（确定，属性显示从“标记”值自动跳到“默认值”，建块成功）

命令：I↙（打开“插入”对话框）

（选择需要插入的块的名称）

INSERT

指定插入点或 [基点 (B)/比例 (S)/X/Y/Z/旋转 (R)]：（在屏幕上选择需要插入块的位置）

输入属性值

请正确输入标高值〈0.000〉：0.900（输入需要标注的位置的正确标高值）

（确定，结束命令）

4.1.3 疑难解答

（1）插入的标高符号为什么总是离光标很远？

问题分析：定义块的时候，没有选择基点，而默认基点是坐标原点，当插入块的时候，插入点是默认的原点，所以没有按照光标所点位置插入，而是离光标很远。

解决办法：定义块的时候，选择基点，基点一般选择在块上的特殊位置点（标高符号可以选择直角三角形的直角顶点为基点），这是插入块时的插入点。

（2）创建好的标高符号可以插入到其他文档里面吗？

答：可以。但是必须把标高符号创建成一个“外部块”（使用 W 命令），这样就可以在插入的时候指定路径，将块插入到任何一个 CAD 的文档中了。

4.2 轴线符号绘制

4.2.1 图形分析

建筑施工图中轴线符号如图 4.8 所示。由图可知轴线符号是由一个直径为 8～10mm 的圆与一个阿拉伯数字或者大写拉丁字母组成。轴线符号标注的是不同轴线的编号，故施工图中会出现大量编号不一样的轴线符号。下面具体介绍怎样建立轴线符号并标注不同的轴线编号。

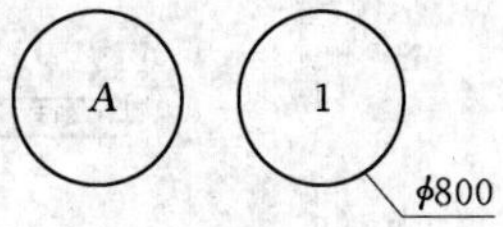

A　1　ϕ800

图 4.8 轴线符号

4.2.2 操作步骤

1. 方法一

(1) 操作方法。

1) 利用“圆”(C) 命令，绘制一个半径为 4 的圆为轴线圈。

2) 利用“单行文字”(DT) 命令标注轴线编号。

3) 利用“复制”(CO) 命令复制轴圈及轴线编号到相应位置。

4) 利用“编辑文字”(ED) 命令修改轴线编号。

(2) 命令显示。

1) 绘制轴圈。

命令：C↙

CIRCLE

指定圆的圆心或 [三点 (3P)/两点 (2P)/切点、切点、半径 (T)]：(可以在屏幕上任意指定一点为圆心点)

指定圆的半径或 [直径 (D)]：4↙ (平、立、剖面图中轴圈的直径为 8mm，详图中为 10mm)

2) 标注轴线编号。

命令：DT↙

TEXT

当前文字样式：“轴号” 文字高度：2.5000 注释性：否

指定文字的起点或 [对正 (J)/样式 (S)]：j (选择对正方式)

输入选项

[对齐 (A)/布满 (F)/居中 (C)/中间 (M)/右对齐 (R)/左上 (TL)/中上 (TC)/右上 (TR)/左中 (ML)/正中 (MC)/右中 (MR)/左下 (BL)/中下 (BC)/右下 (BR)]：mc

指定文字的中间点：(捕捉轴圈的圆心点)

指定高度 〈2.5000〉：5↙ (轴圈直径为 8mm，轴线编号为 5 号字)

指定文字的旋转角度 〈0〉：↙ (文字不需要旋转)

(输入轴线编号，按 〈Enter〉 键，结束命令)

3）复制符号并编辑轴线编号。

命令：CO↙

COPY

选择对象：

指定对角点：找到 2 个（同时选择轴圈和轴线编号）

选择对象：↙（结束选择）

当前设置：复制模式＝多个

指定基点或［位移（D）/模式（O）］〈位移〉：

指定第二个点或〈使用第一个点作为位移〉：（点取对象上的一个基点）

指定第二个点或［退出（E）/放弃（U）］〈退出〉：（点取需标注的轴线位置）

命令：ED↙

DDEDIT

选择注释对象或［放弃（U）］：（选择复制出来的轴线编号）

（编辑数据为正确编号并确定编辑结束）

2. *方法二*

（1）操作方法。

1）同方法一绘制好轴圈。

2）选择“绘图”→“块”→“定义属性…”，打开块“属性定义”对话框，如图 4.9 所示。

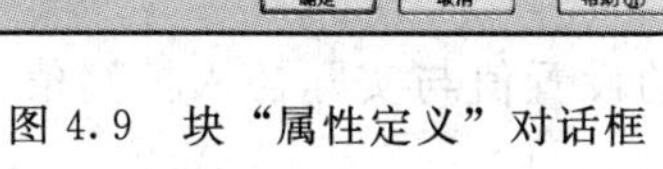

图 4.9 块“属性定义”对话框

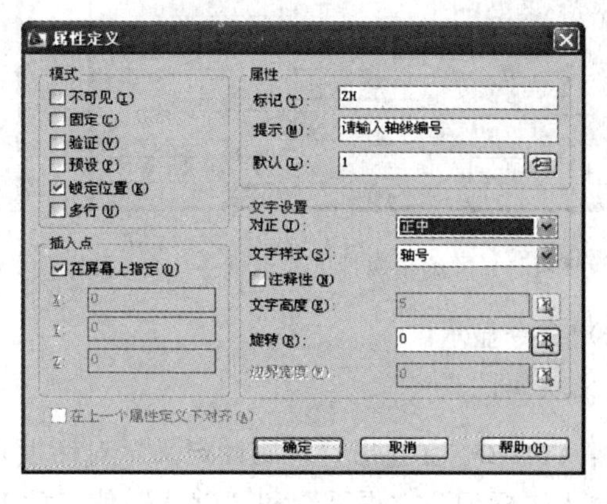

图 4.10 块“属性定义”对话框的设置

3）更改对话框设置如图 4.10 所示，其中“标记”、“提示”、“默认”文本框的设置值与实际输入的轴号无关，只是起到提示作用。

4）确定设置之后将属性置于轴圈中间位置。定义块属性如图 4.11 所示。

图 4.11 定义块属性

5）输入“块”（B）命令，弹出“块定义”对话框，如图 4.12 所示。定义块的各项参数，如图 4.13 所示，将轴号及块属性创建成一个块，单击“确定”按钮，弹出如图 4.14 所示的“编辑属性”对话框，单击“确定”按钮。

6）此时轴线符号和块属性组成一个整体，且块属性由原来的标记“ZH”自动变成默认值1。

7）输入“插入块”（I）命令，弹出“插入”对话框，如图4.15所示，选择块名称，单击“确定”按钮，在屏幕上指定插入点，输入正确轴线编号，插入轴线符号。

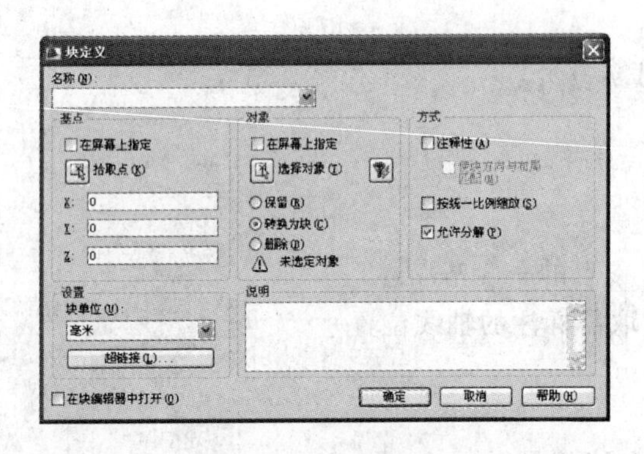

图4.12 “块定义”对话框

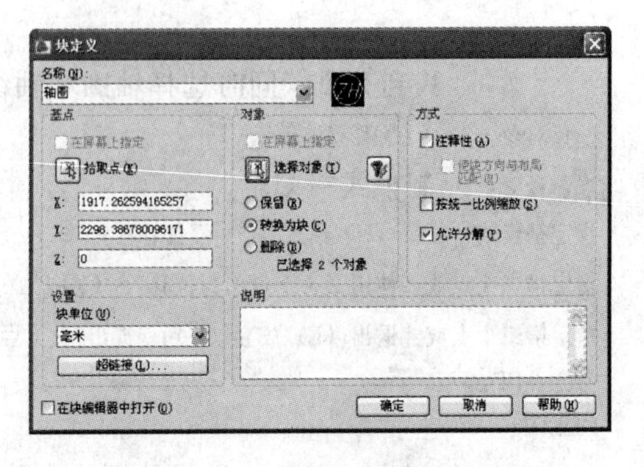

图4.13 “块定义”对话框的参数

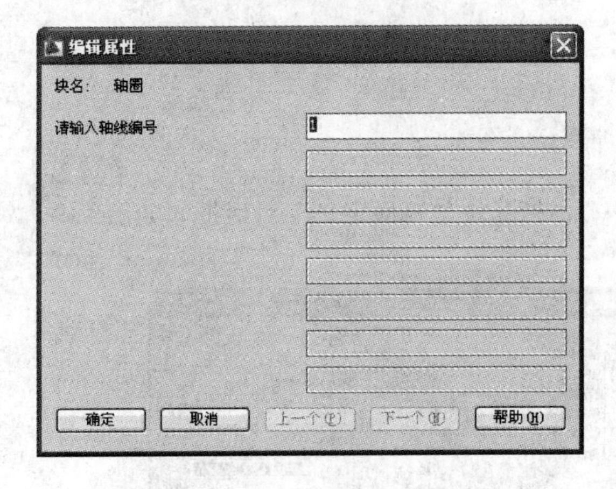

图4.14 “编辑属性”对话框

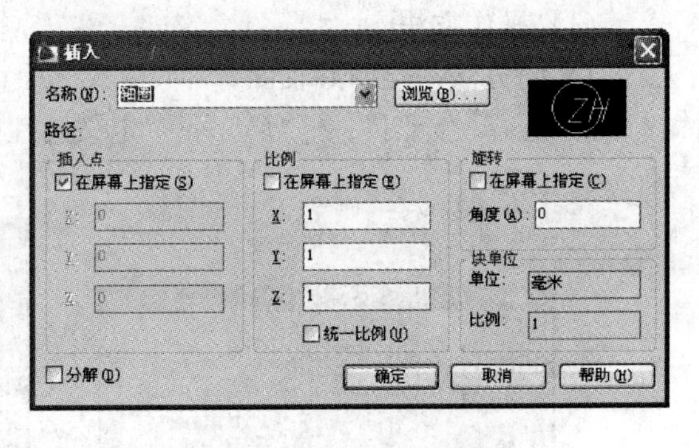

图4.15 “插入”对话框

（2）命令显示。

定义块属性。

命令：ATTDEF↙（弹出“块属性定义”对话框）

（输入“标记”、“提示”和“默认”值，此3处的设置值与实际插入标高值无关，仅作提示之用）

（选择正确的文字样式）

指定起点：（指定的为属性在块中的位置，指定后按〈Enter〉键确认）

命令：B↙（弹出“块定义”对话框，输入块名称）

BLOCK

指定插入基点：（指定的基点为后面插入时的点，一般选取块中特殊点。例如，此处捕捉轴圈符号上的象限点）

选择对象：

指定对角点：找到2个（选取的为将要定义成一个块的所有对象。如，此处选取的应该

是轴圈、定义好的属性 4 个对象）

选择对象：（结束）

（确定，属性显示从“标记”值自动跳到“默认值”，建块成功）

命令：I↙（打开“插入”对话框）

（选择需要插入的块的名称）

INSERT

指定插入点或［基点（B）/比例（S）/X/Y/Z/旋转（R）］：（在屏幕上点取需要插入块的位置）

输入属性值

请输入轴线编号〈1〉：2↙（输入需要标注的轴线的编号）

4.3 块 操 作

4.3.1 创建块（BLOCK）

1. 概念

创建块其实就是定义一个块，创建的块存储在图形数据库中，同一块可根据需要多次被插入到图形中。

块可以包含有一个或多个对象。创建块的第一步就是创建一个块定义。在此之前，进行块定义的对象必须已经被画出并能够用创建选择集的方式选择，之后在使用创建块定义时才能选择它们。

创建块时，组成块的对象所处的图层会对对象的特性有所影响。如对象处在 0 层，则该块插入到哪个图层，它就取得哪个图层的颜色和线型，而处在非 0 层上的对象将仍然保持它原来所在的层的特性，即使是块被插入到另外的层上也是如此。

2. 命令输入

（1）菜单方式：“绘图”→“块”→“创建…”。

（2）工具按钮：单击“绘图”工具栏上的图标。

（3）命令行输入“BLOCK”或“B”命令。

3. 小知识

在创建块定义时指定的插入点将成为该块将来插入的基准点，也是块在插入过程中缩放或旋转的基点。为了作图方便，应根据图形的结构选择基点。一般将基点选择在块的一些特征位置，如块的中心、左下角或其他地方。有时候插入点不在对象上面要比在对象上面更方便些。

4.3.2 插入块（INSERT）

1. 概念

用户可以使用插入块命令将已经存在的图块插入到当前图形中。插入块时，若在当前的图形中不存在指定名称的块定义，那么系统就会搜索计算机系统的整个空间，以寻找到该名称的图形并把它插入到当前图形中。

2. 命令输入

(1) 工具按钮：单击“绘图”工具栏上的图标。

(2) 命令行输入“INSERT”或“I”命令。

3. 小知识

插入块的时候可以根据实际需要对原创建的块从 *X*、*Y*、*Z* 三个方向进行不同比例的缩放，也可设定插入块时原块的旋转角度。

插入块时还可以使用 MINSERT 命令，通过确定行数、列数及行间距和列间距，以矩阵形式插入多个图块。

AutoCAD 2010 中，还可以使用拖放的方式插入图块。操作步骤为：鼠标拾取 CAD 文件，按住鼠标左键将文件拖到打开的 CAD 图形窗口中，松开鼠标左键，根据提示指定插入点和缩放比例，即可将所选择的文件按指定参数插入到当前文件中的指定位置。

4.3.3 分解（EXPLODE）

1. 概念

EXPLODE 命令可以分解一个已创建的块，其使用范围很广，不仅可以使块转化为分离的对象，还能使多段线、多线、多边形等分离成独立的简单的直线和圆弧对象。

一个块中可能包含其他的块，EXPLODE 命令只能在一个层次上进行，即它只能分解为当初创建块时所选择的构成块的各个对象，对于带有嵌套元素的块，分解操作后，这些对象仍然将保持其被选中作为构成块的对象时的状态。若要完全分解，只能进一步使用分解命令将它们分解。

2. 命令输入

(1) 菜单方式：“修改”→“分解”命令。

(2) 工具按钮：单击“修改”工具栏上的图标。

(3) 命令行输入 EXPLODE 或 X 命令。

3. 小知识

用 MINSERT 命令插入的块不能被分解。

4.3.4 写块（WBLOCK）

1. 概念

在 AutoCAD 2010 中，可以用 WBLOCK 命令将对象或图块保存到一个图形文件中。用 WBLOCK 命令创建的图形可由当前图形中所选定的块组成，也可由在当前图形中所选定的对象组成。

由 WBLOCK 命令保存的图形文件可以用块的方式插入到任意一个文件中。

2. 命令输入

命令行输入“WBLOCK”或“W”命令。

3. 小知识

创建外部块文件时，必须指定文件保存路径，后期插入时指定相应的路径才能准确插入图块。

小　　结

通过标高及轴线符号的绘制，主要讲解了创建块、插入块、写块（建立外部块）以及块分解命令的使用方法和技巧。任务中提到的命令以对话框的方式与读者进行交互式的数据交流，要求读者根据实际情况进行数据的设置，如插入块（INSERT）命令的对话框中，在插入块时可以对原创建的块进行 X、Y、Z 三个方向按照不同比例的缩放，使绘图过程和结果更具灵活性。各个命令的细部设置及达到的效果还需读者自行揣摩、练习，以便找到更快捷的绘图方法和技巧。

习题与实训

1. 将指北针（图 4.16）创建为一个名为“指北针”的外部块，以文档形式保存，以便插入到所需要的文档。

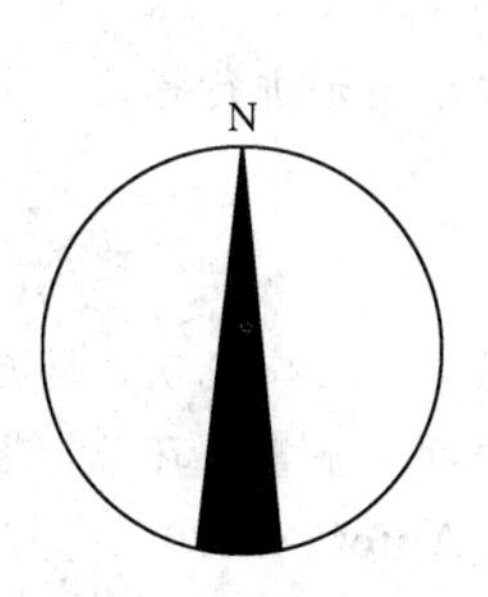

图 4.16　指北针

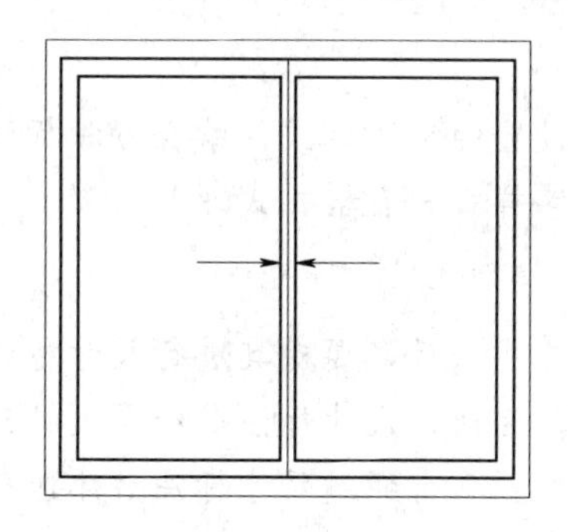

图 4.17　立面推拉窗

上机提示：指北针符号是由一个直径为 24mm 的圆和一个端部宽度为 3mm 的箭头组成。绘制时箭头可采用多段线（PLINE）的命令，设置起点宽度为 0，端点宽度为 3，分别捕捉圆的上下两个象限点绘制。

2. 将一立面窗户（图 4.17）创建为一个名为“立面推拉窗”的块。

上机提示：由于建筑中窗户的宽度和高度不一致，所以作为创建块的对象的窗户图形可以以基数来绘制，如窗户的高度和宽度均绘制成尺寸为 1000 的大小，插入时分别进行 X 和 Y 方向的缩放，如一个 1800×1200 的窗户就可以分别设 X 和 Y 方向的缩放比例因子为 1.8 和 1.2。

第5章　尺寸与文字标注

知识目标：

• 了解尺寸与文字标注的目的，理解尺寸标注样式的含义，掌握设置和修改尺寸与文字标注样式的方法。

• 尺寸标注的规则、组成和类型。

• 创建尺寸标注样式的步骤。

• 常用的尺寸标注命令。

• 创建文字样式与编辑文字。

技能目标：

能应用已经设置的标注样式，结合各种标注方法给图形进行标注，并根据实际绘图需要设置合适的文字样式和表格样式。

本章导语：

在图形设计完成以后，要对其进行尺寸标注与必要的文字说明，然后按图形标注的尺寸建造工程实体。因此，尺寸标注是绘图设计工作中的一个重要环节，图形中各个对象的真实大小和相互位置只有经过尺寸标注后才能确定。AutoCAD 2010 包含了一套完整的尺寸标注命令和实用程序，可以轻松完成图纸中要求的尺寸标注。

5.1 尺寸标注概述

尺寸是工程图纸中一项不可或缺的内容，工程图纸是用来说明工程形体的形状，而工程形体的大小是用尺寸来说明的，所以，工程图纸中的尺寸标注必须正确、完整、合理、清晰。在对图形进行标注之前，应了解尺寸标注的规则、组成、类型等。

5.1.1 尺寸标注的规则

在 AutoCAD 2010 中，对绘制的图形进行尺寸标注时应遵循以下规则：

（1）物体的真实大小应以图样上所标注的尺寸数值为依据，与图形的大小及绘图的准确度无关。

（2）图样中的尺寸以毫米时，不需要标注计量单位的代号或名称。如采用其他单位，则必须注明相应计量单位的代号或名称，如度（°）、厘米（cm）及米（m）等。

（3）图样中所标注的尺寸为该图样所表示的物体的最后完工尺寸，否则应另加说明。

5.1.2 尺寸标注的组成

在工程制图中，一个完整的尺寸标注一般由尺寸线、延伸线（即尺寸界线）、尺寸文字（即尺寸数字）和尺寸箭头四部分组成，如图5.1所示。通常AutoCAD 2010将构成尺寸的尺寸线、延伸线（尺寸界线）、尺寸箭头和尺寸文字作为块处理，因此一个尺寸标注一般是一个对象。

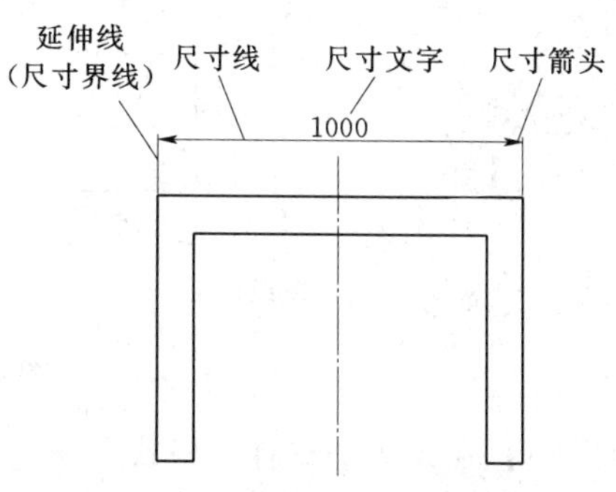

图5.1 尺寸标注的组成

1. 尺寸线

尺寸线表示标注的范围。尺寸线（有时尺寸线所在的测量区域空间太小不足以放置标注文字时，尺寸线通常被分割成两段，分别绘制在尺寸界线的外部）表示测量的方向和被测距离的长度。如果所标注的尺寸是一个对象中的两条平行线或者两个对象间的平行线，那么，可以不引出尺寸界线而直接在两平行线间绘制尺寸线。对于角度标注，尺寸线是一段圆弧。

2. 延伸线

从标注起点引出的标明标注范围的直线。尺寸界线应自图形的轮廓线、轴线、对称中心线引出，其中轮廓线、轴线、对称中心线也可用做尺寸界线。除非选择“倾斜”选项，否则尺寸界线一般要垂直于尺寸线。

3. 文字

尺寸文字由用于表示测量值和标注类型的数字、词汇、参数和特殊符号组成。可以使用由AutoCAD 2010自动计算出的测量值，并可附加公差、前缀和后缀等；也可以自行指定文字或取消文字。通常情况下，尺寸文字应按标准字体书写，且同一张图上的字高要一致。尺寸文字在图中遇到图线时，须将图线断开。当图线断开影响图形表达时，必须调整尺寸标注的位置。

4. 尺寸箭头

尺寸箭头用来标注尺寸线的两端，表明测量的开始和结束位置。AutoCAD 2010提供了多种符号可供选择，如建筑标记、小斜线箭头、点和斜杠等，也可以创建自定义符号。同一张图中的箭头或斜线大小要一致，并应采用一种形式，箭头尖端应与尺寸界线接触。

5.1.3 尺寸标注的类型

尺寸标注的类型有很多，AutoCAD 2010提供了10余种标注用以测量设计对象，使用这些标注工具可以进行线性标注、对齐标注、半径标注、直径标注、弧长标注、角度标注、基线标注、连续标注、引线标注等，如图5.2所示。

5.1.4 尺寸标注的步骤

一般来说，用户在对所建立的每个图形进行标注之前，均应遵守下面的基本过程，首先在快速访问工具栏中选择“显示菜单栏”命令，然后进行如下设置：

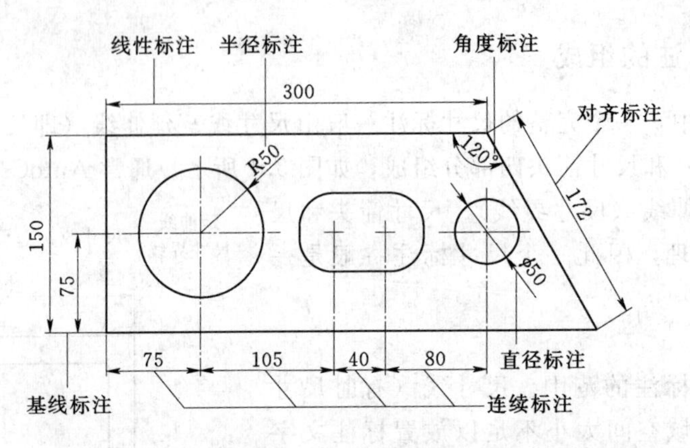

图 5.2 尺寸标注的类型

(1) 在菜单中选择“格式”→“图层”命令，显示“图层管理器”对话框，创建一个独立的图层。这是为了便于将来控制尺寸标注对象的显示与隐藏，使之与图形的其他信息分开。

(2) 在菜单中选择“格式”→“文字样式”命令，显示“文字样式”对话框，创建一种文字样式，从而为尺寸标注文本建立专门的文本类型。

(3) 在菜单中选择“格式”→“标注样式”命令，或选择“标注”→“标注样式”命令，显示“标注样式管理器”对话框，通过该对话框设置尺寸线、尺寸界线、尺寸箭头、尺寸文字和公差等。用于尺寸标注。

(4) 充分利用对象捕捉方法，以便快速拾取定义点，对所绘图形的各个部分进行尺寸标注。

5.2 创建尺寸标注样式

尺寸标注样式（简称标注样式）用于设置尺寸标注的具体格式，如尺寸文字采用的样式；尺寸线、尺寸界线以及尺寸箭头的标注设置等，以满足不同行业或不同国家的尺寸标注要求。

在 AutoCAD 2010 中，使用标注样式可以控制标注的格式和外观，建立强制执行的绘图标准，并有利于对标注格式及用途进行修改，本节将着重介绍“标注样式管理器”对话框创建标注样式的方法。

5.2.1 新建标注样式

尺寸标注样式的创建是由一组尺寸变量的合理设置来实现的。首先要打开“尺寸标注样式管理器”对话框，可采用下列方法之一：

(1) 菜单：“格式”→“标注样式”或“标注”→“标注样式”。

(2) 功能区选项卡：“常用”选项卡→“注释”面板→“标注样式”。或“注释”选项卡→“标注”面板→“标注样式”按钮。

(3) 工具栏：“标注样式”按钮。

（4）命令：dimstyle。

执行上述命令后，将弹出“标注样式管理器”对话框，如图5.3所示。

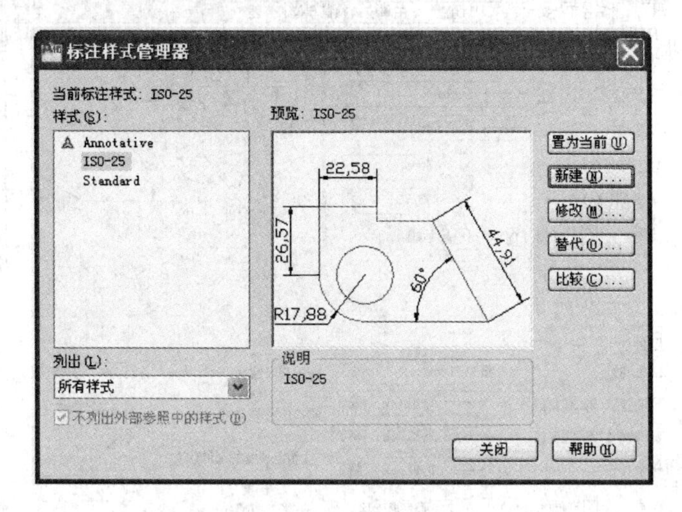

图5.3 “标注样式管理器”对话框

在“标注样式管理器”对话框中，“当前标注样式”标签显示出当前标注样式的名称。“样式”列表框用于列出已有标注样式的名称。“列出”下拉列表框确定要在“样式”列表框中列出哪些标注样式。“预览”框用于预览在“样式”列表框中所选中标注样式的标注效果。“说明”标签框用于显示在“样式”列表框中所选定标注样式的说明。“置为当前”按钮把指定的标注样式置为当前样式。“新建”按钮用于创建新标注样式。“修改”按钮则用于修改已有标注样式。“替代”按钮用于设置当前样式的替代样式。“比较”按钮用于对两个标注样式进行比较，或了解某一样式的全部特性。若要删除某个尺寸样式，就先选择它，然后右击，在弹出的光标菜单中，选择“删除”命令，即可将该样式删除。

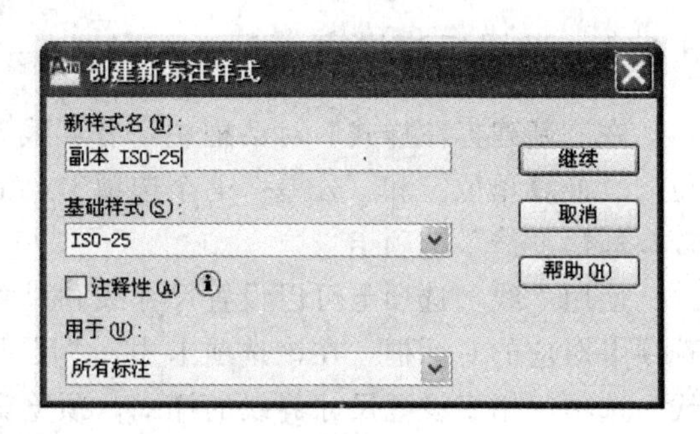

图5.4 “创建新标注样式”对话框

单击“新建”按钮，将弹出“创建新标注样式”对话框，如图5.4所示。

在“创建新标注样式”对话框中，“新样式名”文本框指定新样式的名称；“基础样式”下拉列表框确定一种基础样式，新样式将在该基础样式的基础上进行修改；“用于”下拉列表框，可确定新建标注样式的适用范围。下拉列表中有“所有标注”、“线性标注”、“角度标注”、“半径标注”、“直径标注”、“坐标标注”和“引线和公差”等选择项，分别用于使新样式适用于对应的标注。

设置了新样式的名称、基础样式和适用范围后，单击“继续”按钮，将弹出“新建标注样式”对话框，可以在其中设置标注中设置直线、符号和箭头、文字、单位等内容，如图5.5所示。

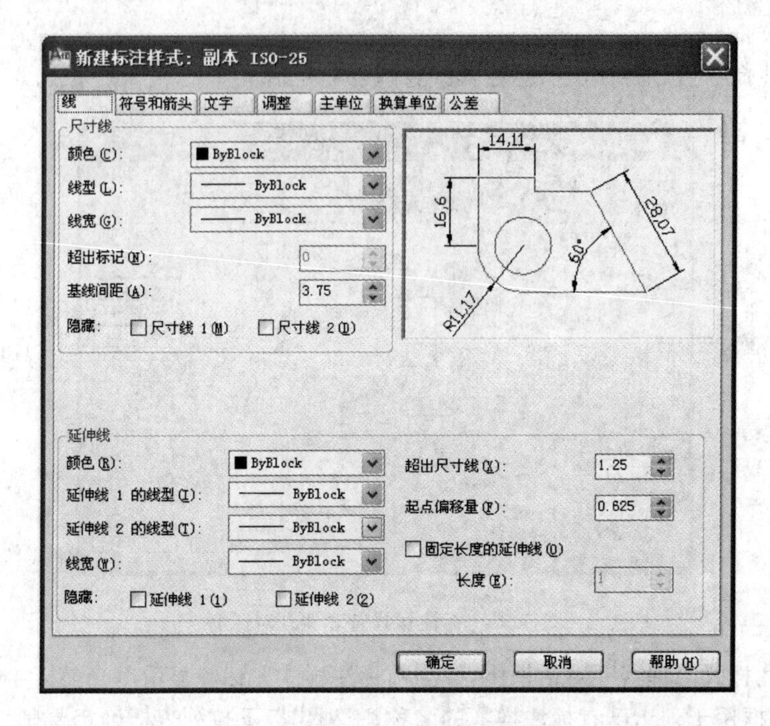

图 5.5 “新建标注样式”对话框

5.2.2 设置标注样式

在“新建标注样式”对话框中，有“线”、“符号和箭头”、“文字”、“调整”、“主单位”、“换算单位”和“公差”七个选项卡，下面分别给予介绍。

5.2.2.1 “线”选项卡

使用“线”选项卡可以设置尺寸线和尺寸界线的格式与属性。图 5.5 所示为与“线”选项卡对应的对话框。在该选项卡中，“尺寸线”选项组用于设置尺寸线的样式。“延伸线”选项组用于设置尺寸界线的样式。预览窗口可根据当前的样式设置显示出对应的标注效果示例。

1. 尺寸线

在“尺寸线”选项组中，可以设置尺寸线的颜色、线型、线宽、超出标记、基线间距等属性。

(1)“颜色”下拉列表框。用于设置尺寸线的颜色，在默认情况下，尺寸线的颜色随块。

(2)“线型”下拉列表框。用于设置尺寸线的线型，该选项没有对应的变量。

(3)“线宽”下拉列表框。用于设置尺寸线的宽度，在默认情况下，尺寸线的线宽随块。

(4)“超出标记”文本框。用于指定当箭头使用倾斜、建筑标记、积分和无标记的样式时，尺寸线超过延伸线的距离。若尺寸线两端是箭头，则此选项无效。

(5)“基线间距”文本框。用于设置基线标注的尺寸线之间的距离，输入距离。

（6）“隐藏”选项组。“尺寸线 1”和“尺寸线 2”复选框分别用于控制第一条或第二条尺寸线及相应箭头的可见性。第一条和第二条尺寸线与原始尺寸线长度一样，只是第一条尺寸线仅在靠近第一个选择点的端部带有箭头，而第二条尺寸线仅在靠近第二个选择点的端部带有箭头。

2. 延伸线

在“延伸线”选项组中，可以设置延伸线的颜色、线宽、超出尺寸线的长度和起点偏移量等属性。

（1）“颜色”下拉列表框。用于设置延伸线的颜色，在默认情况下，延伸线的颜色随块。

（2）“延伸线 1 的线型”和“延伸线 2 的线型”下拉列表框。用于设置延伸线的线型，该选项没有对应的变量。

（3）“线宽”下拉列表框。用于设置延伸线的宽度，在默认情况下，延伸线的线宽随块。

（4）“隐藏”选项组。“延伸线 1”和“延伸线 2”复选框分别用于控制第一条或第二条延伸线的可见性。第一条延伸线由用户标注时第一个尺寸起点决定，当某条延伸线与图形轮廓线重合或与其他图形对象发生冲突时，就可以隐藏这条延伸线。

（5）“超出尺寸线”文本框。用于设定延伸线超过尺寸线的距离。

（6）“起点偏移量”文本框。用于设置延伸线相对于延伸线起点的偏移距离。通常应使延伸线与标注对象不发生接触，从而容易区分尺寸标注与被标注的对象。

（7）“固定长度的延伸线”文本框。用于为延伸线制定固定的长度。选中该文本框，可以在“长度”文本框中输入延伸线的数值。

5.2.2.2 “符号和箭头”选项卡

使用“符号和箭头”选项卡，可以设置尺寸箭头、圆心标记、弧长符号以及半径折弯标注等方面的格式与位置，如图 5.6 所示。

1. 箭头

在“箭头”选项组中，可以设置尺寸线和引线箭头的类型及尺寸大小等。

（1）“第一个”下拉列表框。列出了常见的箭头形式，用于设置第一条尺寸线箭头的形式。

（2）“第二个”下拉列表框。列出了常见的箭头形式，用于设置第二条尺寸线箭头的形式。

（3）“引线”下拉列表框。列出了尺寸线引线部分的形式，用于设置尺寸线引线的形式。

（4）“箭头大小”文本框。用于设置箭头的大小。

2. 圆心标记

在“圆心标记”选项组中，可以设置圆或圆弧的圆心标记类型。选择“无”选项，则没有任何标记；选择“标记”选项，可以对圆或圆弧绘制圆心标记；选择“直线”选项，可以对圆或圆弧设置中心线。当选择“标记”或“直线”选项时，可以在“大小”文本框中设置圆心标记或中心线的大小。

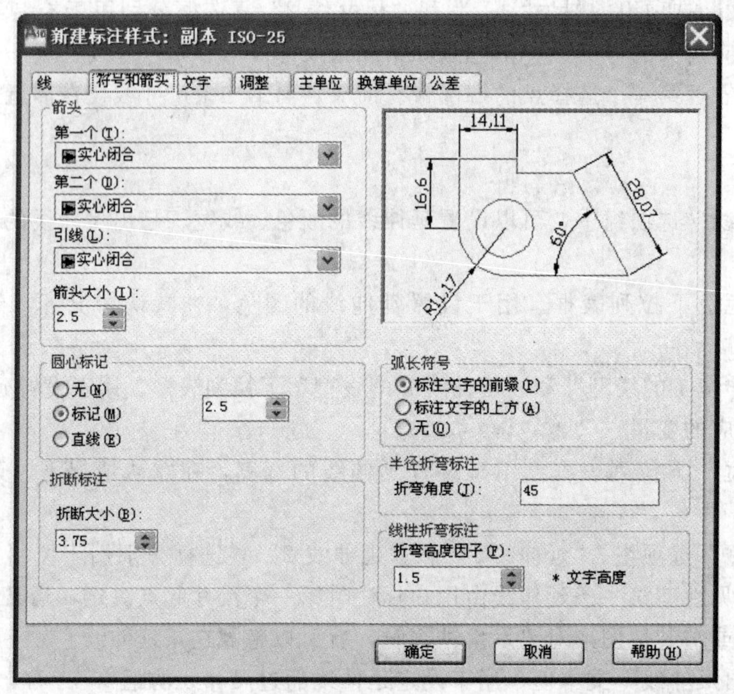

(a) 公路、桥梁用“符号和箭头”选项卡

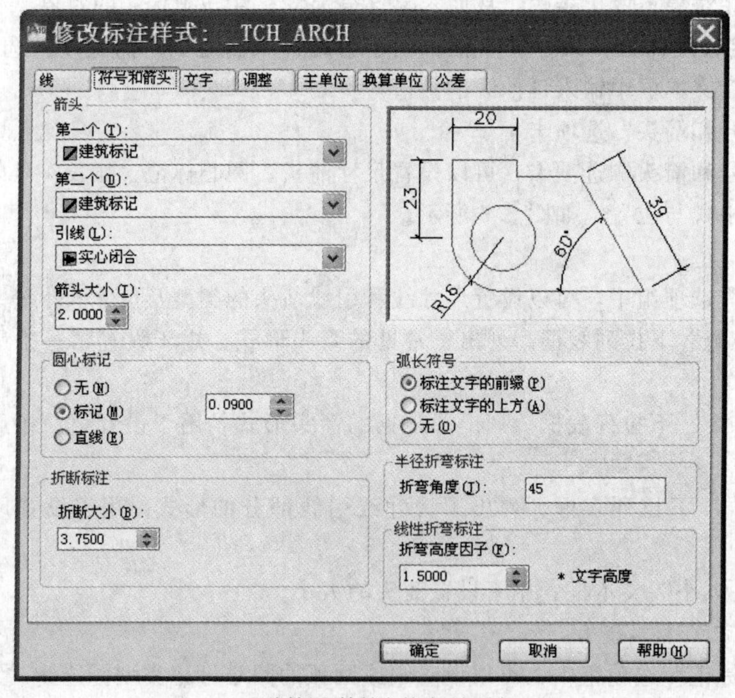

(b) 建筑用“符号和箭头”选项卡

图 5.6　“符号和箭头”选项卡

3. 折断标注

在“折断大小”文本框中，可以设置用于折断标注的间距大小。

4. 弧长符号

在“弧长符号”选项组中，可以设置弧长符号的显示位置。“标注文字的前缀”选项是将弧长符号放在标注文字之前；“标注文字的上方”选项是将弧长符号放在标注文字的上方；“无”选项是不显示弧长符号。

5. 半径折弯标注

在“半径折弯标注”文本框中，可以确定折弯半径标注中，尺寸线的横向线段的角度。

6. 线性折弯标注

在“折弯高度因子”文本框中，可以确定折弯标注打断时折弯线的高度大小。

5.2.2.3 “文字”选项卡

使用“文字”选项卡，可以设置尺寸文字的外观、位置以及对齐方式等，如图 5.7 所示。

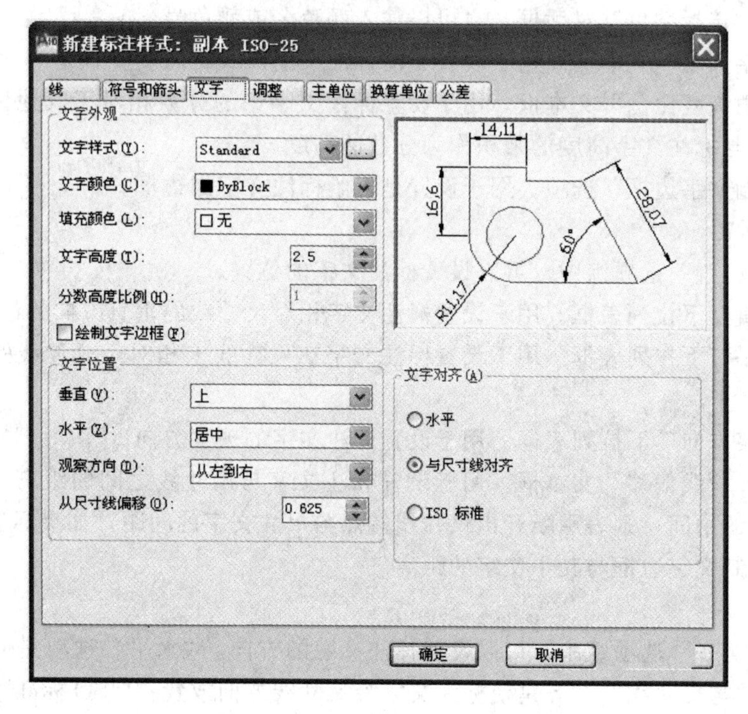

图 5.7 “文字”选项卡

1. 文字外观

在“文字外观”选项组中，可以设置标注文字的格式和大小。

(1)“文字样式”下拉列表框。用于设置标注文字所用的样式。单击后面的“...”按钮，将打开文字样式对话框，可以选择文字样式或新建文字样式，如图 5.8 所示。

(2)“文字颜色”下拉列表框。用于设置标注文字的颜色。如果单击“选择颜色”，将显示“选择颜色”对话框，也可以输入颜色名或颜色号。

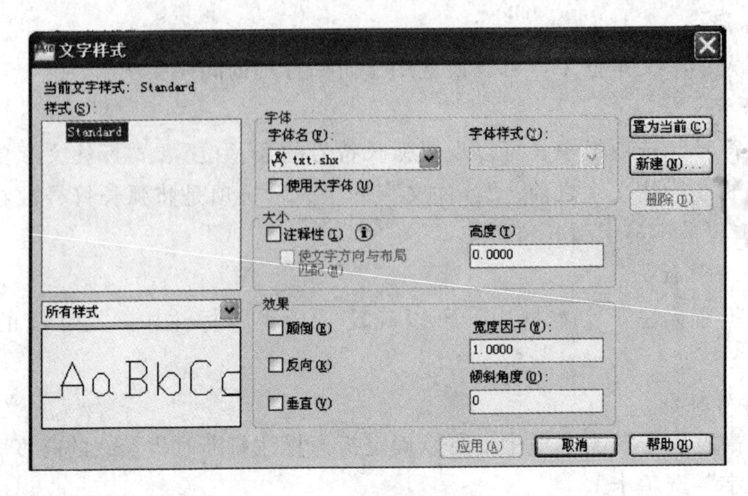

图5.8 “文字样式”对话框

(3)“填充颜色”下拉列表框。用于设置标注中文字背景的颜色。如果单击“选择颜色”，将显示“选择颜色”对话框，也可以输入颜色名或颜色号。

(4)“文字高度”文本框。用于设置当前标注文字样式的高度。

(5)“分数高度比例”文本框。用于设置标注文字中的分数相对于其他标注文字的比例，此比例值与标注文字高度的乘积作为分数的高度。

(6)“绘制文字边框”选项。用于设置是否给标注文字加边框。

2. 文字位置

在“文字位置”选项组中，可以设置标注文字的位置。

(1)“垂直”下拉列表框。用于设置标注文字相对尺寸线的垂直方向的位置。

(2)“水平”下拉列表框。用于设置标注文字在尺寸线上相对于延伸线的水平方向的位置。

(3)“观察方向”下拉列表框。用于设置标注文字的观察方向。

(4)“从尺寸线偏移”文本框。用于设置标注文字与尺寸线之间的距离。如果标注文字位于尺寸线的中间，则表示断开出尺寸线端点与尺寸文字的间距。如果标注文字带有边框，则可以控制文字边框与其中文字的距离。

3. 文字对齐

在“文字对齐”选项组中，可以设置标注文字的方向。“水平”选项是使标注文字按水平线放置；“与尺寸线”对齐是使标注文字沿尺寸线方向放置；“ISO标准”是使文字标注按ISO标准放置，当文字在延伸线内时，文字与尺寸线对齐，当文字在延伸线外时，文字水平排列。

5.2.2.4 “调整”选项卡

使用“调整”选项卡，可以设置尺寸文字、尺寸线以及尺寸箭头等的位置和其他一些特征，如图5.9所示。

1. 调整选项

在“调整选项”选项组中，可以设置标注文字、尺寸线、尺寸箭头的位置。当尺寸界

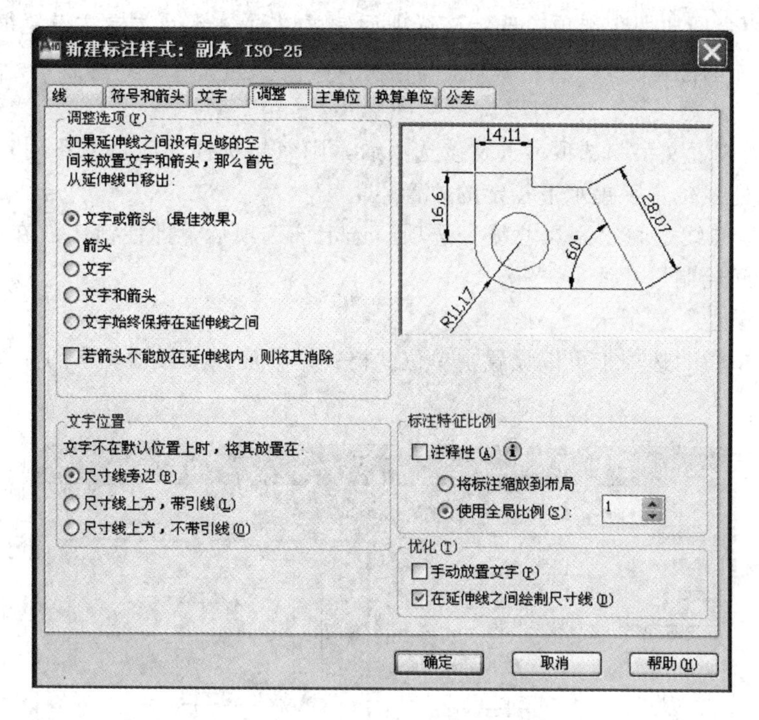

图 5.9 “调整”选项卡

线之间没有足够的空间同时放置尺寸文字和箭头时，应首先从尺寸界线之间移出尺寸文字和箭头的哪一部分，用户可通过该选项组中的各选项进行选择。

(1)“文字或箭头”选项。该选项是按照最佳效果将文字或线箭头移到延伸线之外。

(2)“箭头”选项。该选项是先将箭头移到延伸线以外，然后移动文字。

(3)“文字和箭头”选项。该选项是将箭头和文字都移到延伸线以外。

(4)“文字始终保持在延伸线之间”选项。该选项是始终将文字放置在延伸线之间。

(5)“若箭头不能放在延伸线之内，则将其消除”选项。该选项延伸线内空间不足时，则不显示箭头。

2. 文字位置

在“文字位置”选项组中，可以设置当文字不在默认位置时的位置。

(1)“尺寸线旁边”选项。选定该选项后，只要移动标注文字尺寸线就会随之移动。

(2)“尺寸线上方，带引线”选项。选定该选项后，可以将文本放在尺寸线的上方，并带上引线。

(3)“尺寸线上方，不带引线”选项。选定该选项后，可以将文本放在尺寸线的上方，但不带引线。

3. 标注特征比例

在“文字位置”选项组中，可以设置当文字不在默认位置时的位置。

(1)“注释性”选项。选定该选项后，可以将标注定义为可注释性对象。

(2)“将标注缩放到布局”选项。选定该选项后，可以根据当前空间模型视口和图纸空间之间的比例确定比例因子。

(3)“使用全局比例”选项。选定该选项后，可以对全部尺寸标注设置缩放比例，该比例不改变尺寸的测量值。

4. 优化

(1)“手动放置文字”选项。选定该选项后，则忽略标注文字的水平对正设置，并把文字放在“尺寸线位置”提示下指定的位置。

(2)“在延伸线之间绘制尺寸线”选项。选定该选项后，即使箭头放在测量点之外，也在测量点之间绘制尺寸线。

5.2.2.5 “主单位”选项卡

使用“主单位”选项卡可以设置主单位的格式、精度以及尺寸文字的前缀和后缀，如图5.10所示。

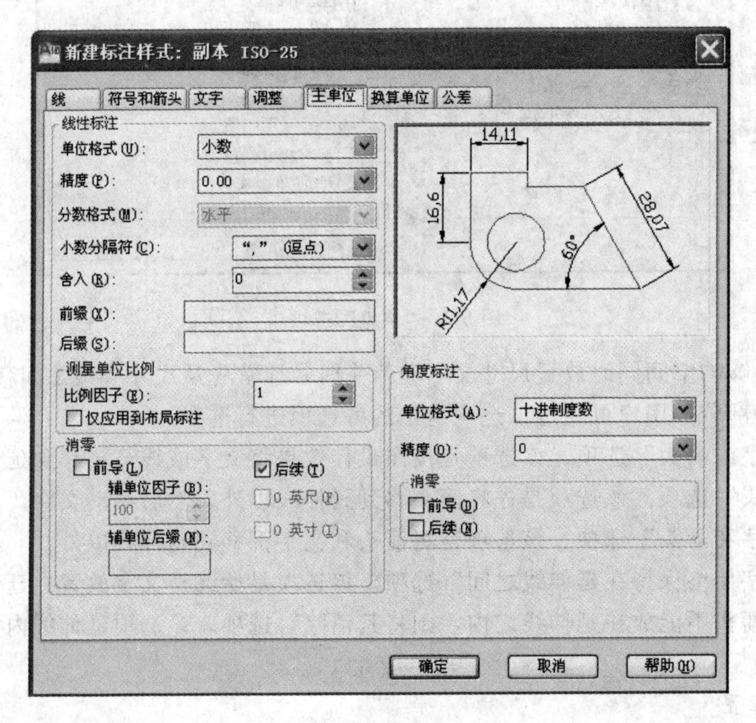

图5.10 “主单位”选项卡

1. 线性标注

在“线性标注”选项组中，可以设置线性标注的单位格式与精度。

(1)“单位格式”下拉列表框。用于设置除角度标注之外的所有标注类型的单位格式。包括“科学”、“小数”、“工程”、“建筑”及“分数”等选项。

(2)“精度”下拉列表框。用于设置标注文字中的小数位数。

(3)“分数格式”下拉列表框。当单位格式是分数时，用于设置分数的格式。

(4)“小数分隔符”文本框。当单位格式是小数时，用于设置小数的分隔符。

(5)“舍入”文本框。用于设置除角度标注之外的尺寸测量值的舍入规则。

(6)“前缀”和“后缀”文本框。用于设置标注文字的前缀和后缀，在相应的文本框中输入字符即可。

2. 测量单位比例

使用“比例因子”文本框可以设置测量尺寸的缩放比例。选定“仅应用到布局标注”选项，可以设置该比例关系仅使用于布局。

3. 消零

“消零”选项组可以设置是否显示尺寸标注中的“前导”和“后续”零。

4. 角度标注

在“角度标注”选项组中，“单位格式”下拉列表框可以设置标注角度的单位；“精度”下拉列表框可以设置标注角度的尺寸精度；“消零”选项可以设置是否消除角度尺寸的前导和后续零。

5.2.2.6 “换算单位”选项卡

使用“换算单位”选项卡，用来设置换算尺寸单位的格式和精度，如图 5.11 所示。

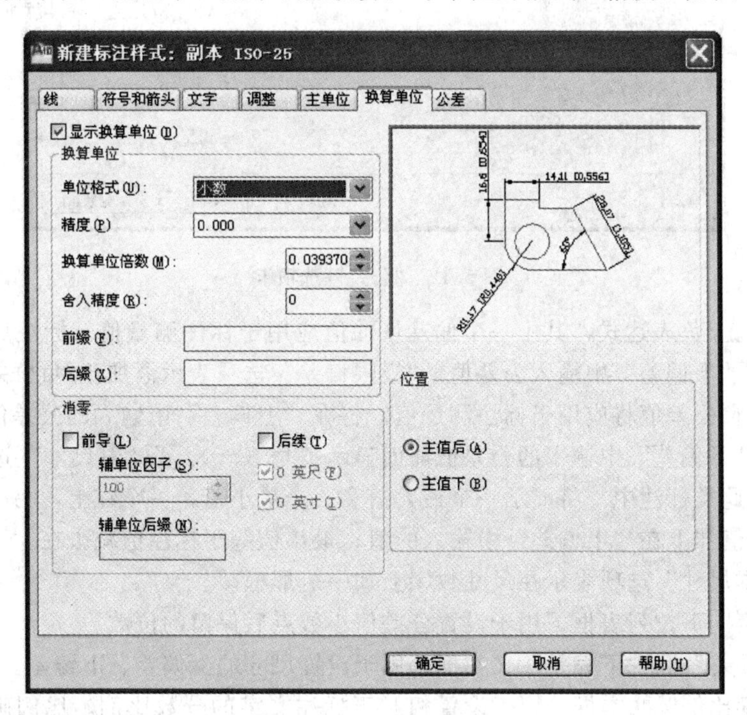

图 5.11 “换算单位”选项卡

选定“显示换算单位”选项后，该选项组的其他选项才可用，在标注文字中，换算标注单位显示在主单位旁边的括号中。该选项组的各项操作与“主单位”选项卡的同类项基本相同，在此不再详述。

5.2.2.7 “公差”选项卡

使用“公差”选项卡用于确定是否标注公差，如果标注公差，以何种方式进行标注，如图 5.12 所示。

在“公差格式”选项组中，可以设置公差的标注格式。

(1)“方式”下拉列表框。用于设置公差的标注格式，包括“无”、“对称”、“极限偏差”、“极限尺寸”及“基本尺寸”五个选项。“无”选项表示无公差标注。“对称”选项表

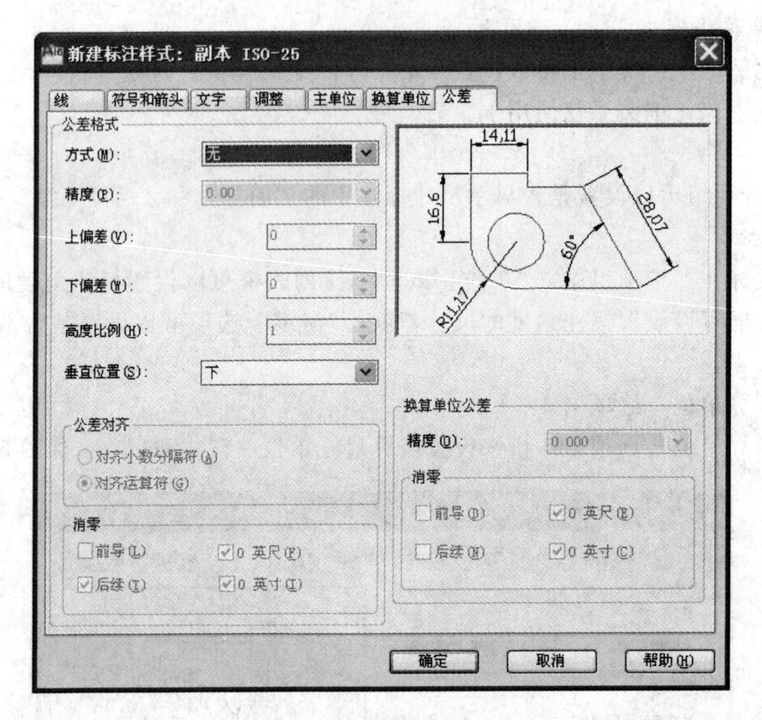

图 5.12 “公差”选项卡

示添加公差的正/负表达式，其中一个偏差量的值应用于标注测量值。标注后面将显示加号或减号。在“上偏差”中输入公差值。“极限偏差”选项表示添加正/负公差表达式。不同的正公差和负公差值将应用于标注测量值。将在“上偏差”中输入的公差值前面显示正号（+）；在“下偏差”中输入的公差值前面显示负号（−）。“极限尺寸”选项表示创建极限标注。在此类标注中，将显示一个最大值和一个最小值，一个在上，另一个在下。最大值等于标注值加上在“上偏差”中输入的值；最小值等于标注值减去在“下偏差”中输入的值。“基本尺寸”选项表示在尺寸数字上加一矩形框。

(2)“精度”下拉列表框。用于设置公差值小数点后保留的位数。

(3)“上偏差”和“下偏差”文本框。用于设置尺寸的上偏差、下偏差。

(4)“高度比例”文本框。用于设置相对于标注文字的分数比例。比例确定后，将该比例因子与尺寸文字高度之积作为公差文字的高度。

(5) “垂直位置”下拉列表框。用于设置公差文字相对于尺寸文字的位置，包括“上”、“中”、“下”三种方式。

(6)“换算单位公差”选项。当标注换算单位时，可以设置换算单位精度和是否消零。

5.3 常用的尺寸标注命令

在了解了尺寸标注的相关概念以及标注样式的创建和设置方法以后，本节将介绍如何应用常用的标注命令进行图形尺寸的标注。

AutoCAD 2010 调用标注命令可以通过：标注菜单、注释选项卡→标注面板、标注工具栏和命令行来输入标注命令。标注菜单的弹出可以通过三种方法：在快速访问工具栏中选择“显示菜单栏”，在弹出的菜单中选择“标注”菜单即可，然后选择相应的标注形式进行尺寸标注，如图 5.13 所示；在“功能区”选项板中选择“注释”选项卡，然后选择“标注”面板，选择相应的标注形式进行尺寸标注，如图 5.14 所示；“标注”工具栏如图 5.15 所示。

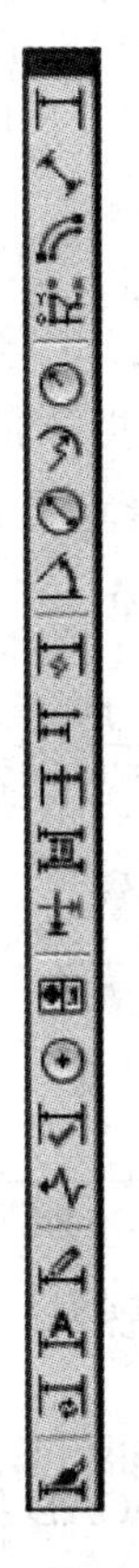

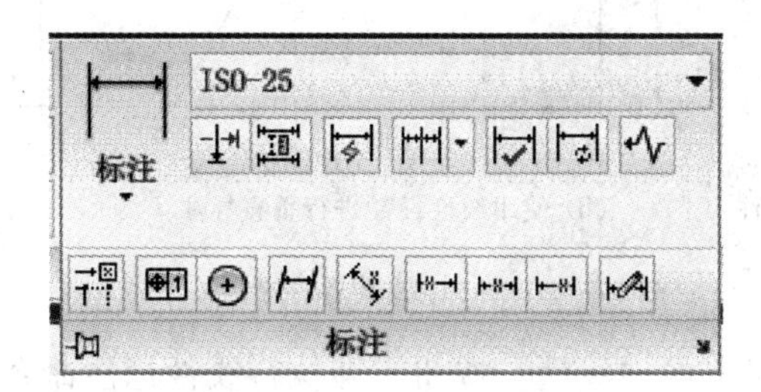

快速标注(Q)
线性(L)
对齐(G)
弧长(H)
坐标(O)
半径(R)
折弯(J)
直径(D)
角度(A)
基线(B)
连续(C)
标注间距(P)
标注打断(K)
多重引线(E)
公差(T)...
圆心标记(M)
检验(I)
折弯线性(J)
倾斜(Q)
对齐文字(X)
标注样式(S)...
替代(V)
更新(U)
重新关联标注(N)

图 5.13 “标注”菜单　　图 5.14 “标注”面板　　图 5.15 “标注”工具栏

常用的尺寸标注命令如下。

线性标注：DLI，* DIMLINEAR。

对齐标注：DAL，* DIMALIGNED。

连续标注：DCO，* DIMCONTINUE。

基线标注：DBA，* DIMBASELINE。

半径标注：DRA，* DIMRADIUS。

直径标注：DDI，* DIMDIAMETER。

角度标注：DAN，* DIMANGULAR。

圆心标注：DCE，* DIMCENTER。

编辑标注：DED，* DIMEDIT。

标注样式：D，* DIMSTYLE。

多重引线标注：MLS，* MLEADERSTYLE。

替换标注系统变量：DOV，* DIMOVERRIDED。

调用标注命令较快捷的方法是单击“标注”工具栏上的相应按钮，在下面的介绍中，以“标注”工具栏来调用尺寸标注命令。

5.3.1 长度型尺寸标注

长度型尺寸是工程图纸中最常见的尺寸标注形式，用于标注图形中两点间的长度。在AutoCAD 2010中，长度型尺寸标注主要包括：线性标注、对齐标注、弧长标注、基线标注和连续标注等。

5.3.1.1 线性标注

线性标注指标注图形对象在水平方向、垂直方向或指定方向的尺寸，又分为水平标注、垂直标注和旋转标注三种类型。水平标注用于标注对象在水平方向的尺寸，即尺寸线沿水平方向放置；垂直标注用于标注对象在垂直方向的尺寸，即尺寸线沿垂直方向放置；旋转标注则标注对象沿指定方向的尺寸。标注效果如图 5.16 所示。

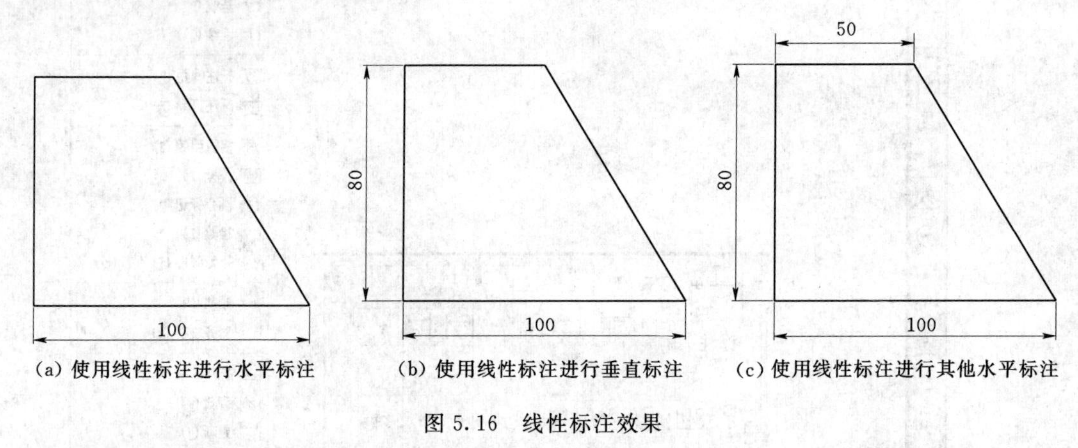

(a) 使用线性标注进行水平标注 (b) 使用线性标注进行垂直标注 (c) 使用线性标注进行其他水平标注

图 5.16 线性标注效果

单击“标注”工具栏上的“线性”按钮，即执行线性标注命令，AutoCAD 提示：

指定第一条尺寸界线原点或〈选择对象〉：

在此提示下用户有两种选择，即确定一点作为第一条尺寸界线的起始点或直接按 Enter 键选择对象。

1. 指定第一条尺寸界线原点

如果在“指定第一条尺寸界线原点或〈选择对象〉：”提示下指定第一条尺寸界线的起始点，AutoCAD 提示：

指定第二条尺寸界线原点：（确定另一条尺寸界线的起始点位置）
指定尺寸线位置或
[多行文字 (M)/文字 (T)/角度 (A)/水平 (H)/垂直 (V)/旋转 (R)]：

其中，“指定尺寸线位置”选项用于确定尺寸线的位置。通过拖动鼠标的方式确定尺寸线的位置后，单击拾取键，AutoCAD 根据自动测量出的两尺寸界线起始点间的对应距

离值标注出尺寸。

“多行文字”选项用于根据文字编辑器输入尺寸文字。“文字”选项用于输入尺寸文字。“角度”选项用于确定尺寸文字的旋转角度。“水平”选项用于标注水平尺寸，即沿水平方向的尺寸。“垂直”选项用于标注垂直尺寸，即沿垂直方向的尺寸。“旋转”选项用于旋转标注，即标注沿指定方向的尺寸。

2. 选择对象

如果在“指定第一条尺寸界线原点或〈选择对象〉:”提示下直接按 Enter 键，即执行“选择对象”选项，AutoCAD 提示：

选择标注对象：

此提示要求用户选择要标注尺寸的对象。用户选择后，AutoCAD 将该对象的两端点作为两条尺寸界线的起始点，并提示：

指定尺寸线位置或
[多行文字 (M)/文字 (T)/角度 (A)/水平 (H)/垂直 (V)/旋转 (R)]:

对此提示的操作与前面介绍的操作相同，用户响应即可。

5.3.1.2 对齐标注

对齐标注是线性标注尺寸的一种特殊形式，是指所标注尺寸的尺寸线与两条尺寸界线起始点间的连线平行。在对直线段进行标注时，如果该直线的倾斜角度未知，那么使用线性标注将无法得到准确的测量结果，这时可以使用对齐标注，方便地标注斜线、斜面的尺寸，如图 5.17 所示。

单击“标注”工具栏上的“对齐”按钮，即执行对齐标注命令，AutoCAD 提示：

指定第一条尺寸界线原点或〈选择对象〉:

在此提示下的操作与标注线性尺寸类似，不再介绍。

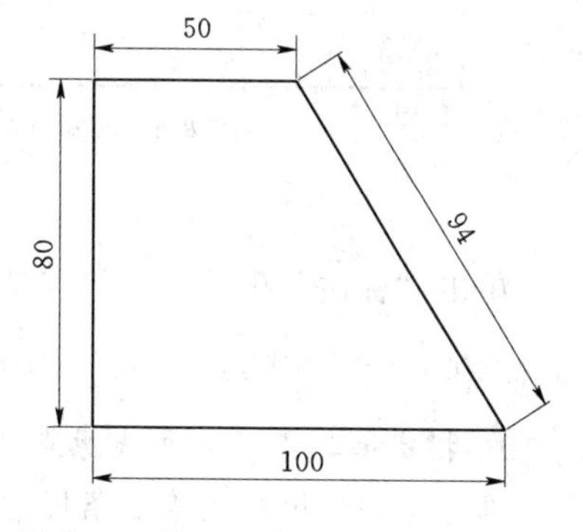

图 5.17 使用对齐标注进行斜线标注

5.3.1.3 弧长标注

弧长标注用于标注圆弧或多段线弧线段上的尺寸。默认情况下，弧长标注将显示一个圆弧符号，以便区分是线性标注还是弧长标注。

单击“标注”工具栏上的“弧长”按钮，即执行弧长标注命令，AutoCAD 提示：

选择弧线段或多段线弧线段：(选择圆弧段)
指定弧长标注位置或 [多行文字 (M)/文字 (T)/角度 (A)/部分 (P)/引线 (L)]:

当指定了尺寸线的位置以后，系统将按实际测量值标注出圆弧的长度，也可以利用“多行文字 (M)”、“文字 (T)”或“角度 (A)”选项，确定尺寸文字或尺寸文字的旋转角度。另外，如果选择“部分 (P)”选项，可以标注选定圆弧某一部分的弧长。标注效果如图 5.18 所示。

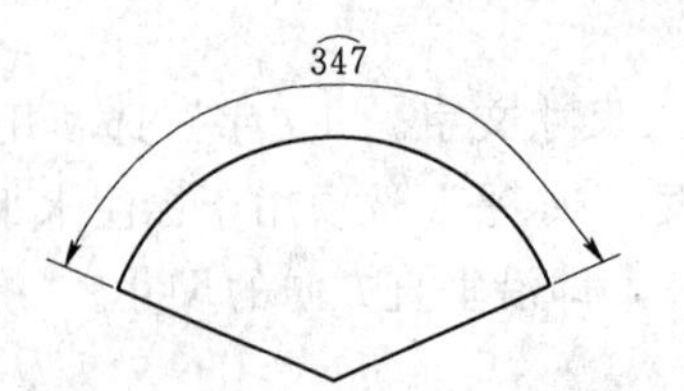

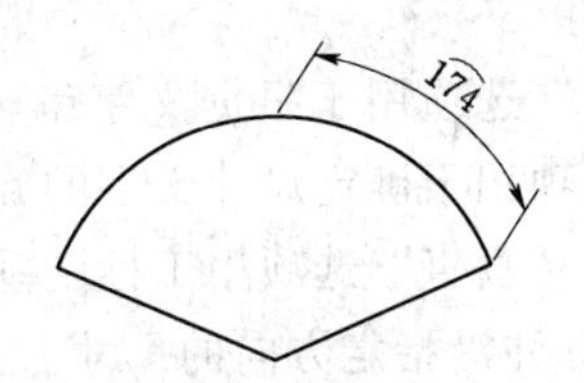

图 5.18　弧长标注示例

5.3.1.4　基线标注

基线标注指各尺寸线从同一条尺寸界线处引出。可以创建一系列由相同的的标注原点测量出来的标注。基线标注可以满足在绘图时，需要以某一面为基准，其他尺寸都按该基准进行定位的要求。与其他标注方法不同的是，在进行基线标注之前必须先创建一个线性、坐标或角度标注作为基准书标注，然后再用基线标注命令标注其他的尺寸。标注效果如图 5.19 所示。

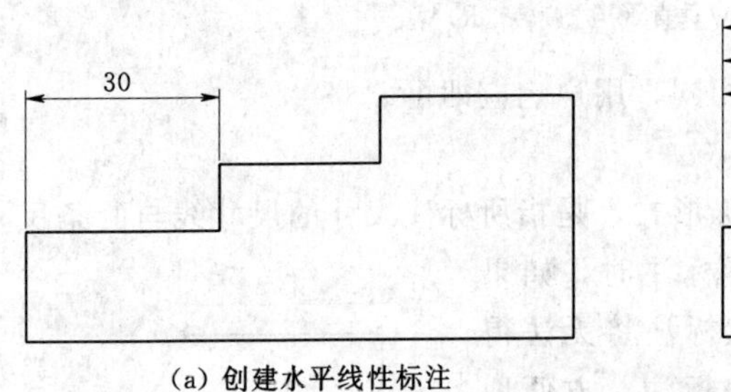

(a) 创建水平线性标注

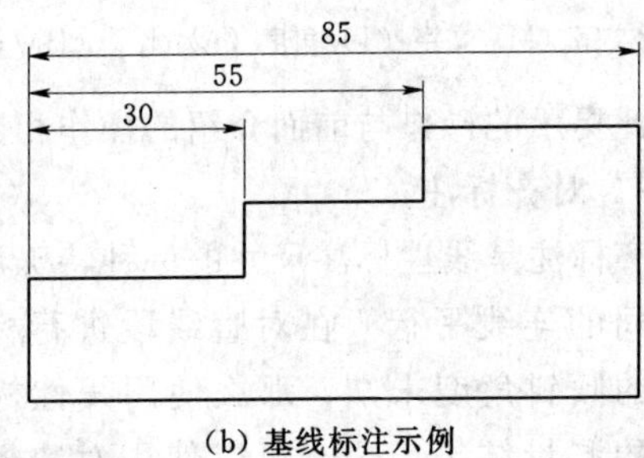

(b) 基线标注示例

图 5.19　基线标注效果

单击“标注”工具栏上的“基线”按钮，即执行基线标注命令，AutoCAD 提示：

指定第二条尺寸界线原点或［放弃（U）/选择（S）］〈选择〉：

1. 指定第二条尺寸界线原点

确定下一个尺寸的第二条尺寸界线的起始点。确定后 AutoCAD 按基线标注方式标注出尺寸，而后 AutoCAD 继续提示：

指定第二条尺寸界线原点或［放弃（U）/选择（S）］〈选择〉：

此时可再确定下一个尺寸的第二条尺寸界线起点位置。用此方式标注出全部尺寸后，在同样的提示下按〈Enter〉键或〈Space〉键，结束命令的执行。

2. 选择（S）

该选项用于指定基线标注时作为基线的尺寸界线。执行该选项，AutoCAD 提示：

选择基准标注：
在该提示下选择尺寸界线后，AutoCAD 继续提示：
指定第二条尺寸界线原点或［放弃（U）/选择（S）］〈选择〉：

在该提示下标注出的各尺寸均从指定的基线引出。执行基线尺寸标注时，有时需要先执行“选择（S）”选项来指定引出基线尺寸的尺寸界线。

5.3.1.5 连续标注

连续标注指在标注出的尺寸中，相邻两尺寸线共用同一条尺寸界线，可以创建一系列端对端放置的线性、角度或坐标标注，每个连续标注都要从前一个标注的第二个延伸线处开始。与基线标注一样，在进行连续标注之前，必须先创建一个线性、角度或坐标标注作为基准标注，以确定连续标注所需要的前一个尺寸标注的延伸线。标注效果如图 5.20 所示。

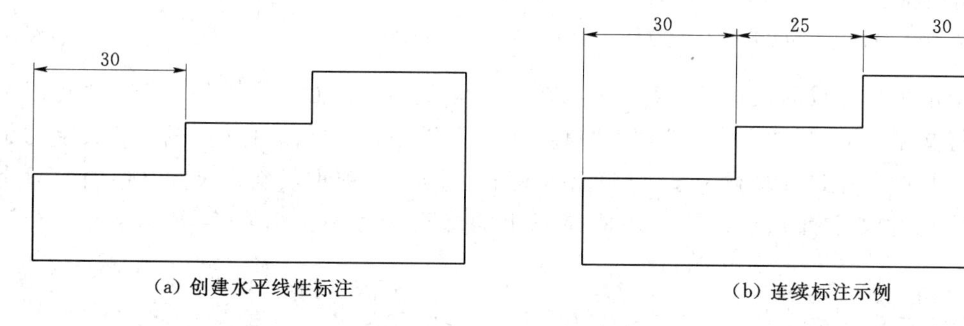

(a) 创建水平线性标注　　(b) 连续标注示例

图 5.20　连续标注效果

单击"标注"工具栏上的"连续"按钮，即执行连续标注命令，AutoCAD 提示：

指定第二条尺寸界线原点或［放弃（U）/选择（S）］〈选择〉：

1. 指定第二条尺寸界线原点

确定下一个尺寸的第二条尺寸界线的起始点。用户响应后，AutoCAD 按连续标注方式标注出尺寸，即把上一个尺寸的第二条尺寸界线作为新尺寸标注的第一条尺寸界线标注尺寸，而后 AutoCAD 继续提示：

指定第二条尺寸界线原点或［放弃（U）/选择（S）］〈选择〉：

此时可再确定下一个尺寸的第二条尺寸界线的起点位置。当用此方式标注出全部尺寸后，在上述同样的提示下按 Enter 键或 Space 键，结束命令的执行。

2. 选择（S）

该选项用于指定连续标注将从哪一个尺寸的尺寸界线引出。执行该选项，AutoCAD 提示：

选择连续标注：

在该提示下选择尺寸界线后，AutoCAD 会继续提示：

指定第二条尺寸界线原点或［放弃（U）/选择（S）］〈选择〉：

在该提示下标注出的下一个尺寸会以指定的尺寸界线作为其第一条尺寸界线。执行连续尺寸标注时，有时需要先执行"选择（S）"选项来指定引出连续尺寸的尺寸界线。

5.3.2 半径、折弯、直径和圆心标注

径向尺寸是工程制图中另一种较常见的尺寸标注形式，包括标注半径尺寸和标注直径

尺寸。在 AutoCAD 2010 中，可以使用“半径”、“直径”、“圆心”命令，标注圆或圆弧的半径尺寸、直径尺寸及圆心位置。

5.3.2.1　半径标注

半径标注可以标注圆或圆弧的半径，标注效果如图 5.21 所示。

单击“标注”工具栏上的“半径”按钮，即执行半径标注命令，AutoCAD 提示：

选择圆弧或圆：(选择要标注半径的圆弧或圆)

指定尺寸线位置或 [多行文字 (M)/文字 (T)/角度 (A)]：

当指定了尺寸线的位置后，系统将按实际测量值标注出圆或圆弧的半径，也可以利用“多行文字 (M)”、“文字 (T)”、“角度 (A)”选项，确定尺寸文字或尺寸文字的旋转角度。其中，通过“多行文字 (M)”、“文字 (T)”选项重新确定尺寸文字时，只有给输入的尺寸文字前加前缀 R，才能使标出的半径尺寸有半径符号 R，否则没有该符号。

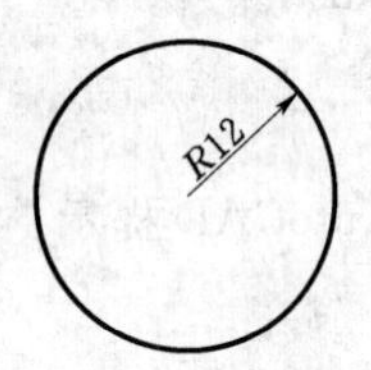

图 5.21　半径标注效果

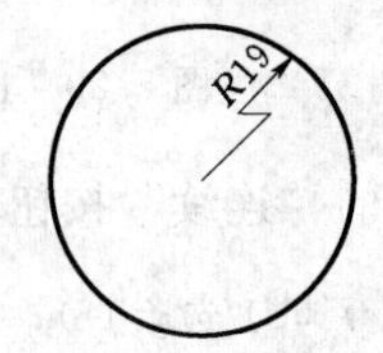

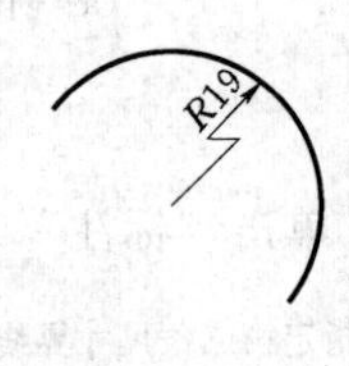

图 5.22　折弯标注效果

5.3.2.2　折弯标注

折弯标注可以为圆或圆弧创建折弯标注。该标注方式与半径标注方法基本相同，但需要指定一个位置代替圆或圆弧的圆心。标注效果如图 5.22 所示。

单击“标注”工具栏上的“折弯”按钮，即执行折弯标注命令，AutoCAD 提示：选择圆弧或圆：(选择要标注尺寸的圆弧或圆)

指定中心位置替代：(指定折弯半径标注的新中心点，以替代圆弧或圆的实际中心点)

指定尺寸线位置或 [多行文字 (M)/文字 (T)/角度 (A)]：(确定尺寸线的位置，或进行其他设置)

指定折弯位置：(指定折弯位置)

5.3.2.3　直径标注

直径标注可以为圆或圆弧标注直径尺寸，标注效果如图 5.23 所示。

单击“标注”工具栏上的“直径”按钮，即执行直径标注命令，AutoCAD 提示：

选择圆弧或圆：(选择要标注直径的圆或圆弧)

指定尺寸线位置或 [多行文字 (M)/文字 (T)/角度 (A)]：

如果在该提示下直接确定尺寸线的位置，AutoCAD 按实际测量值标注出圆或圆弧的直径。也可以通过“多行文字 (M)”、“文字 (T)”以及“角度 (A)”选项确定尺寸文字和尺寸文字的旋转角度。其中，当通过“多行文字 (M)”、“文字 (T)”选项确定尺寸文字时，需要在尺寸文字前加前缀%%C，才能使标注的直径尺寸有直径符号 ϕ。

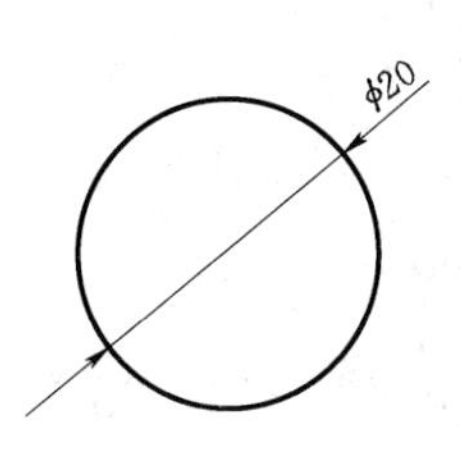

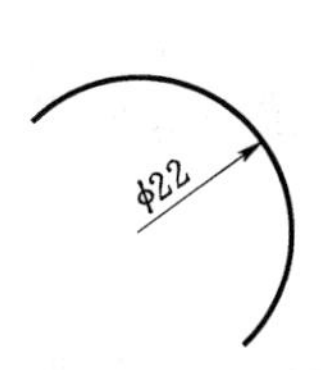

图 5.23 直径标注效果

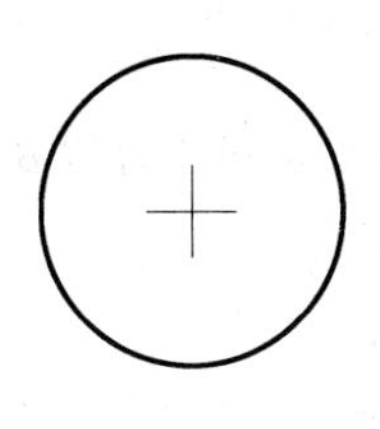

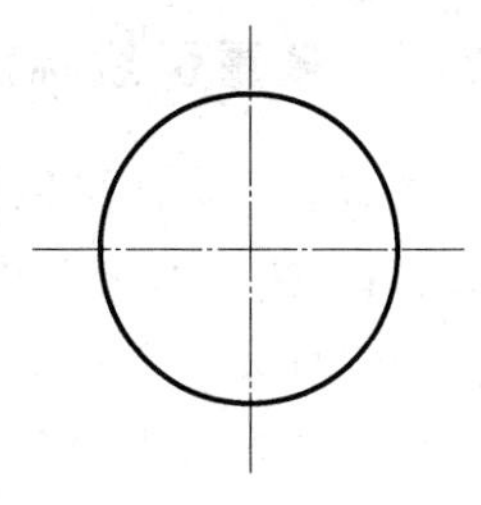

图 5.24 圆心标记效果

5.3.2.4 圆心标记

圆心标记为圆或圆弧绘制圆心标记或中心线，标注效果如图 5.24 所示。

单击“标注”工具栏上的“圆心标记”按钮，即执行圆心标注命令，AutoCAD 提示：

选择圆弧或圆：

在该提示下选择圆弧或圆即可。

圆心标记的形式可以由系统变量 DIMCEN 设置。当该变量的值大于 0 时，作圆心标记，且该值是圆心标记线长度的一半；当变量的值小于 0 时，画出中心线，且该值是圆心处小十字线长度的一半。

5.3.3 角度标注

在 AutoCAD 2010 中，除了前面介绍的几种常用尺寸标注外，还可以使用角度标注，测量两条直线间的角度、圆和圆弧的角度或者三点之间的角度。标注效果如图 5.25 所示。

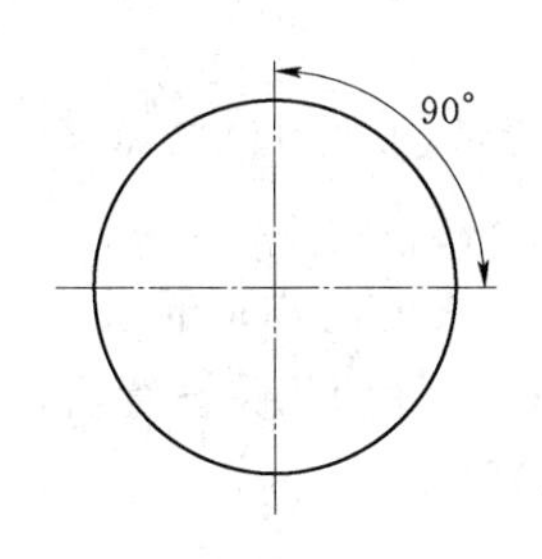

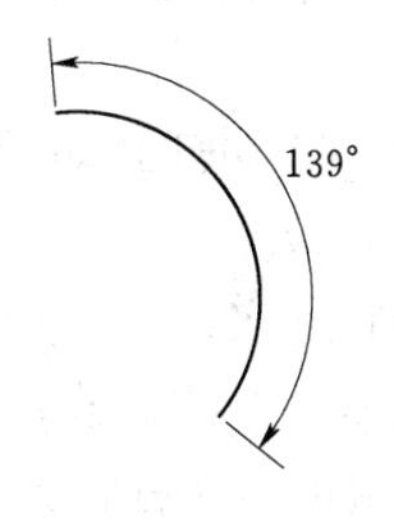

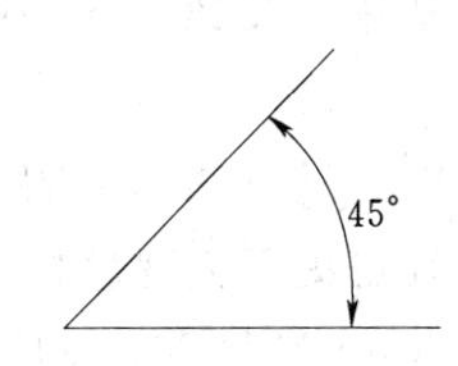

图 5.25 角度标注效果

单击“标注”工具栏上的“角度”按钮，即执行角度标注命令，AutoCAD 提示：

选择圆弧、圆、直线或〈指定顶点〉：

在该提示下，可以选择需要标注的对象，其功能说明如下：

标注圆弧角度：当选择圆弧时，命令行显示：

指定标注弧线位置或 [多行文字 (M)/文字 (T)/角度 (A)]：

此时，如果直接确定标注弧线的位置，AutoCAD 会按实际测量值标注角度。也可以使用“多行文字 (M)”、“文字 (T)”、“角度 (A)”选项，设置尺寸文字和其旋转角度。

5.3.4　多重引线标注

多重引线标注可以创建引线和注释以及设置引线和注释的样式。

5.3.4.1　新建多重引线样式

用户可以设置多重引线的样式。

单击“多重引线”工具栏上的“多重引线样式”按钮，AutoCAD 2010 打开“多重引线样式管理器”对话框，如图 5.26 所示。

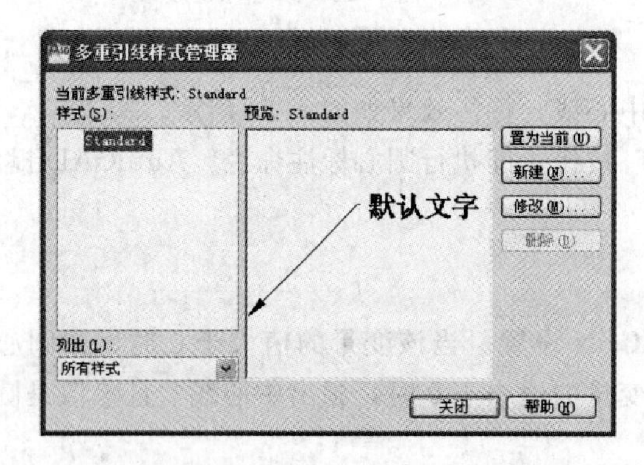

图 5.26 “多重引线样式管理器”对话框

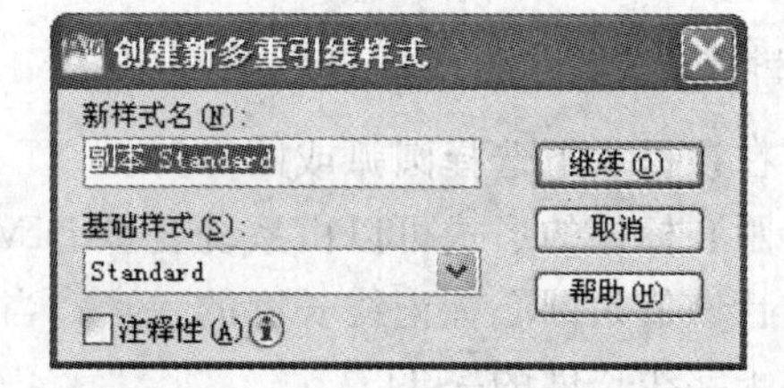

图 5.27 “创建新多重引线样式”对话框

对话框中，“当前多重引线样式”用于显示当前多重引线样式的名称。“样式”列表框用于列出已有的多重引线样式的名称。“列出”下拉列表框用于确定要在“样式”列表框中列出哪些多重引线样式。“预览”框用于预览在“样式”列表框中所选中的多重引线样式的标注效果。“置为当前”按钮用于将指定的多重引线样式设为当前样式。“新建”按钮用于创建新多重引线样式。

单击“新建”按钮，AutoCAD 2010 打开如图 5.27 所示的“创建新多重引线样式”对话框。

用户可以通过对话框中的“新样式名”文本框指定新样式的名称；通过“基础样式”下拉列表框确定用于创建新样式的基础样式。确定新样式的名称和相关设置后，单击“继续”按钮，AutoCAD 2010 打开对应的对话框，如图 5.28 所示。

5.3.4.2　设置多重引线样式

在“修改多重引线样式”对话框中，有“引线格式”、“引线结构”、“内容”三个选项卡。

1. “引线格式”选项卡

“引线格式”选项卡用于设置引线的格式。“基本”选项组用于设置引线的外观；“箭头”选项组用于设置箭头的样式与大小；“引线打断”选项用于设置引线打断时的距离值。“预览”框用于预览对应的引线样式，如图 5.28 所示。

2. “引线结构”选项卡

“引线结构”选项卡用于设置引线的结构，如图 5.29 所示。“约束”选项组用于控制多重引线的结构；“基线设置”选项组用于设置多重引线中的基线；“比例”选项组用于设

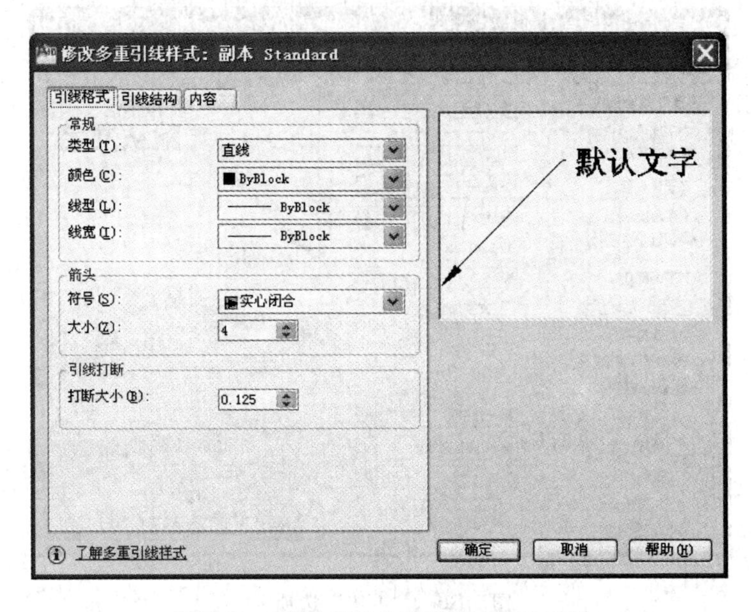

图 5.28 “修改新多重引线样式”对话框

置多重引线标注的缩放关系。

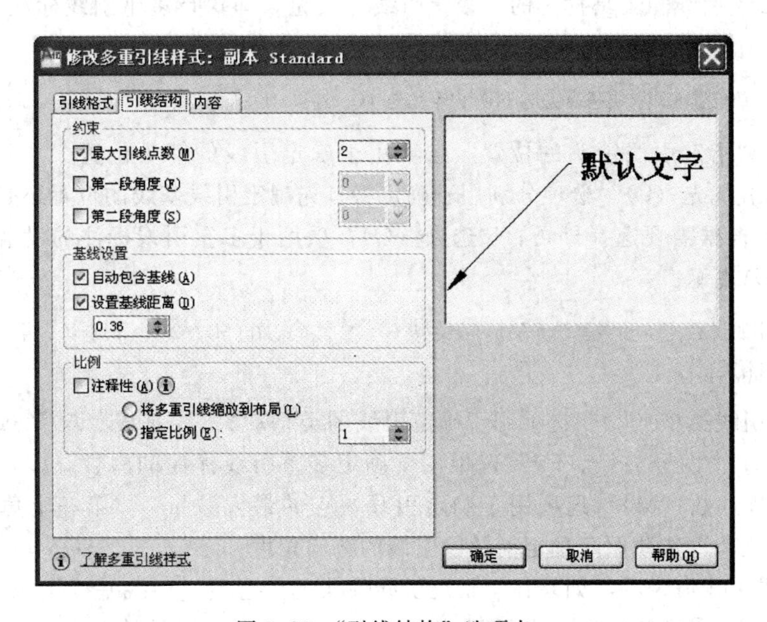

图 5.29 “引线结构”选项卡

3. “内容”选项卡

“内容”选项卡用于设置多重引线标注的内容，如图 5.30 所示。

“多重引线类型”下拉列表框用于设置多重引线标注的类型。“文字选项”选项组用于设置多重引线标注的文字内容。“引线连接”选项组一般用于设置标注出的对象沿垂直方向相对于引线基线的位置。

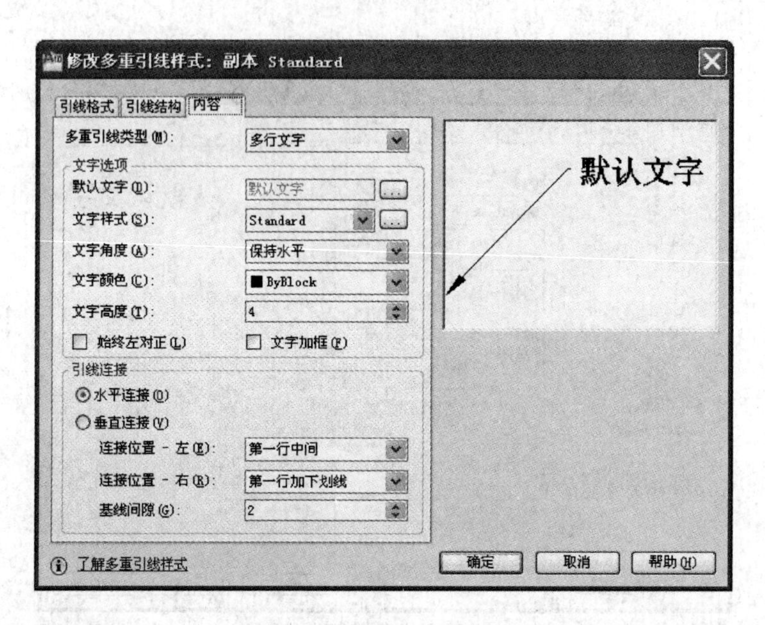

图 5.30　“内容”选项卡

5.3.4.3　多重引线标注

单击“多重引线”工具栏上的“多重引线”按钮，即执行多重引线标注命令，AutoCAD 提示：

指定引线箭头的位置或［引线基线优先（L)/内容优先（C)/选项（O)］〈选项〉：

提示中，“指定引线箭头的位置”选项用于确定引线的箭头位置；“引线基线优先（L)”和“内容优先（C)”选项分别用于确定将首先确定引线基线的位置还是首先确定标注内容，用户根据需要选择即可；“选项（O)”项用于多重引线标注的设置，执行该选项，AutoCAD 提示：

输入选项［引线类型（L)/引线基线（A)/内容类型（C)/最大节点数（M)/第一个角度（F)/第二个角度（S)/退出选项（X)］〈内容类型〉：

其中，“引线类型（L)”选项用于确定引线的类型；“引线基线（A)”选项用于确定是否使用基线；“内容类型（C)”选项用于确定多重引线标注的内容（多行文字、块或无)；“最大节点数（M)”选项用于确定引线端点的最大数量；“第一个角度（F)”和“第二个角度（S)”选项用于确定前两段引线的方向角度。

执行多重引线命令后，如果在“指定引线箭头的位置或［引线基线优先（L)/内容优先（C)/选项（O)］〈选项〉：”提示下指定一点，即指定引线的箭头位置后，AutoCAD 提示：

指定下一点或［端点（E)］〈端点〉：(指定点)
指定下一点或［端点（E)］〈端点〉：

在该提示下依次指定各点，然后按〈Enter〉键，AutoCAD 弹出文字编辑器示。

通过文字编辑器输入对应的多行文字后，单击“文字格式”工具栏上的“确定”按

钮，即可完成引线标注。

5.4 编 辑 尺 寸

尺寸标注的各个组成部分，比如文字的大小、文字的位置、旋转角度以及箭头的形式等，都可以通过调整尺寸样式进行修改。

5.4.1 修改尺寸文字

“DDEDIT”命令用于修改已有尺寸的尺寸文字。

执行“DDEDIT”命令，AutoCAD提示：

选择注释对象或［放弃（U）］：

在该提示下选择尺寸，AutoCAD弹出“文字格式”工具栏，并将所选择尺寸的尺寸文字设置为编辑状态，用户可直接对其进行修改，如修改尺寸值、修改或添加公差等。

5.4.2 修改尺寸文字的位置

“DIMTEDIT”命令用于修改已标注尺寸的尺寸文字的位置。

单击“标注”工具栏上的（编辑文字标注）按钮，即执行“DIMTEDIT”命令，AutoCAD提示：

选择标注：（选择尺寸）

指定标注文字的新位置或［左（L）/右（R）/中心（C）/默认（H）/角度（A）］：

提示中，“指定标注文字的新位置”选项用于确定尺寸文字的新位置，通过鼠标将尺寸文字拖动到新位置后单击拾取键即可；“左（L）”和“右（R）”选项仅对非角度标注起作用，它们分别决定尺寸文字是沿尺寸线左对齐还是右对齐；“中心（C）”选项可将尺寸文字放在尺寸线的中间；“默认（H）”选项将按默认位置、方向放置尺寸文字；“角度（A）”选项可以使尺寸文字旋转指定的角度。

5.4.3 编辑尺寸

“DIMEDIT”命令用于编辑已有尺寸。利用“标注”工具栏上的（编辑标注）按钮可启动该命令。执行“DIMEDIT”命令，AutoCAD提示：

输入标注编辑类型［默认（H）/新建（N）/旋转（R）/倾斜（O）］〈默认〉：

其中，“默认（H）”选项会按默认位置和方向放置尺寸文字。“新建（N）”选项用于修改尺寸文字。“旋转（R）”选项可将尺寸文字旋转指定的角度。“倾斜（O）”选项可使非角度标注的尺寸界线旋转一角度。

5.4.4 翻转标注箭头

更改尺寸标注上每个箭头方向的具体操作是：首先，选择要改变方向的箭头，然后右击，从弹出的快捷菜单中选择“翻转箭头”命令，即可实现尺寸箭头的翻转。

5.4.5　调整标注间距

“DIMSPACE”命令用于调整平行尺寸线之间的距离。

单击“标注”工具栏中的“等距标注”按钮，或选择菜单命令“标注”→“标注间距”，AutoCAD 提示：

选择基准标注：(选择作为基准的尺寸)

选择要产生间距的标注：(依次选择要调整间距的尺寸)

选择要产生间距的标注：↙

输入值或［自动 (A)］〈自动〉：

如果输入距离值后按〈Enter〉键，AutoCAD 调整各尺寸线的位置，使它们之间的距离值为指定的值。如何直接按〈Enter〉键，AutoCAD 会自动调整尺寸线的位置。

5.4.6　折弯线性

“DIMJOGLINE”命令用于将折弯符号添加到尺寸线中。

单击“标注”工具栏中的“折弯线性”按钮，或选择菜单命令“标注”→“折弯线性”，AutoCAD 提示：

选择要添加折弯的标注或［删除 (R)］：［选择要添加折弯的尺寸。“删除 (R)”选项用于删除已有的折弯符号］

指定折弯位置 (或按〈Enter〉键)：

通过拖动鼠标的方式确定折弯的位置。

5.4.7　折断标注

“DIMBREAK”命令用于在标注或延伸线与其他线重叠处打断标注或延伸线。

单击“标注”工具栏中的“折断标注”按钮，或选择菜单命令“标注”→“标注打断”，AutoCAD 提示：

选择标注或［多个 (M)］：(选择尺寸。可通过“多个 (M)”选项选择多个尺寸)

选择要打断标注的对象或［自动 (A)/恢复 (R)/手动 (M)］〈自动〉：

根据提示操作即可。

5.5　标注文字与创建表格

文字对象是 AuotoCAD 图形中很重要的图形元素，在一张完整的图纸中，不仅要有图形，还包含文字和表格，例如技术要求、标题栏和明细表等。在 AutoCAD 2010 中，提供了非常强的注写文字和绘制表格的功能。

5.5.1　定义文字样式

AutoCAD 图形中的文字是根据当前文字样式标注的。文字样式说明所标注文字使用的字体以及其他设置，如字高、字颜色、文字标注方向等。AutoCAD 2010 为用户提供了默认文字样式 STANDARD。当在 AutoCAD 中标注文字时，如果系统提供的文字样式不能满足国家制图标准或用户的要求，则应首先定义文字样式。定义文字样式命令为“STYLE”。

单击对应的工具栏按钮，或选择“格式”→“文字样式”命令，即执行“STYLE”命令，AutoCAD 2010 弹出“文字样式”对话框，如图 5.8 所示。

在图 5.8 所示对话框中，“样式”列表框中列有当前已定义的文字样式，用户可从中选择对应的样式作为当前样式或进行样式修改。“字体”选项组用于确定所采用的字体。“大小”选项组用于指定文字的高度。“效果”选项组用于设置字体的某些特征，如字的宽高比（即宽度比例）、倾斜角度、是否颠倒显示、是否反向显示以及是否垂直显示等。“预览”框组用于预览所选择或所定义文字样式的标注效果。“新建”按钮用于创建新样式。“置为当前”按钮用于将选定的样式设为当前样式。“应用”按钮用于确认用户对文字样式的设置。单击“确定”按钮，AutoCAD 关闭“文字样式”对话框。

5.5.2　标注文字

当注写文字较少时可以使用单行文字，注写较多的文字时可以使用多行文字。

5.5.2.1　创建单行文字

在 AutoCAD 2010 中，使用“文字”工具栏或“注释”选项板中的“文字”面板都可以创建和编辑文字，对单行文字来说，每一行都是一个单独的文字对象，因此，可以用来创建文字内容比较简短的文字对象，并可以对其进行单独修改。“文字”工具栏如图 5.31 所示。

图 5.31　“文字”工具栏

单击“文字”工具栏中的“单行文字”按钮，或选择“绘图”→“文字”→“单行文字”命令，可以在图形中创建文字对象，即执行“DTEXT”命令，AutoCAD 提示：

当前文字样式：Standard
当前文字高度：2.5000
指定文字的起点或［对正（J）/样式（S）］：

前两行提示信息说明当前文字样式以及字高度。第三行中，“指定文字的起点”选项用于确定文字行的起点位置。用户响应后，AutoCAD 提示：

指定高度：（输入文字的高度值）
指定文字的旋转角度〈0〉：（输入文字行的旋转角度）

而后，AutoCAD 在绘图屏幕上显示出一个表示文字位置的方框，用户在其中输入要标注的文字后，按两次〈Enter〉键，即可完成文字的标注。

另外，在“指定文字的起点或［对正（J）/样式（S）］:”提示信息后输入J，可以设置文字的对正方式。AutoCAD提示：

［对齐（A）/布满（F）/居中（C）/中间（M）/右对齐（R）/左上（TL）/中上（TC）/右上（TR）/左中（ML）/正中（MC）/右中（MR）/左下（BL）/中下（BC）/右下（BR）］:

其中，“对齐（A）”选项表示确定所标注文字进行基线的始点与终点位置。“布满（F）”选项表示用户确定文字行基线的始点、终点位置以及文字的字高。“居中（C）”选项表示确定一点，并把该点作为所标注文字行基线的中点，即所输入的文字的基线将以该点居中对齐。“中间（M）”选项表示确定一点，并把该点作为所标注文字行的中间点，即以该点作为文字行在水平、垂直方向上的中点。“右对齐（R）”选项表示确定一点，并把该点作为文字行基线的右端点。“左上（TL）”、“中上（TC）”和“右上（TR）”选项表示将以确定点作为文字行顶线的始点、中点和终点。“左中（ML）”、“正中（MC）”和“右中（MR）”选项表示将以确定点作为文字行中线的始点、中点和终点。“左下（BL）”、“中下（BC）”和“右下（BR）”选项表示将以确定点作为文字行底线的始点、中点和终点。

在“指定文字的起点或［对正（J）/样式（S）］:”提示信息后输入S，可以设置当前使用的文字样式。

5.5.2.2 创建多行文字

“多行文字”又称为段落文字，是一种更易于管理的文字对象，可以由两行以上的文字组成，无论文字有多少行，每段文字构成一个单元，可以对其进行移动、旋转、删除、复制等编辑操作。

单击“文字”工具栏中的“多行文字”按钮，或选择“绘图”→“文字”→“多行文字”命令，AutoCAD提示：

指定第一角点：

指定对角点或［高度（H）/对正（J）/行距（L）/旋转（R）/样式（S）/宽度（W）/栏（C）］

高度（H）：用于确定标注文字框的高度，可以拾取一点，该点与第一角点的距离即为文字的高度，或在命令行中输入高度值）

对正（J）：（用于确定文字的排列方式）

行距（L）：（为多行文字对象制定行与行之间的距离）

旋转（R）：（确定文字倾斜角度）

样式（S）：（确定文字字体样式）

宽度（W）：（用来确定标注文字的宽度）

设置好各选项后，系统提示“指定对角点”，可标注文字框的另一个对角点，将弹出图5.32所示的“多行文字”编辑器，在这两点形成的矩形区域中进行文字标注。

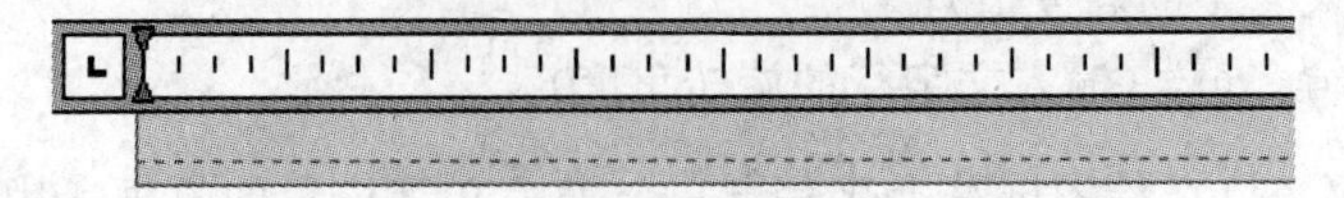

图5.32 “多行文字”编辑器

在编辑器的上方有“文字格式”工具栏，如图5.33所示，可以通过其中的各项控制文字字符格式。可以设置文字的“字体”、“字高”、“粗体”、“斜体”、“下划线”等选项，用户设置完成后，单击“确定”按钮，多行文字创建完毕。

图5.33 “文字格式”工具栏

5.5.3 编辑文字

5.5.3.1 编辑单行文字

编辑单行文字包括编辑文字的内容、对正方式及缩放比例，在菜单中选择“修改”→“对象”→“文字”子菜单中的命令进行设置，各命令的功能如下：

(1)“编辑”命令。选择该命令，然后在绘图窗口中单击需要编辑的单行文字，进入文字编辑状态，可以重新输入文本内容。

(2)“比例”命令。此时需输入缩放的基点以及指定文字的新高度、匹配对象或缩放比例。

(3)“对正”命令。选择该命令，然后在绘图窗口中单击需要编辑的单行文字，此时可以设置文字的对正方式。

5.5.3.2 编辑多行文字

要编辑创建的多行文字，在菜单中选择“修改”→“对象”→“文字”→“编辑”命令，或“文字”工具栏中单击“编辑”按钮，选择创建的多行文字，打开多行文字编辑器窗口，参照多行文字的设置方法，修改并编辑文字。

也可在绘图窗口中双击输入的多行文字，或在输入的多行文字上右击，在弹出的快捷菜单中选择“编辑多行文字”命令，打开多行文字编辑窗口。

5.5.4 创建表格

在AutoCAD 2010中，可以使用创建表格命令创建表格，还可以从中直接复制表格，并将其作为AutoCAD表格对象粘贴至图形中，也可以外部直接导入表格对象。另外，还可以输出来自AutoCAD的表格数据，以供在Microsoft Excel或其他程序中使用。

5.5.4.1 新建表格样式

单击“样式”工具栏上的“表格样式”按钮，或选择“格式”→“表格样式”命令，即执行“TABLESTYLE”命令，AutoCAD弹出“表格样式”对话框，如图5.34所示。

其中，“样式”列表框中列出了满足条件的表格样式；“预览”框中显示出表格的预览图像，“置为当前”和“删除”按钮分别用于将在“样式”列表框中选中的表格样式置为当前样式、删除选中的表格样式；“新建”、“修改”按钮分别用于新建表格样式、修改已有的表格样式。

如果单击“表格样式”对话框中的“新建”按钮，AutoCAD弹出“创建新的表格样

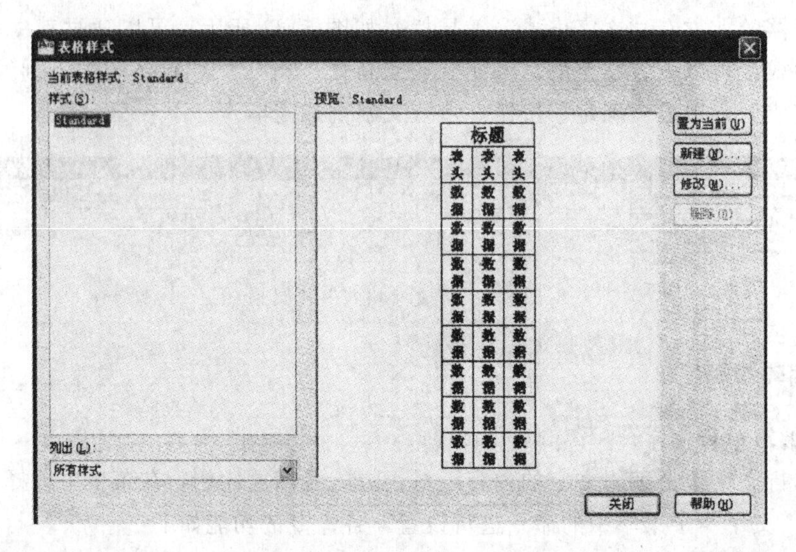

图 5.34　“表格样式”对话框

图 5.35　“创建新的表格样式”对话框

式”对话框，如图 5.35 所示。

通过对话框中的“基础样式”下拉列表选择基础样式，并在“新样式名”文本框中输入新样式的名称后，单击“继续”按钮，AutoCAD 弹出“新建表格样式”对话框，如图 5.36 所示。

“新建表格样式”对话框中，左侧有“起始表格”、“表格方向”下拉列表框和“预览”框三部分。其中，“起始表格”用于使用户指定一个已有表格作为新建表格样式的起始表格。“表格方向”列表框用于确定插入表格时的表方向，有“向下”和“向上”两个选择，“向下”表示创建由上而下读取的表，即标题行和列标题行位于表的顶部，“向上”则表示将创建由下而上读取的表，即标题行和列标题行位于表的底部；“预览”框用于显示新创建表格样式的表格预览图像。

“新建表格样式”对话框的右侧有“单元样式”选项组等，用户可以通过对应的下拉列表确定要设置的对象，即在“数据”、“标题”和“表头”之间进行选择。

选项组中，“常规”、“文字”和“边框”三个选项卡分别用于设置表格中的基本内容、文字和边框。“常规”选项卡，用于设置表格的填充颜色、对齐方向、格式、类型及页边距等特性；“文字”选项卡，用于设置表格单元中的文字样式、高度颜色和角度等特性；“边框”选项卡，可以设置表格的边框是否存在，当表格有边框时，还可以设置表格的线宽、线型、颜色和间距等特性。

完成表格样式的设置后，单击“确定”按钮，AutoCAD 返回到“表格样式”对话框，并将新定义的样式显示在“样式”列表框中。单击该对话框中的“确定”按钮关闭对话框，完成新表格样式的定义。

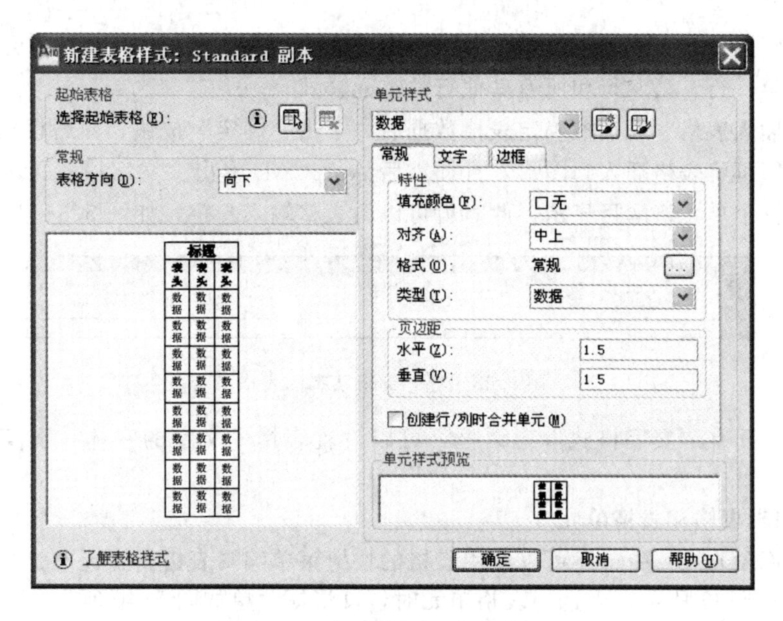

图 5.36　“新建表格样式”对话框

5.5.4.2　创建表格

单击“绘图”工具栏上的“表格”按钮，或选择“绘图”→“表格”命令，即执行“TABLE”命令，AutoCAD 弹出“插入表格”对话框，如图 5.37 所示。

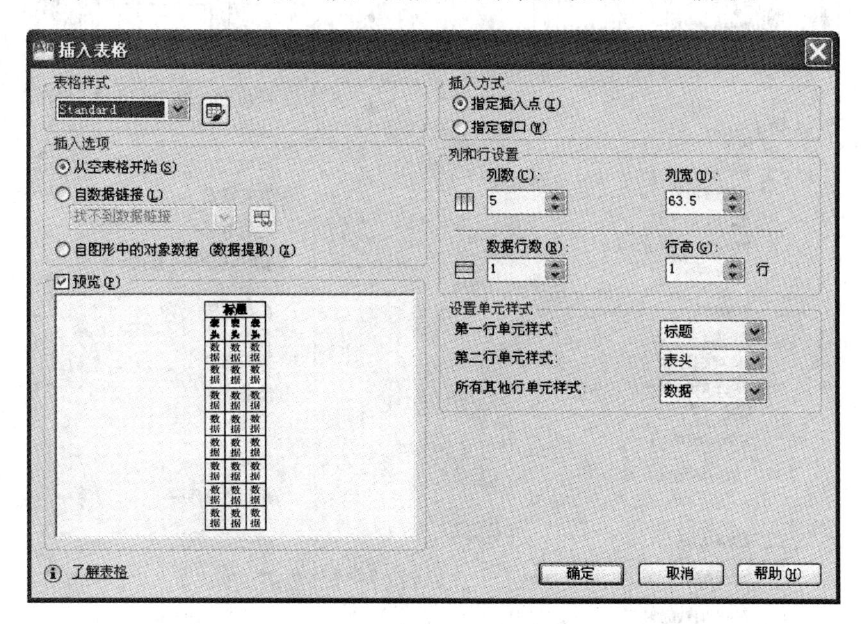

图 5.37　“插入表格”对话框

此对话框用于选择表格样式，设置表格的有关参数。其中，“表格样式”选项用于选择所使用的表格样式。“插入选项”选项组用于确定如何为表格填写数据。“预览”框用于预览表格的样式。“插入方式”选项组设置将表格插入到图形时的插入方式。“列和行设

置”选项组则用于设置表格中的数据行数、列数以及行高和列宽。“设置单元样式”选项组分别设置第一行、第二行和所有其他行的单元样式。

通过“插入表格”对话框确定表格数据后，单击“确定”按钮，而后根据提示确定表格的位置，即可将表格插入到图形，且插入后 AutoCAD 弹出“文字格式”工具栏，并将表格中的第一个单元格醒目显示，此时就可以向表格输入文字，如图 5.38 所示。

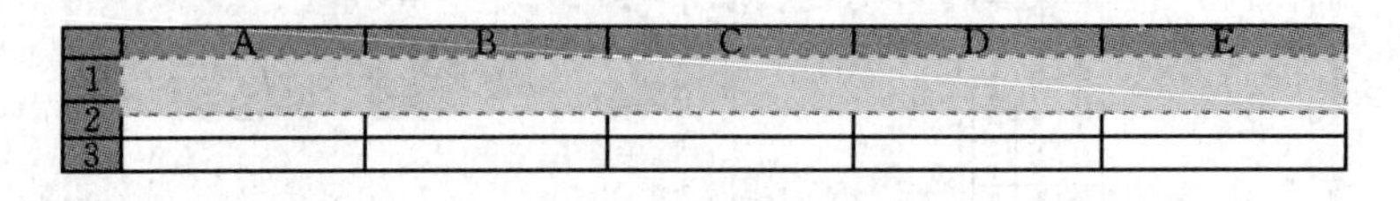

图 5.38　处于编辑状态的表格

在表格上面有“文字格式”对话框，可以设置表格中文字的字体、字高、粗体、斜体等。

5.5.4.3　编辑表格和表格单元

在 AutoCAD 2010 中，还可以使用表格的快捷菜单编辑表格。当选中整个表格时，其快捷菜单如图 5.39 所示，当选中表格单元时，其快捷菜单如图 5.40 所示。

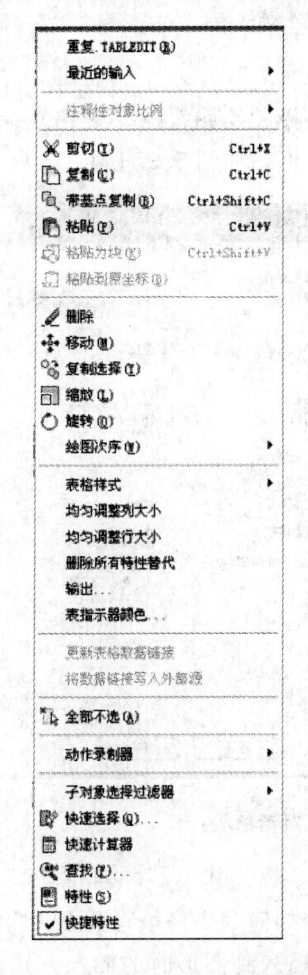

图 5.39　选中整个表格时的快捷菜单

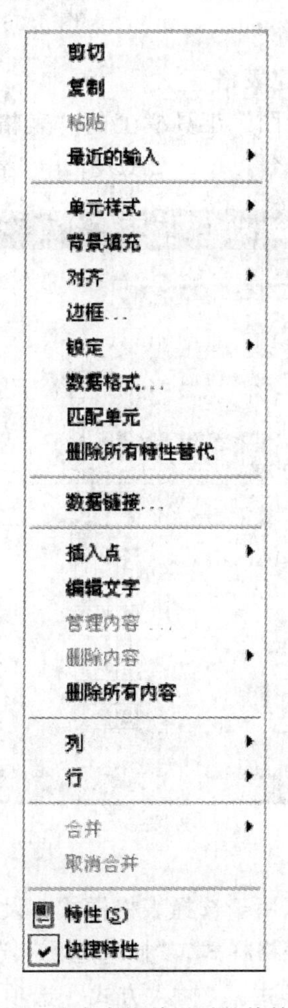

图 5.40　选中表格单元时的快捷菜单

1. 编辑表格

从表格的快捷菜单中可以看到，可以对表格进行剪切、复制、删除、移动、缩放和旋转等简单操作，还可以均匀调整表格的行、列大小，删除所有特性替代。当选择“输出”命令时，还可以打开“输出数据”对话框。

当选中表格后，在表格的四周、标题行上将显示许多夹点，也可以通过拖动这些夹点来编辑表格。

2. 编辑表格单元

使用表格单元快捷菜单可以编辑表格单元，其主要命令选项的功能如下：

(1)“对齐”命令。在该命令子菜单中，可以选择表格单元的对齐方式。

(2)“边框”命令。选择该命令，可打开“单元边框特性”对话框，可以设置边框单元格边框的线宽、颜色等选项。

(3)“匹配单元”命令。用当前选中的表格单元格式匹配其他表格单元。

(4)“插入点”命令。选择该命令的子命令，可以从中选择插入到表格中的块、字段和公式。

(5)“合并”命令。当选中多个连续的单元格后，使用该子菜单的命令，可以全部按列或按行合并表格单元。

小　　结

本章介绍了 AutoCAD 2010 的尺寸标注功能，文字标注功能和表格功能。如果 AutoCAD 提供的尺寸标注样式不满足标注要求，那么在尺寸标注之前，应首先设置标注样式。当以某一样式标注尺寸时，应将该样式置为当前样式。AutoCAD 将尺寸标注分为线性标注、对齐标注、直径标注、半径标注、连续标注、基线标注和引线标注等多种类型。标注尺寸时，首先应清楚要标注尺寸的类型，然后执行对应的命令，再根据提示操作即可。文字是工程图中必不可少的内容。AutoCAD 2010 提供了用于标注文字的“DTEXT”命令和“MTEXT”命令。利用 AutoCAD 2010 的表格功能。用户可以基于已有的表格样式，通过指定表格的相关参数（如行数、列数等）将表格插入到图形中；可以通过快捷菜单编辑表格。同样，插入表格时，如果当前已有的表格样式不符合要求，则应首先定义表格样式。

习 题 与 实 训

1. 按照下列要求设置标注样式：

延伸线与标注对象的间距为 1mm，超出尺寸线的距离为 2.5mm；基线标注尺寸线间距为 10mm；箭头使用“建筑标记”形状，大小为 3.5；标注文字的高度为 3mm，文字位于尺寸线的中间，文字从尺寸线偏移距离为 1，对齐方式为 ISO 标准；长度标注单位的精度为 0.0，角度标注单位使用十进制，精度为 0.0。

2. 绘制如图 5.41 所示图形，并进行标注。

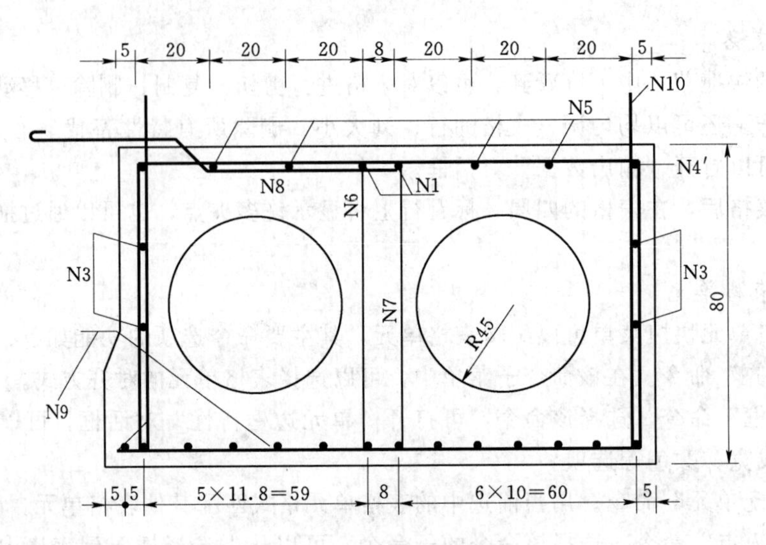

图 5.41 绘图练习（题 2）

3. 绘制如图 5.42 所示图形，并进行标注。

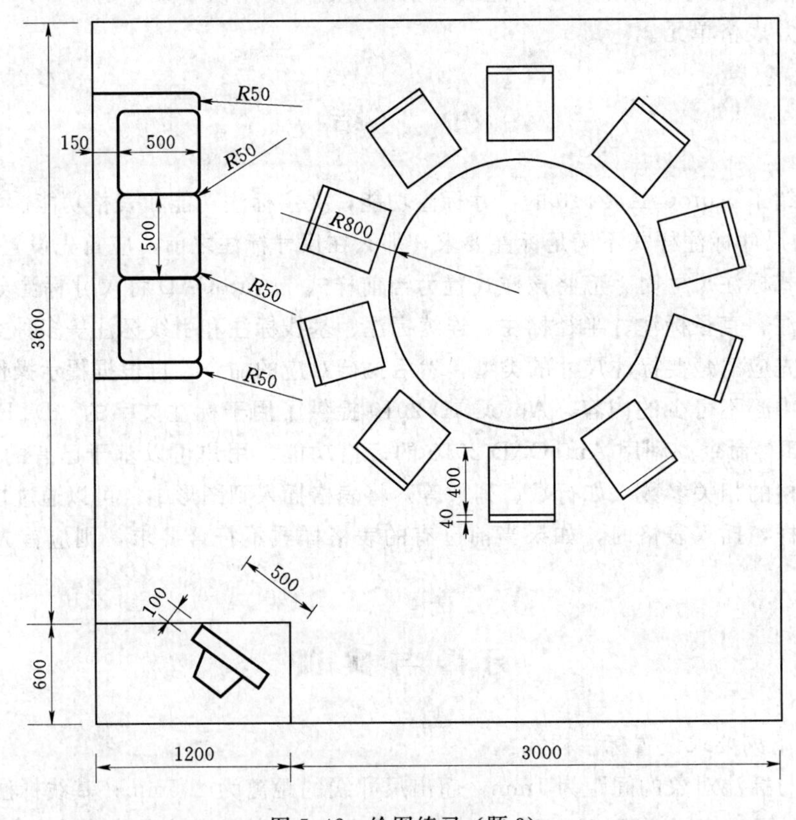

图 5.42 绘图练习（题 3）

4. 创建文字样式“说明文字”，要求其字体为楷体，字高 5mm，并使用多行文本命令录入图 5.43 所示的文字。

说明:

1. 本图尺寸除钢筋直径以毫米计外，余均以厘米计。
2. N4′、N6、N7钢筋为顶板负弯矩钢筋布置图中的N4′、N6、N7钢筋;
3. 湿接头采用膨胀混凝土浇筑;
4. N1及底板纵向钢筋采用单面焊，焊缝长度不小于16cm。

图 5.43　文字录入练习（题 4）

第二部分　专业应用绘图设计部分

第6章　建筑施工图的绘制

知识目标：

- 了解建筑施工图的基本组成。
- 掌握建筑施工图基本的绘制方法。

技能目标：

能应用建筑施工图的基本绘制方法，结合相关规范和标准，进行简单的建筑施工图绘制。

本章导语：

本章中将以建筑施工图为例，按照建筑制图的步骤和要求，引导大家综合运用 AutoCAD 的各种命令和技巧，快速绘制建筑施工图。

6.1　建筑施工图的组成

6.1.1　建筑平面图

建筑平面图是用一个假想的水平切平面沿门窗洞的位置将房屋剖切后，其下半部的正投影图，简称平面图。它表示建筑物的平面形状，各种房间的布置及相互关系，门、窗、入口、走道、楼梯的位置，建筑物的尺寸、标高，房间的名称或编号。

通常，房屋的每一层都应画出平面图，并在图的下方注明相应的图名。如首层平面图、二层平面图等。相同的楼层可用一个平面图表示，称为标准平面图。其中，首层平面图还应画出室外的台阶、明沟、散水等，并标注指北针标明建筑物的朝向。二等、三等层平面图还需画出本层室外的雨篷、阳台等。此外还有屋面平面图，是房屋顶面的水平投影。

平面图上凡是被水平切平面剖切到的墙、柱等截面轮廓线用粗实线，门开启线及其余可见的轮廓线和尺寸线等均用细实线。

6.1.2　建筑立面图

在与房屋立面平行的投影面上所作的房屋的正面投影称为建筑立面图。立面图用来表示建筑物的外貌特征。其中，将表现主要入口或房屋主要外貌特征的立面图作为正立面图，其余的立面图相应地称为背立面图和侧立面图。根据建筑物两端定位轴线命名，如①～⑨轴立面图。立面图要画出建筑物的外形、构造及外墙面装饰、装修等。

6.1.3 建筑剖面图

用一个与外墙轴线垂直的假象平面将房屋剖开，移去靠近观察者视线的部分后的正投影图即为建筑剖面图，简称剖面图。剖面图用来表示房屋内部从地面到屋面垂直方向高度、分层情况、垂直空间的利用、简要的结构形式和构造形式等，如屋顶的形式和坡度、檐口形式、楼板搁置方式、楼梯的形式与结构、各部位的联系和构造等。

剖面图的剖切位置在平面图上标明。通常，选择在内部结构和构造有代表性的部位进行剖切。剖切图的图名应与平面图上剖切位置的剖切编号一致。

6.1.4 建筑施工详图

6.1.4.1 墙体详图

表达墙身及其相连的屋顶、挑檐、楼地面、门窗过梁和窗台、勒脚、散水等部位的详细构造及工程做法。墙身详图通常采用 1∶20、1∶25 的比例，所以在详图中必须画出各种材料的相应图例，并且按相关标准的要求，在墙身及楼地面等构配件两侧分别画出抹灰线，以表示粉刷层的厚度。楼地面、屋顶、墙身及散水等的工程做法，用文字说明的形式标注。

6.1.4.2 门窗详图

用立面图表示门窗的外形尺寸和开启方向，用大比例的节点详图表示门窗的截面、用料、安装位置、门窗扇与框的连接关系等。采用标准图集中的门窗型号时，在门窗表中注明所选用的标准图案代号。

6.1.4.3 楼梯详图

表明楼梯的类型、结构型式、各部位尺寸及工程做法。用建筑详图及结构详图分别绘制。

1. 楼梯平面图

多层建筑物中每层楼梯都应画相应的平面图，若中间各层楼梯梯段数、踏步数及布置相同时，可用“中间层或标准层”表示。楼梯平面图是各层楼梯的水平剖面图，其剖切位置在每层楼面上行的第一梯段范围内。底层及中间层平面图中，用一条倾斜 45°的折断线表示切平面的位置，以避免与梯段线混淆。楼梯平面图标注楼梯间的轴线尺寸及轴线编号，楼地面和休息平台的标高，梯段、平台的长宽尺寸及踏步数，用箭头表示梯段上、下行方向及踏步数。楼梯剖面图的剖切符号仅表示在底层平面图中。

2. 楼梯剖面图

假想用一竖直平面沿着与梯段平行方向剖切，向未被剖切的梯段方向投影，即可产生楼梯剖面图。剖面图中除标注楼梯平面图中的标高外，还应标注梯段的高度及相应梯级数。

3. 节点详图

节点详图表示楼梯、踏步、栏杆、扶手的形式及其连接构造。

4. 楼梯详图

楼梯详图画法如下：

（1）平面图画法：

1）绘制定位轴线，画出各轴线两侧墙体堵体的轮廓线。

2）确定平台宽度、梯段的水平投影长度及宽度，然后按梯段内的踏步数对其进行平行等分。

3）按平面图的层次将图线加深后，标注各构件的类型号、尺寸及各平台板的标高。

（2）剖面图画法：

1）绘制定位轴线及墙体轮廓线。

2）绘制各楼地面及平台板的面层线，然后绘制梁、板断面。

3）根据每一梯段的梯级数，沿梯段高度方向等量分格，沿梯段长度方向做梯级数减一的分格。

4）按剖面图的层次将图线加深后，标注构件的类型号、尺寸及各平台板的标高。

6.2 建筑平面图的绘制

6.2.1 绘图前的准备工作

1. 设置绘图界限

选择“格式”菜单中的“图形界限”命令，或者在命令行直接输入“limits”命令，具体操作如下：

命令：limits

重新设置模型空间界限：

指定左下角点或 [开 (ON)/关 (OFF)] 〈0.0000，0.0000〉：↙

指定右上角点〈420.0000，297.0000〉：90000，60000↙

2. 设置文字样式

选择“格式”菜单，设置文字样式。建筑施工图通常采用“仿宋-GB2312”字体。“文字样式”对话框如图6.1所示。

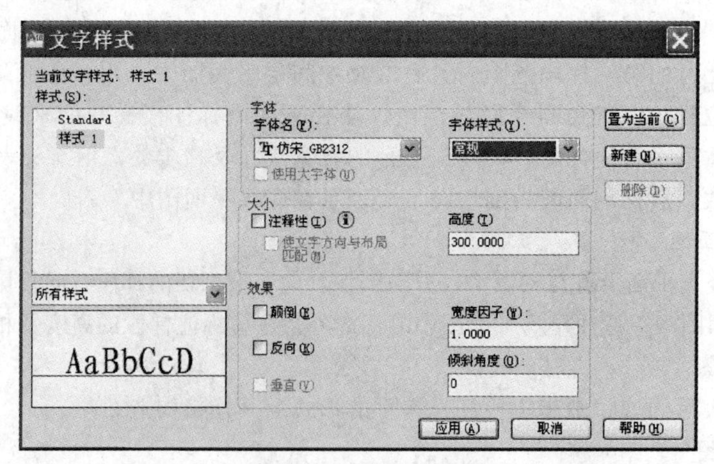

图6.1 设置文字样式

3. 尺寸标注样式

单击，或选择“格式”菜单，设置建筑图标注样式。“标注样式管理器”如图6.2

所示。

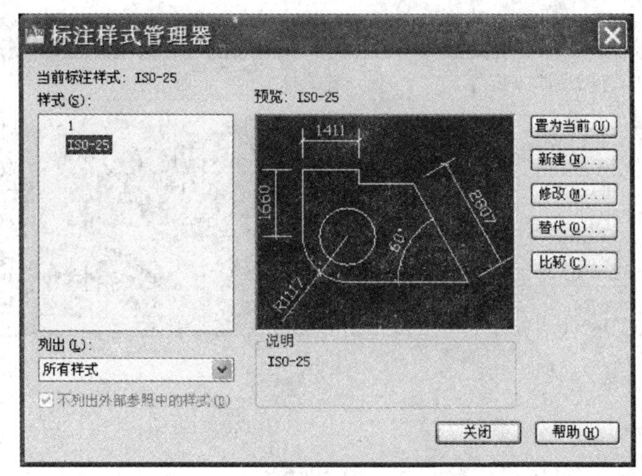

图 6.2　设置建筑图标注样式

利用该对话框，可以修改现有标注样式的尺寸变量，或创建新的标注样式。以比例为 1：100 的建筑施工图为例，新建一个名为“建筑标注”的标注样式。在对话框中单击新建(N)...按钮，弹出“创建新标注样式”对话框，如图 6.3 所示。

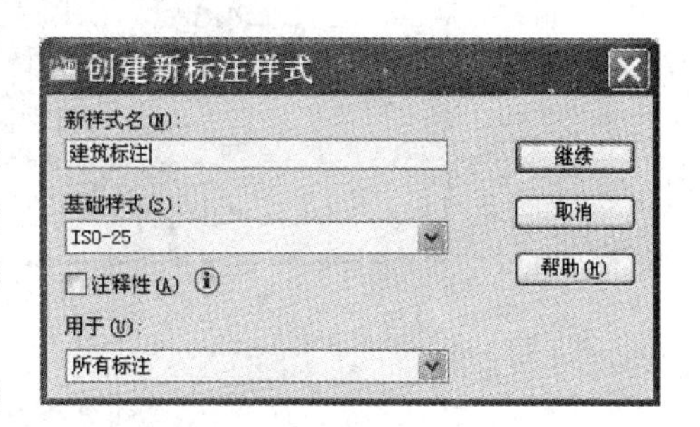

图6.3　创建新标注样式

单击继续，弹出“新建标注样式：建筑标注”对话框，如图 6.4 所示，之后开始设置具体参数如图 6.4～图 6.8 所示。

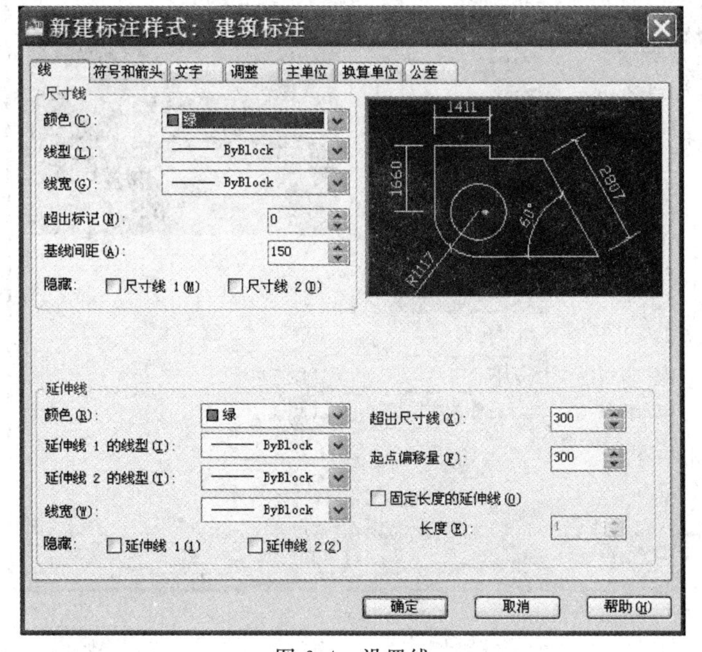

图 6.4　设置线

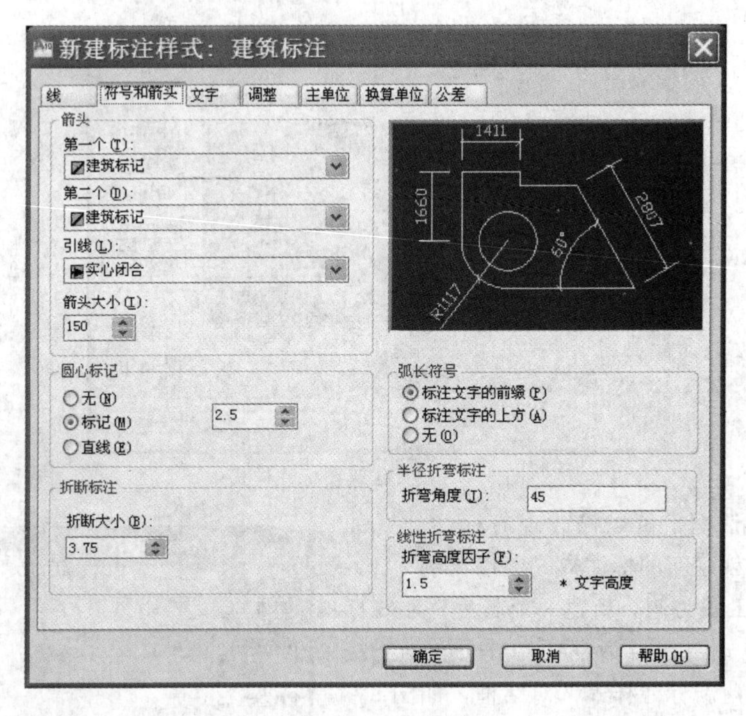

图 6.5　设置符号和箭头

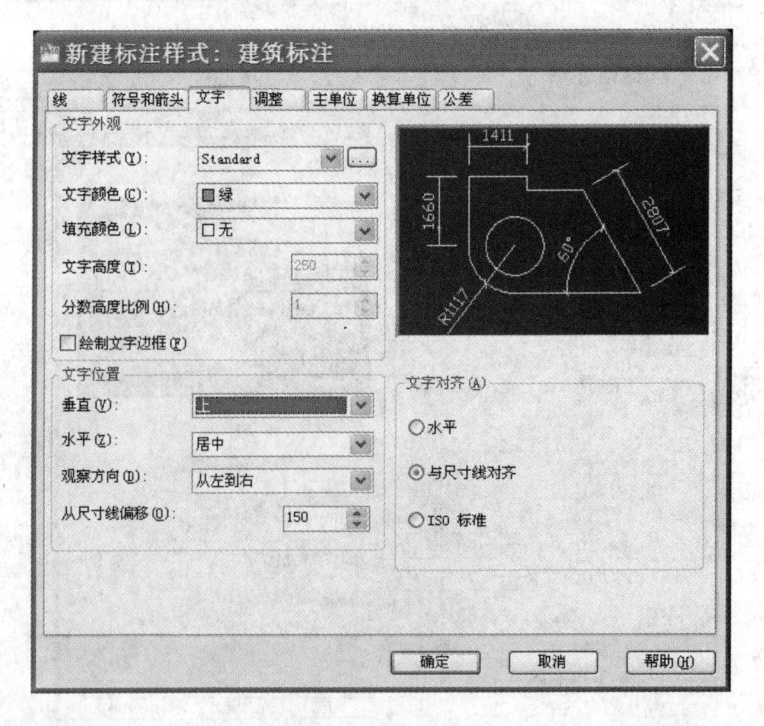

图 6.6　设置文字

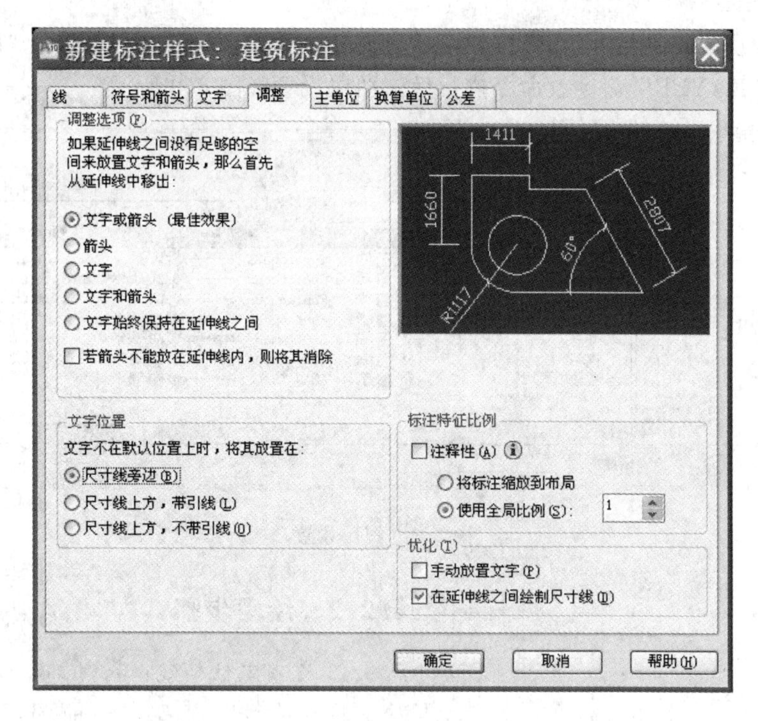

图 6.7 设置调整格式

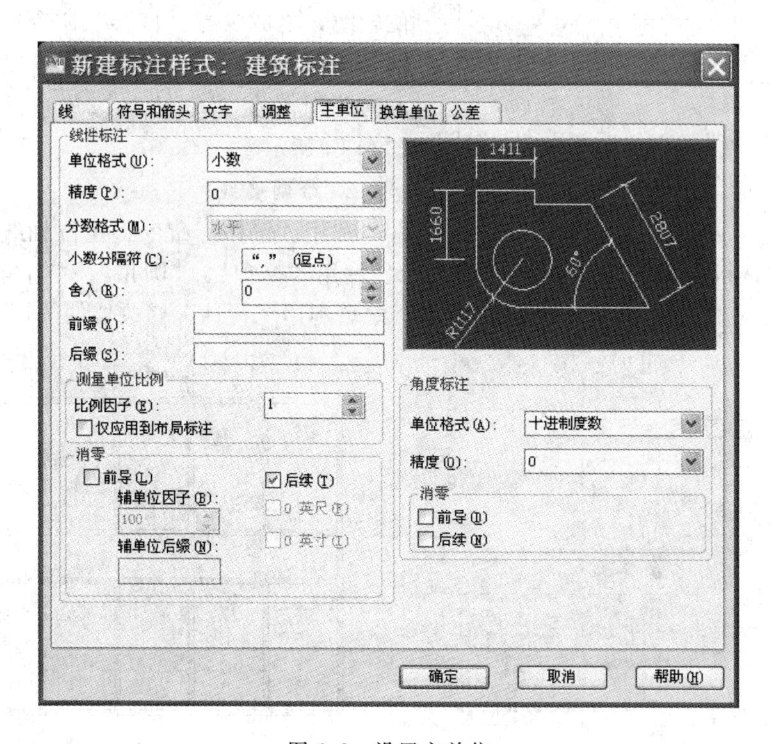

图 6.8 设置主单位

4. 设置图层

单击“图层”工具栏上的按钮，或通过下拉菜单选择“格式”→“图层”选项，也可以使用“LAYER”命令。命令执行后，图层设置如图6.9所示。

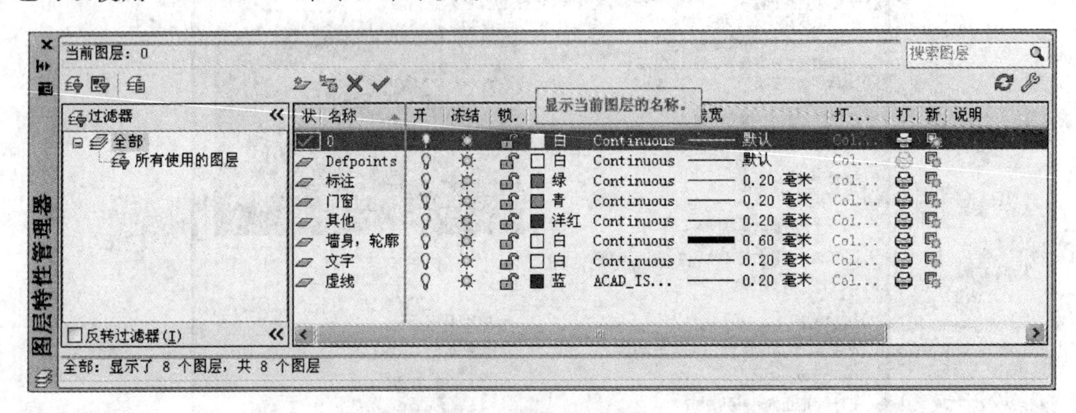

图6.9 图层设置

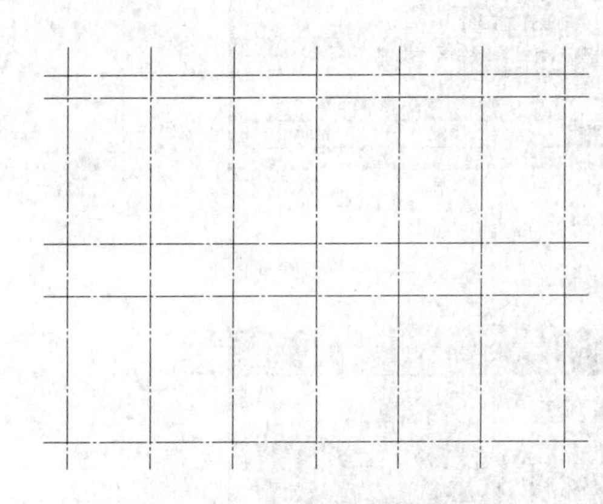

图6.10 绘制定位轴线图

6.2.2 绘图步骤

1. 绘制定位轴线

将“轴线”设置为当前图层。执行“直线”命令，分别绘制出左边及下边的第一条定位轴线，之后执行“偏移”命令绘制其他定位轴线，开间方向偏移距离均为“3600”，进深方向分别偏移“5700”、“2100”、“5700”，如图6.10所示。

2. 绘制墙线

利用“偏移”命令将定位轴线向左右或上下各偏移120，得到240墙，如图6.11所示。利用“修剪”、“圆角”、“倒角”等命令进行墙体修剪，完成后的墙体如图6.12所示。之后利用“特性”修改墙的图层。

图6.11 绘制墙线

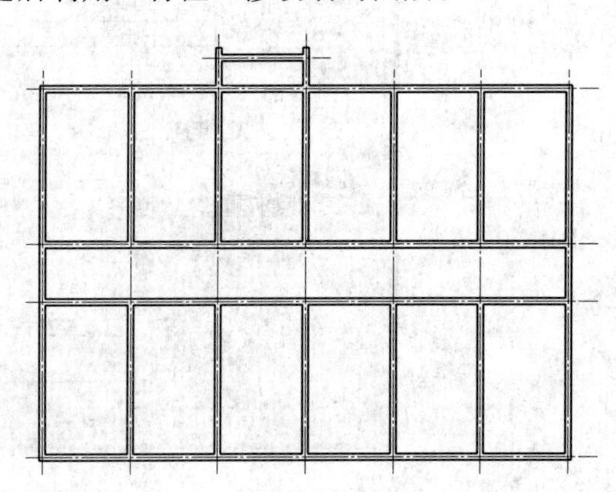

图6.12 墙线图

3. 绘制门窗

利用“偏移”、“复制”、“修剪”等命令开门窗洞口，如图 6.13 所示。

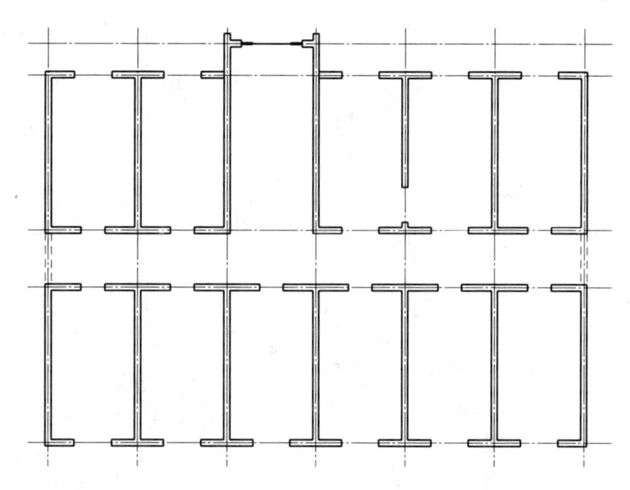

图 6.13 开设门窗洞口

之后，利用“直线”、“圆弧”等命令绘制门窗，关闭“轴线”图层，如图 6.14 所示。

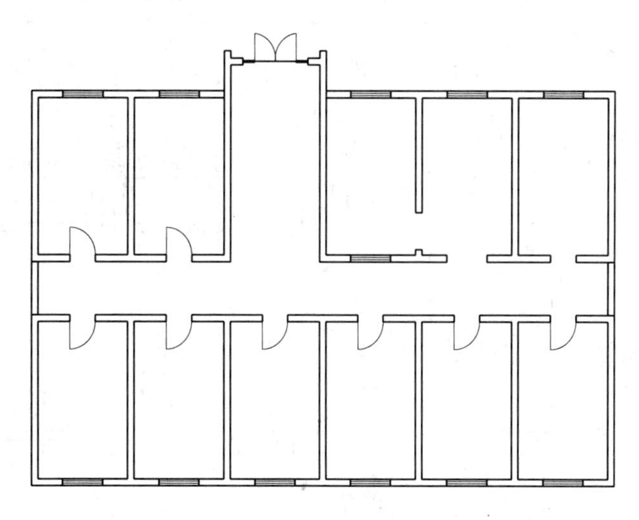

图 6.14 门窗的绘制

4. 绘制楼梯及台阶

梯井居中，踏步宽 300mm。利用“偏移”、“复制”、“修剪”等命令绘制出梯段，然后绘制剖断线、箭头等，如图 6.15 所示。

5. 尺寸及文字标注

利用“线性标注”标出第一个尺寸线后执行“连续标注”命令，完成后面的尺寸标注。单击A，进行文字标注，如图 6.16 所示。

其他细部根据图依次完成。完成后的图形如图 6.17 所示。

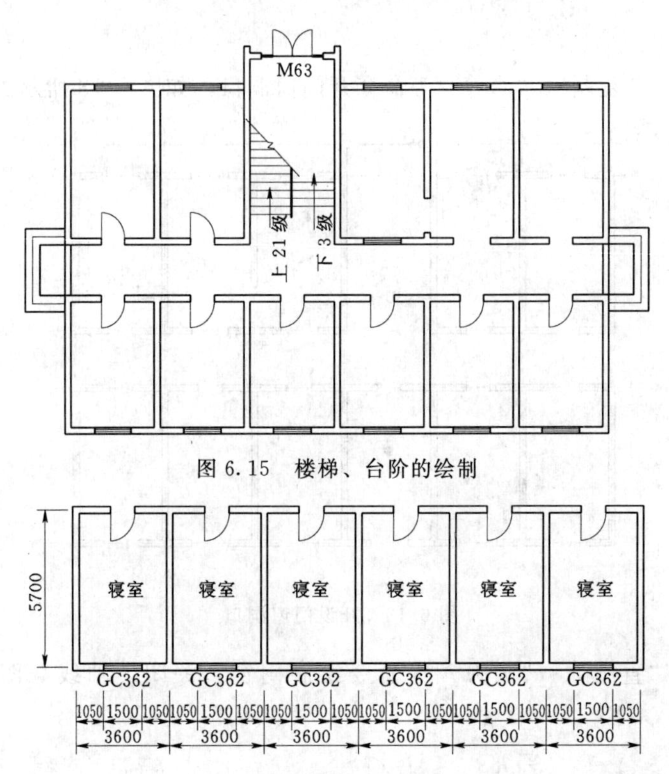

图6.15 楼梯、台阶的绘制

图6.16 文字、尺寸的标注

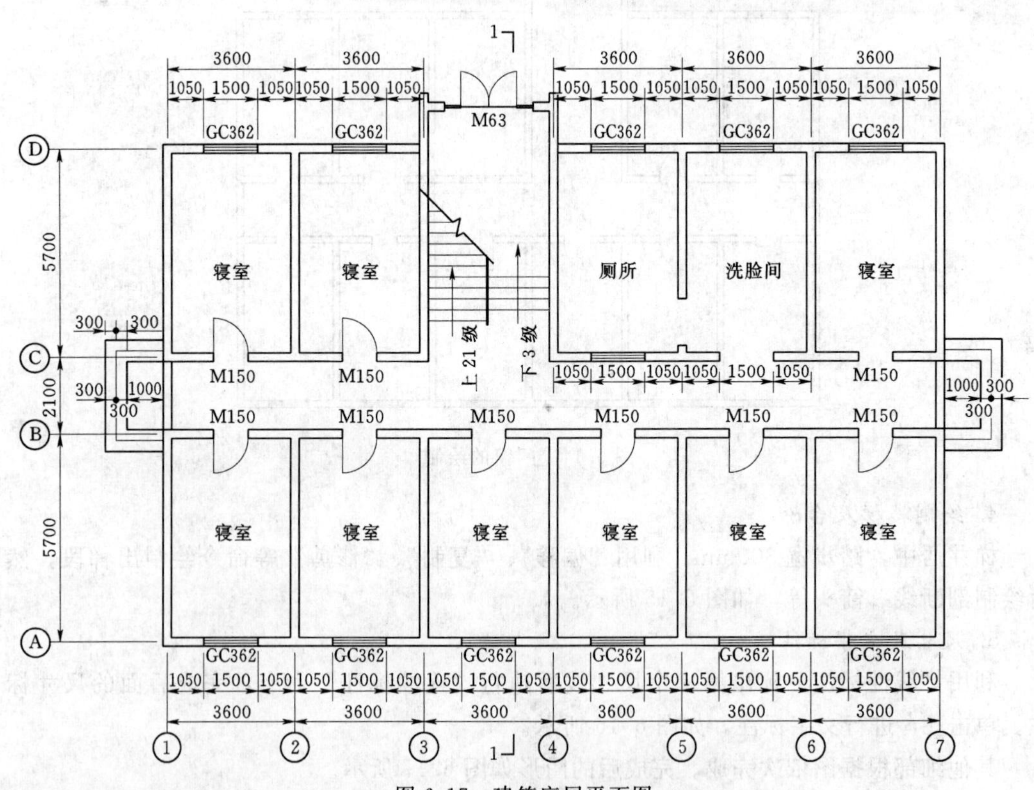

图6.17 建筑底层平面图

6.3 建筑立面图的绘制

1. 绘制立面图的外轮廓

先绘制出 21840×16950 的矩形（建筑外轮廓），在距其左边线 10800 的位置绘制 3380×15950 的矩形（楼梯外轮廓），两者底边重合。再将小矩形向外偏移 240，如图 6.18 所示。

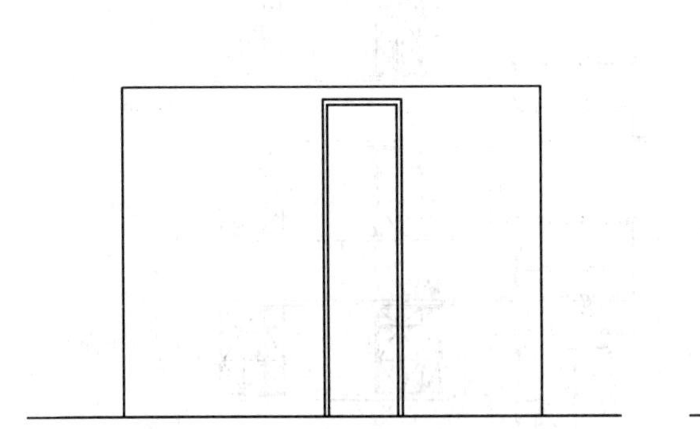

图 6.18 绘制外轮廓线

图 6.19 绘制分层线

2. 绘制分层线

将地坪线向上偏移 1350（窗台线），再将其向上偏移 1800（窗顶线）。利用此窗顶线依次向上偏移 1400、1800、1400、1800、1400、1800、1400、1800，如图 6.19 所示。

3. 绘制门窗

左下角窗：绘制 1500×1800 的矩形（寝室窗），依据平面图及立面图找到其位置，再利用“偏移”、“复制”、“阵列”等命令完成其他窗的绘制，如图 6.20、图 6.21 所示。

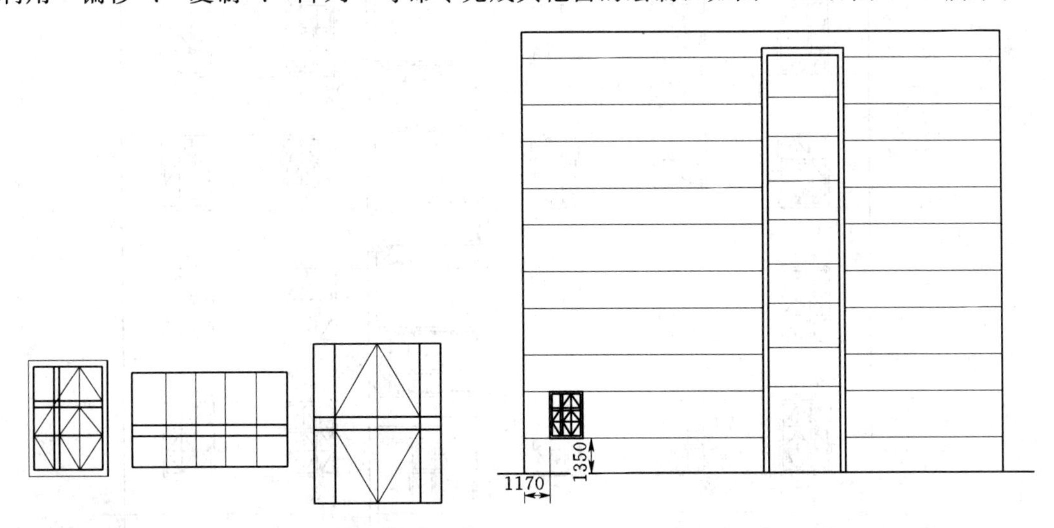

图 6.20 绘制寝室窗、楼梯间门窗

图 6.21 寝室窗定位

重复上述命令，完成门、楼梯间窗的绘制，如图 6.22 所示。

图6.22　门窗的绘制

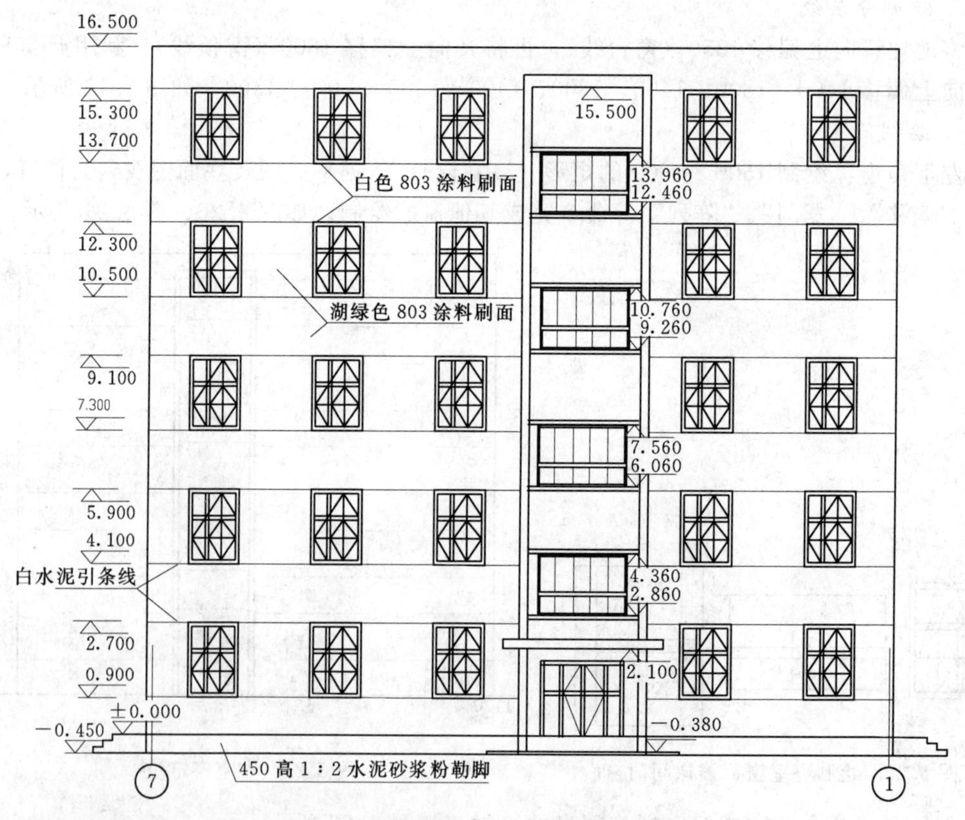

图6.23　建筑立面图

4. 绘制勒脚、台阶、雨篷等细部

勒脚、台阶、雨篷等细部详细尺寸见立面图。

5. 尺寸及标高标注

尺寸及标高标注步骤同平面图。

完成后的图形如图 6.23 所示。

提示：“格式”下拉菜单中的“颜色”、“线型”、“线宽”和“打印样式”选项分别与“对象特性”工具栏中的响应下拉列表等效。

6.4 建筑剖面图、详图的绘制

依据上述平面图、立面图完成建筑剖面图、墙身详图的绘制，如图 6.24、图 6.25 所示。

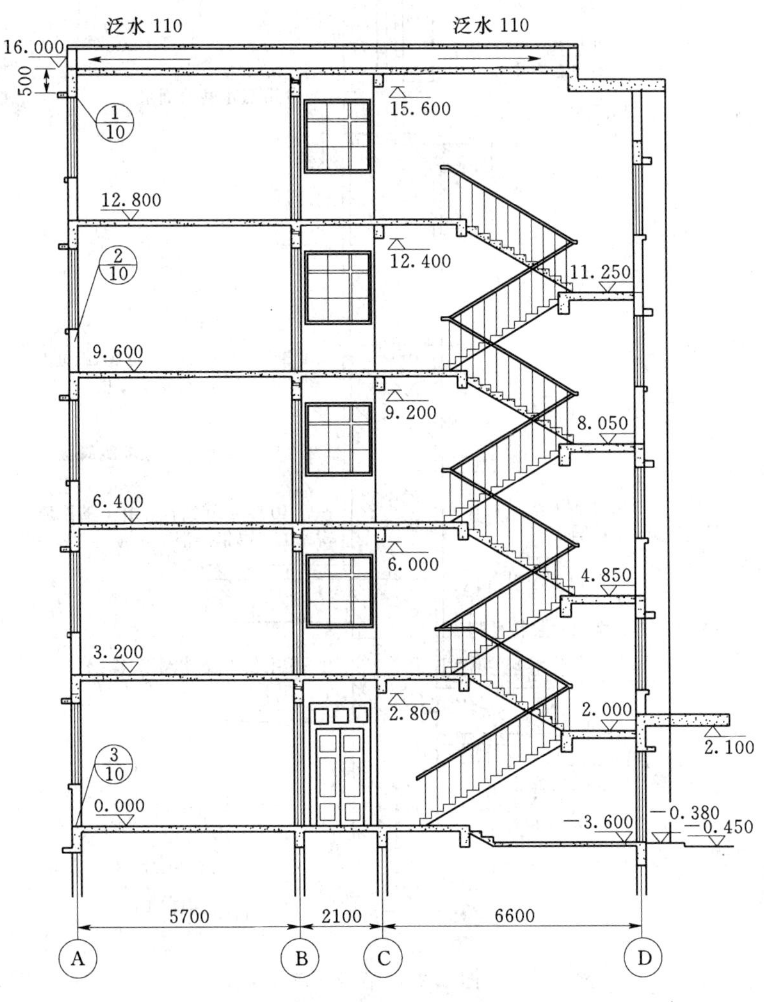

图 6.24 建筑剖面图

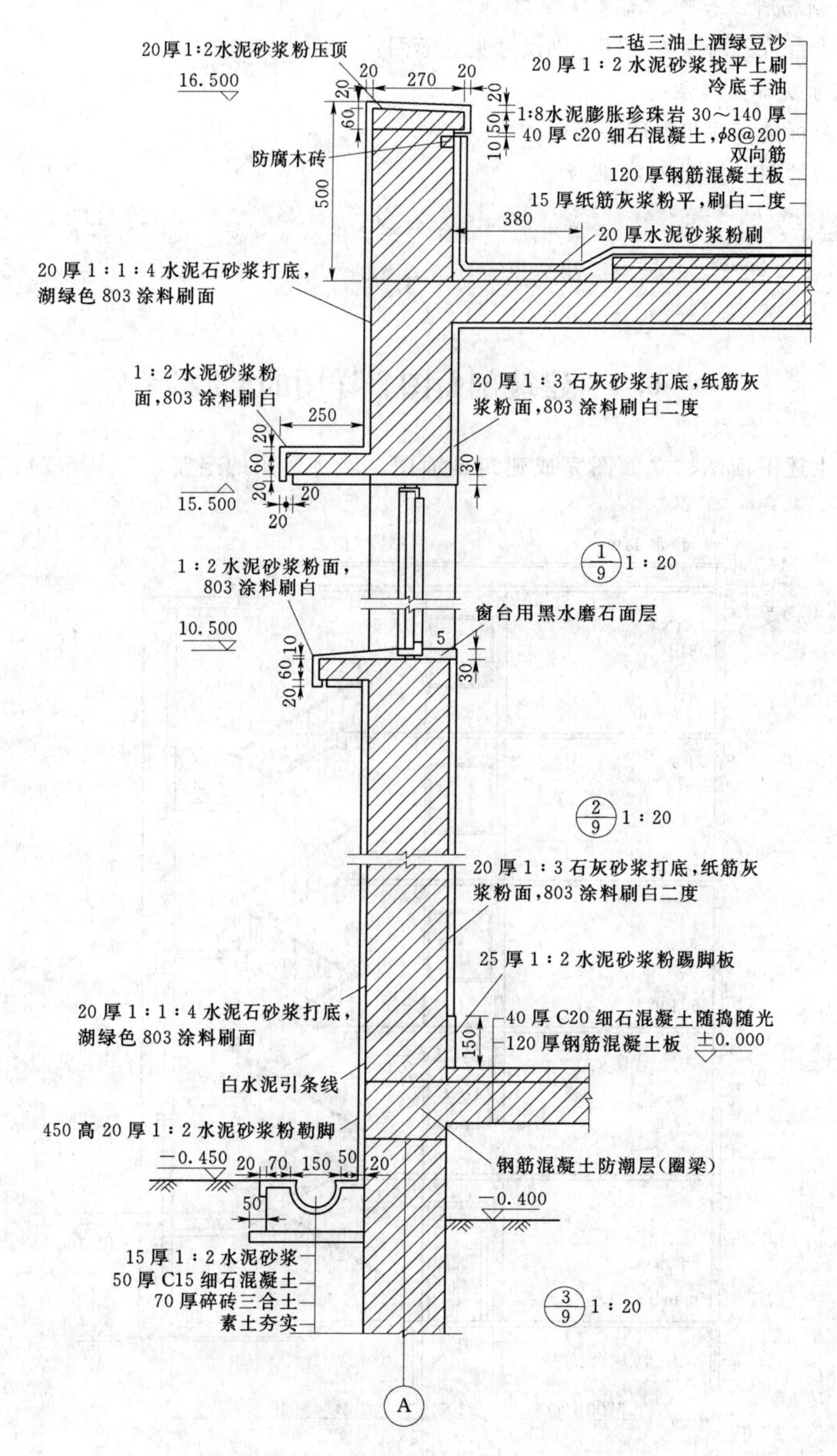

20厚1:2水泥砂浆粉压顶
16.500
二毡三油上洒绿豆沙
20 厚 1：2 水泥砂浆找平上刷冷底子油
1:8水泥膨胀珍珠岩 30～140 厚
40 厚 c20 细石混凝土，φ8@200 双向筋
120 厚钢筋混凝土板
15 厚纸筋灰浆粉平，刷白二度
20 厚水泥砂浆粉刷
防腐木砖
20厚 1：1：4 水泥石砂浆打底，湖绿色 803 涂料刷面
1：2 水泥砂浆粉面，803 涂料刷白
20 厚 1：3 石灰砂浆打底，纸筋灰浆粉面，803 涂料刷白二度
15.500
1：2 水泥砂浆粉面，803 涂料刷白
窗台用黑水磨石面层
10.500
20 厚 1：3 石灰砂浆打底，纸筋灰浆粉面，803 涂料刷白二度
25 厚 1：2 水泥砂浆粉踢脚板
40 厚 C20 细石混凝土随捣随光
120 厚钢筋混凝土板
±0.000
20 厚 1：1：4 水泥石砂浆打底，湖绿色 803 涂料刷面
白水泥引条线
450 高 20 厚 1：2 水泥砂浆粉勒脚
钢筋混凝土防潮层(圈梁)
−0.450
−0.400
15 厚 1：2 水泥砂浆
50 厚 C15 细石混凝土
70 厚碎砖三合土
素土夯实
1：20
1：20
1：20
A

图 6.25　墙身详图

小　　结

学习本章应着重理解建筑施工图中的平面图、立面图、剖面图和施工详图的绘制内容、绘制要求以及方法和步骤。一般按平面图→立面图→剖面图→详图的顺序来绘制建筑施工图。建筑平面图的一般绘图过程：设置绘图环境或直接调用已设置好的模板、绘制轴线、绘制墙线、绘制门窗、细部绘制、尺寸与文字标注、标高等。

习题与实训

1. 绘制本章建筑施工图中的建筑底层平面图（图 6.17)、立面图（图 6.23)、1—1 剖面图（图 6.24)、墙身详图（图 6.25)。

2. 总结绘制建筑平面图的方法，并练习绘制图 6.26。

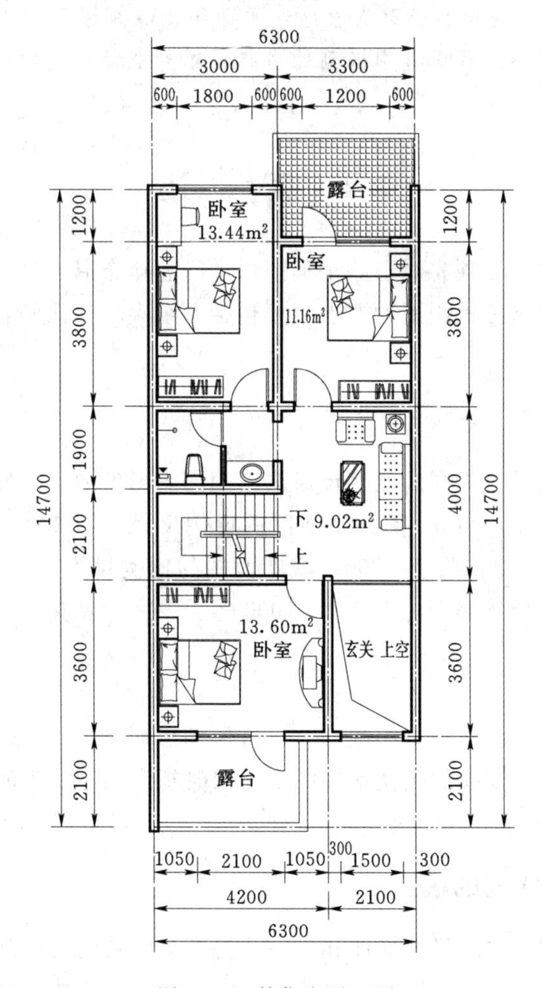

图 6.26　某住宅平面图

第7章 道路工程制图

知识目标：

掌握道路工程常用的各种图形的绘制方法和技巧。

技能目标：

熟练应用 AutoCAD 绘图平台解决实际工程绘图问题。

本章导语：

利用 AutoCAD 的命令绘制道路工程路线平面图、纵断面图、路面结构图和平面交叉图。准确快速地解决道路工程设计中遇到的道路桥梁专业设计软件不能解决的各种绘图小问题。

7.1 概 述

绘制道路工程图时，必须先对道路工程图形进行总体布局，然后再根据各种路线设计图的要求进行组织。道路工程制图的要点主要包括图纸大小、比例尺、线条粗细、文字高度的选择和尺寸标注等。

7.1.1 比例尺

进行道路工程制图时，不同的比例尺对应不同的图形类型，一般情况下，地形图常用的比例尺为 1∶5000 和 1∶2000；路线平面图的比例尺为 1∶2000；纵断面图的比例尺水平方向为 1∶2000，竖直方向为 1∶200；横断面图的比例尺为 1∶200；特殊工点地形图可根据实际情况进行选择，如 1∶500、1∶1000 等。

7.1.2 线条粗细

如果图形是按照给定的比例尺绘制的，且打印图形时采用 1∶1 的比例出图，那么线条的粗细可以通过控制多段线的线宽或在图形输出时指定某一颜色的线宽来控制。从实用角度和打印的效果出发，采用第一种方法较好。

7.1.3 文字高度与格式的确定

在道路工程制图过程中，尺寸标注和文字注解都会涉及到文字高度的设置问题。文字高度的确定最好是在图形已经按比例尺完成后确定，文字高度的定义要科学，不能忽大忽小，也不能喧宾夺主，不能将文字和标注的高度定得太大，更不能把文字高度定得太小，

以至于打印出的图样看不清注解。

在绘图前，要定义好尺寸标注、注解文字等的文字格式，这样在录入文字或进行标注时才可以保持文字格式的一致，避免大量的格式修改，保持图样上的文字格式前后一致、整齐划一。

7.1.4 《道路工程制图标准》规定的图框格式

根据道路工程所设计图样内容和性质的不同，可分为路线平面图、纵断面图、横断面图、路基路面结构图和特殊工点地形图。但其基本的图框均是以A3图纸为基础，按照一定的比例适当的进行加长或加宽而形成的。GB 50162—1992《道路工程制图标准》中有对A3图纸的标题栏的规定。

提示：标题栏的尺寸与内容虽然有标准规定，但是并非强制的，只要不影响到绘图区的面积，都可以自行更改调整

7.1.5 图框的绘制与标题栏的填写

1. 图框的绘制

按照GB 50162—1992的规定，道路工程制图一般采用A3图幅，下面以A3图幅为例说明图框的绘制方法。

(1) 设置图形尺寸界限。在命令窗键入“LIMITS”并按〈Enter〉键，设置A3图纸的尺寸界限420×297，命令如下：

命令：LIMITSK↙
重新设置模型空间界限：
指定左下角点或[开（ON)/关（OFF)]〈0.0000，0.0000〉：0，0↙
指定右上角〈420.0000〉：420，297↙

(2) 设置图板为A3图纸大小。在命令窗中输入“ZOOM”后，再输入“ALL”，则画板显示为A3图纸的大小。

命令：Z↙
ZOOM
指定窗口角点，输入比例因子（nX或nXP)，或[全部（A)/中心点（C)/动态（D)/范围（E)/上一个（P)/比例（s)/窗口（W)]〈实时〉：A↙

(3) 用矩形命令，绘制A3图纸边界线，命令如下：

命令：RECTANGK↙
指定第一个角点或[倒角（C)/标高（E)/圆角（F)/厚度（T)/宽度（W)]：0，0↙
指定另一个角点或[尺寸（D)]：420，297↙

至此就绘制好A3图纸的边界线，下面就可以进行图框线的绘制。根据规定，带装订线的图纸幅面样式，图框距图纸边界线左边的距离为25mm，其他三边的距离均为10mm，图框线为粗实线。

(4) 用多段线命令绘制图框，命令如下：

命令：PLINE↙

指定起点：25，10↙

当前线宽为 0.0000

指定下一个点或 [圆弧 (A)/半宽 (H)/长度 (L)/放弃 (U)/宽度 (W)]：W↙

指定起点宽度〈0.0000〉：0.8↙

指定端点宽度〈0.8000〉：↙

指定下一个点或 [圆弧 (A)/半宽 (H)/长度 (L)/放弃 (u)/宽度 (W)]：410，10↙

指定下一点或 [圆弧 (A)/闭合 (C)/半宽 (H)/长度 (L)/放弃 (U)/宽度 (W)]：410，287↙

指定下一点或 [圆弧 (A)/闭合 (C)/半宽 (H)/长度 (L)/放弃 (U)/宽度 (W)]：25，287↙

指定下一点或 [圆弧 (A)/闭合 (c)/半宽 (H)/长度 (L)/放弃 (U)/宽度 (W)]：C↙

A3 图框如图 7.1 所示。

图 7.1　A3 图框

2. 标题栏的填写

绘制好 A3 图纸的边界线和图框后，就可以进行标题栏的绘制了。标题栏采用粗实线，下面简述其绘制及填写过程。以图 7.1 标题栏为例，其从右至左的水平尺寸依次为 20mm、15mm、20mm、15mm、20mm、15mm、20mm、15mm、75mm、65mm、100mm，竖向尺寸为 10mm。

（1）绘制标题栏的横向分割线，命令如下：

命令：PLINE↙
指定起点：25，20↙
当前线宽为 0.8000
指定下一个点或［圆弧（A）/半宽（H）/长度（L）/放弃（U）/宽度（W）］：410，20↙
指定 F 一点或［圆弧（A）/闭合（c）/半宽（H）/长度（L）/放弃（u）/宽度（W）］：↙

（2）绘制标题栏的竖向分割线。根据标题栏内规定的标题栏格式大小，从右至左逐一绘制各竖向分割线，命令如下：

命令：PLINE↙
指定起点：385，20↙
当前线宽为 0.8000
指定下一个点或［圆弧（A）/半宽（H）/长度（L）/放弃（u）/宽度（W）］：385，10K↙
指定下一点或［圆弧（A）/闭合（C）/半宽（H）/长度（L）/放弃（U）/宽度（W）］：↙
命令：PLINE↙
指定起点：370，20↙
当前线宽为 0.8000
指定下一个点或［圆弧（A）/半宽（H）/长度（L）/放弃（U）/宽度（W）］：370，10g↙
指定下一点或［圆弧（A）/闭合（C）/半宽（H）/长度（L）/放弃（U）/宽度（W）］：↙
命令：PLINE↙
指定起点：360，20↙
当前线宽为 0.8000
指定下一个点或［圆弧（A）/半宽（H）/长度（L）/放弃（U）/宽度（W）］：360.10↙
指定下一点或［圆弧（A）/半宽（H）/长度（L）/放弃（U）/宽度（W）］：↙
…

（3）在标题栏内填写适当大小的文字，完成标题栏的填写。如果没有定义文字样式，必须先定义，否则不能正常显示输入的汉字。在道路工程图中，字体样式一般选用仿宋。图 7.1 标题栏中文字的字体高度采用六个单位，命令如下：

命令：DTEXT↙
当前文字样式：Standard 当前文字高度：6.0000
指定文字的起点或［对正（J）/样式（s）］：（单击合适的位置，如图 7.1 所示）
指定高度〈7.0000〉：6↙（键入合适的文字高度）
指定文字的旋转角度〈0〉：↙（文字旋转角度为 0）
输入文字：设计↙

输入文字：↙

命令：DTEXT↙

当前文字样式：Standard 当前文字高度：6.0000

指定文字的起点或 [对正 (J)/样式 (S)]：(单击合适的位置)

指定高度〈7.0000〉：6↙ (键入所输入的文字高度)

指定文字的旋转角度〈0〉：↙ (文字旋转角度为 0)

输入文字：复核↙

输入文字：↙

…

7.1.6 建立样本图框样式

若每次绘图时，都采用相同的图框，则可以将所用的图框另存为一个"样本图形文件"，这样每次就可直调用此图框而不必重复绘制同样式的图框。AutoCAD 称这类图形文件为"样本图形文件"。"样本图形文件"的绘制步骤如下：

(1) 进入 AutoCAD 2010 中，打开一新图形文件。

(2) 按上述的建议，以实际尺寸将图框与标题栏绘出。

(3) 使用"STYLE"(指定使用何种字型) 与"DTEXT"(写字) 命令写出标题栏内的文字内容。

(4) 保存。当按步骤 (1)～(3) 画好一张 A3 图幅的图框并检查无误后，点取"文件(F)"，下拉式菜单内的"另存为 (A)"选项，将出现图 7.2 所示的对话框。

图 7.2 "图形另存为"对话框 (1)

在 AutoCAD 2010 中，所有的"样本图形文件"都被放在"Program Files \ AutoCAD 2010 \ Template"文件夹 (即目录区) 内。双击"Template"文件夹，将出现如图 7.3 所示的对话框。

在 AutoCAD 2010 中，所有的"样本图形文件"的后缀名都是".dwt"。点取图 7.3

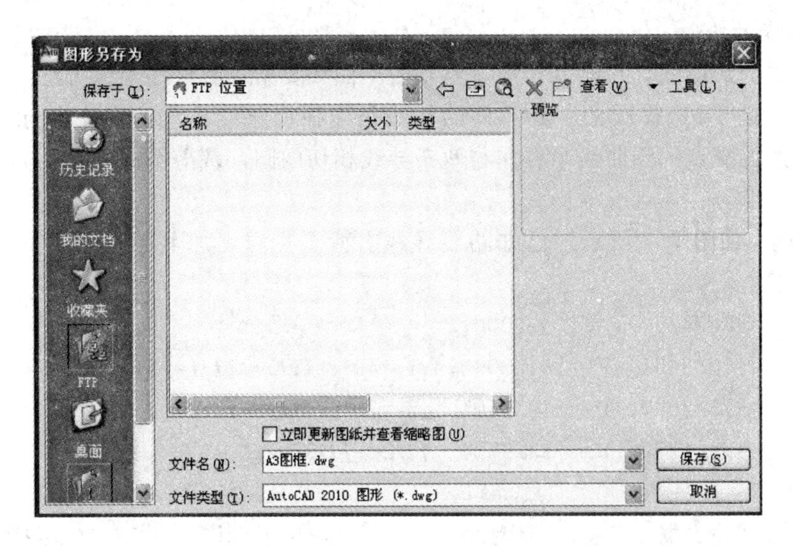

图 7.3 “图形另存为”对话框(2)

中的“文件类型(T)”文本框后的下拉按钮，并选取“AutoCAD 图形样板(*.dwt)”选项，再在“文件名(N)”文本框中输入样本图形文件的文件名，如“A3 图框”，最后再点取“保存(S)”按钮即可建立一个名为“A3 图框.dwt”的样本图形文件。

提示：在实际工作中，为方便绘图，可将不同的样板图框绘制好，将这些样板图框复制到“Program Files \ AutoCAD 2010 \ Template”文件夹内，即可在后面使用时直接调用这些样板图。

7.2 道路路线图

常见的道路路线图包括路线平面图、纵断面图和横断面图。路线纵断面图、横断面图由于绘制工作量大、重复性工作多，在 AutoCAD 图形界面手工操作绘制效率太低，一般采用高级语言驱动 AutoCAD 绘制比较合理，所以将在第 11 章针对该部分的程序开发进行介绍。

现就路线平面图（含地形图）和路线纵断面图的 AutoCAD 图形界面手工绘制方法分别进行介绍。

7.2.1 路线平面图的绘制

路线平面图由地形图、线位图和标注等部分组成，道路的平面线型是由直线和曲线构成的，其曲线的形式一般可分为圆曲线、复曲线、缓和曲线、回头曲线等，统称为平曲线。平曲线最主要的形式是圆曲线和缓和曲线。在进行道路路线设计时，一般应沿路线进行里程桩的标注，以表达该里程桩至路线起点的水平距离。下面就平面线位图的绘制和里程桩的标注做简单介绍。

1. 圆曲线的绘制

平曲线中的圆曲线，在绘制以前，已知若干曲线要素，有许多绘制方法，绘制的效果和效率最高的是 TTR 作圆法。其具体的作法是先根据路线导线的交点坐标绘制路线导线，然后根据各交点的圆曲线半径作与两条导线相切的圆，裁剪圆曲线，从而得到圆曲线和路线设线。

【例 7.1】 如图 7.4 所示，已知路线导线有两个交点，加上起点和终点共有四个顶点，数据如下：

$JD0$：$X=48.3423$，$Y=109.5000$。

$JD1$：$X=178.2461$，$Y=184.5000$，$\alpha1=40°$，$JD0\sim JD1=150$。

$JD2$：$X=375.2077$，$Y=149.7704$，$\alpha2=30°$，$JD1\sim JD2=200$。

$JD3$：$X=469.1770$，$Y=183.9724$，$JD2\sim JD3=100$。

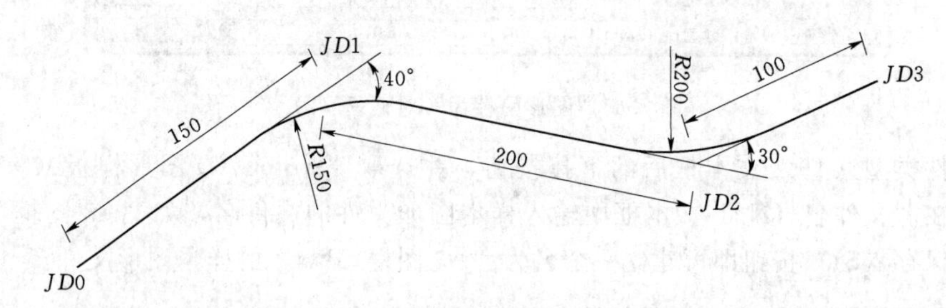

图 7.4 路线平面图

要求用多段线命令“PLINE”连续绘制（如果不是连续绘制，无法完成下面的操作）$JD0\sim JD3$，如图 7.5 所示。通过设计已经得知 $JD1$、$JD2$ 处的圆曲线半径依次为 $R1=150$、$R2=200$。

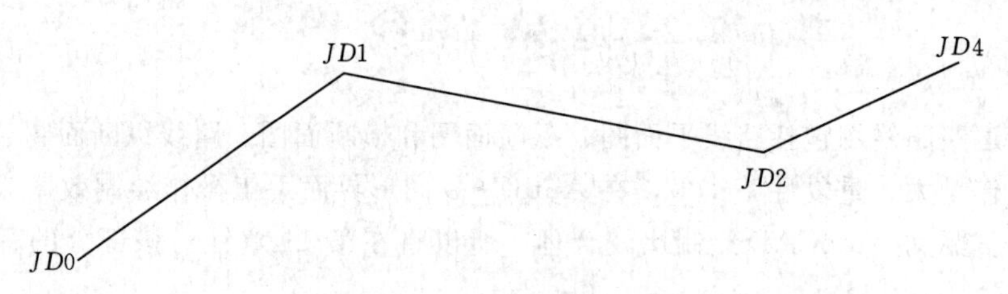

图 7.5 多段线绘制路线导线

操作步骤如下：

(1) 绘制一半径为 150 的圆分别与 $JD0\sim JD1$ 线段和 $JD1\sim JD2$ 线段相切，命令及说明如下：

命令：C↙（输入画圆命令）

CIRCLE 指定圆的圆心或［三点（3P）/两点（2P）/相切、相切、半径（T）]：TTR↙（输入 TTR 选项）

指定对象与圆的第一个切点：（鼠标左键点取 $JD0\sim JD1$ 的连线）

指定对象与圆的第二个切点：（鼠标左键点取 $JD1\sim JD2$ 的连线）

指定圆的半径：150↙（输入圆半径 150）

（2）继续绘制一半径为200的圆分别与 $JD1\sim JD2$ 线段和 $JD2\sim JD3$ 线段相切，命令及说明如下：

命令：↙（按〈Enter〉键继续执行画圆命令）
CIRCLE 指定圆的圆心或［三点（3P）/两点（2P）/相切、相切、半径（T）］：TTR↙（输入 TTR 选项）
指定对象与圆的第一个切点：（鼠标左键点取 $JD1\sim JD2$ 的连线）
指定对象与圆的第二个切点：（鼠标左键点取 $JD2\sim JD3$ 的连线）
指定圆半径〈150.0000〉：200↙（输入圆半径200）

（3）裁剪按（1）、（2）步骤绘制的圆，命令及说明如下：

命令：TRIM↙（输入裁剪命令）
当前设置：（投影＝UCS，边＝无）（鼠标左键点取导线作为裁剪线）
选择剪切边…
选择对象：找到1个（显示选中一个实体）
选择对象：↙
选择要剪切的对象/项目（P）/边（E）/放弃（U）：（鼠标左键点取第一个圆的下部圆周）
选择要剪切的对象/项目（P）/边（E）/放弃（U）：（鼠标左键点取第二个圆的上部圆周）
选择要剪切的对象/项目（P）/边（E）/放弃（U）：↙（按〈Enter〉键结束）

绘制完成后的图形如图7.6所示。

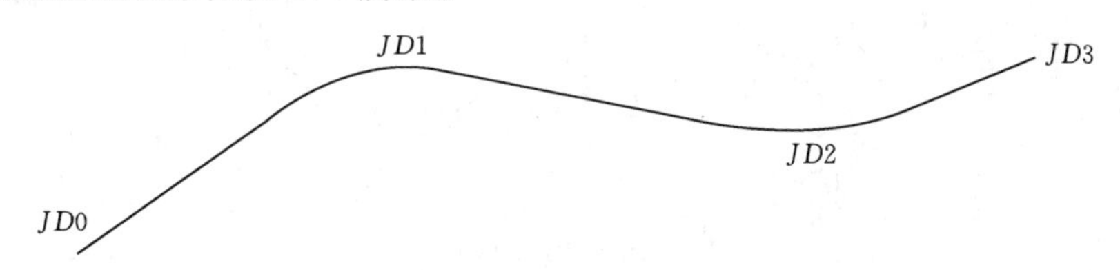

图7.6 用作圆法绘制导线间的圆曲线

如果导线是连续绘制的多段线，则上述方法得到的是三个图元，其中两个圆弧也是多段线，但不能与导线连接为一个图元。也有采用倒角方法绘制圆曲线的，由于“FILLET”命令不能保留倒角圆弧以外的被倒角线，所以当倒角完成后，需要补上原导线，同时由于多段线不能延伸，因此需要重新绘制导线。倒角方法的优点是所绘制的路线为一个图元，但要注意导线必须是连续绘制的多段线，否则对多段线的倒角无法完成。

2. 缓和曲线的绘制

【例7.2】 一直如图7.7所示的公路平曲线，偏角为左偏 $\alpha_{左}=30°47''28'$，缓和曲线长 $LS=53$，切线长 $T=81.32$，外距 $E=8.00$，圆曲线半径 $R=198.51$，中间圆曲线长 $LY=53.68$，平曲线总长 $L=159.68$。试绘制该曲线。

由于 AutoCAD 不能直接绘制缓和曲线，在 AutoCAD 中既可以用多段线命令绘制通过 ZH、HY、QZ、YH、HZ 五点的折线，然后再用“PEDIT”命令选择“S”选项；也可以采用真样条曲线命令绘制。一般情况下，AutoCAD 中的真样条曲线最接近公路平曲线的形状，在常用比例尺的情况下，肉眼分辨不出二者在图纸上的区别，因此绘制通过 ZH、HY、QZ、YH、HZ 五点并与两路线导线分别相切于 ZH 和 HZ 点的真样条曲线即

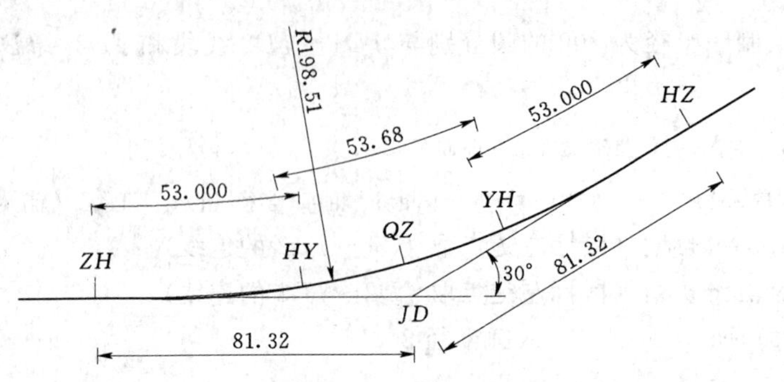

图 7.7 缓和曲线的绘制

为所求的曲线。

操作步骤如下：

(1) 绘制路线导线。利用“PLINE”命令绘制点1、2、3，各点的对应坐标（以下数据仅供练习参考）为：

1：$X1$=213.7748，$Y1$=92.1117。

2：$X2$=313.7748，$Y2$=92.1117。

3：$X3$=399.6787，$Y3$=143.3026。

绘制结束时得到图7.8。

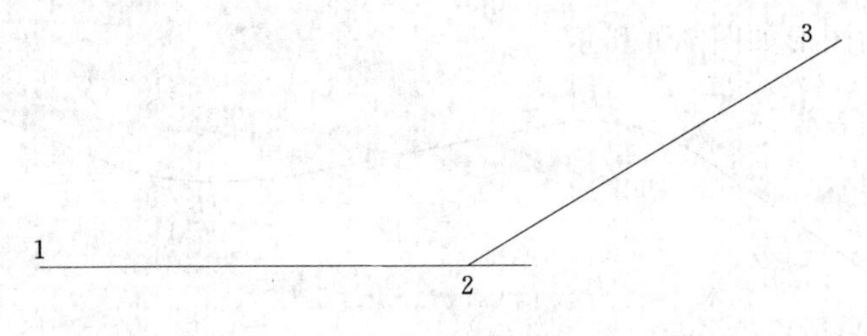

图 7.8 绘制路线导线

(2) 绘制通过点 ZH、HZ、QZ、HY 和 YH，与路线导线相切的含缓和曲线的平曲线。通过计算，五个主点的直角坐标为：

ZH：X=232.9548，Y=92.1117。

HY：X=285.3608，Y=94.4667。

QZ：X=311.8101，Y=99.2371。

YH：X=336.9780，Y=108.6801。

HZ：X=383.6319，Y=133.7401。

利用真样条曲线命令“SPLINE”绘制含缓和曲线的平曲线，命令及说明如下：

命令：SPLINE↙（启动真样条曲线命令）

指定第一个点或［对象（O）］：<对象捕捉

关>：232.9548，92.1117↙（通过 ZH）

指定下一点：285.3608，94.4667↙（通过 HY）

指定下一点或［闭合（C）/拟合公差（F）］<起

点切向>：311.8101，99.2371/（通过 QZ）

指定下一点或［闭合（C)/拟合公差（F)］<起点切向>:336.9708，108.6801↙（通过 YH）

指定下一点或［闭合（C)/拟合公差（F)］<起点切向>:383.6319，133.7401↙（通过 HZ）

指定下一点或［闭合（C)/拟合公差（F)］〈起点切向〉：↙（选择输入切点的模式）

指定起点切向：231.9548，92.1117↙（输入起点切点）

指定端点切向：383.6319，133.7401↙（输入终点切线）

绘制完成后的图形如图 7.9 所示。

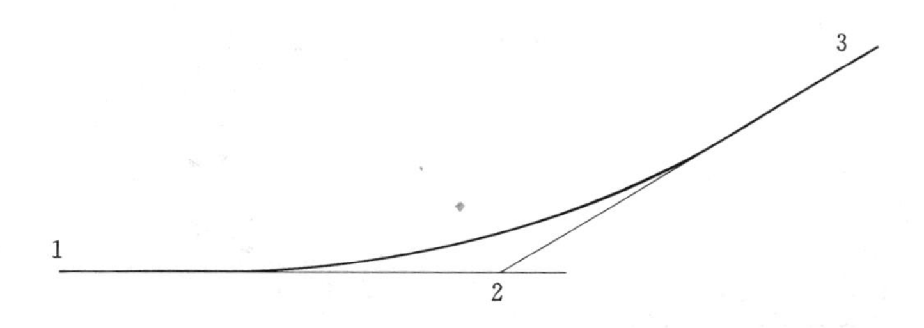

图 7.9 绘制 ZH、HZ、QZ、HY 和 YH 点的平曲线

(3）绘制五个特征点的位置线并标注各点文字、标注曲线要素。此部分留给读者自己完成，结果应如图 7.7 所示。

3. 卵形曲线的绘制

绘制卵形曲线时，利用平曲线上各点的坐标，用多段线命令绘制连续折线，然后用“PEDIT”命令的“S”选项进行修改即可。

4. 里程桩的标注和图形的文字注解

(1）图形的文字注解此处略。

(2）里程桩的标注。里程桩的标注包括里程标注线和里程的文字注解及公里桩符号的绘制。

【例 7.3】 进行图 7.10 所示桩号的标注。

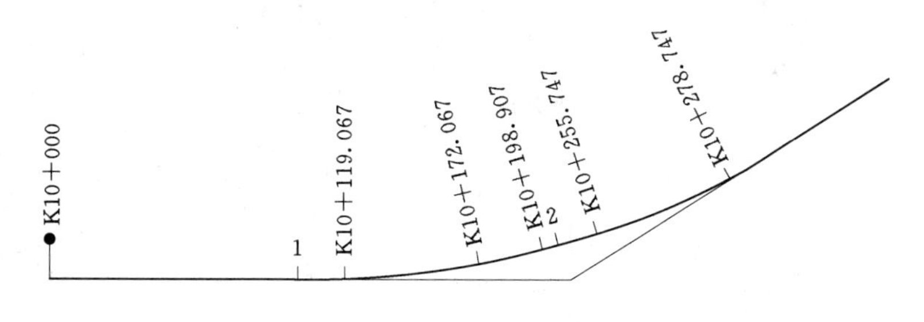

图 7.10 桩号的标注

操作步骤如下：

(1）绘制需要标注里程的中线的法线时，先以图 7.11 为基础，利用偏移命令作绘制法线的辅助线，命令及说明如下：

命令：OFFSET↙（启动偏移命令）

指定偏移距离或［通过（T)］〈10.000〉：5↙（偏移的距离为 5）

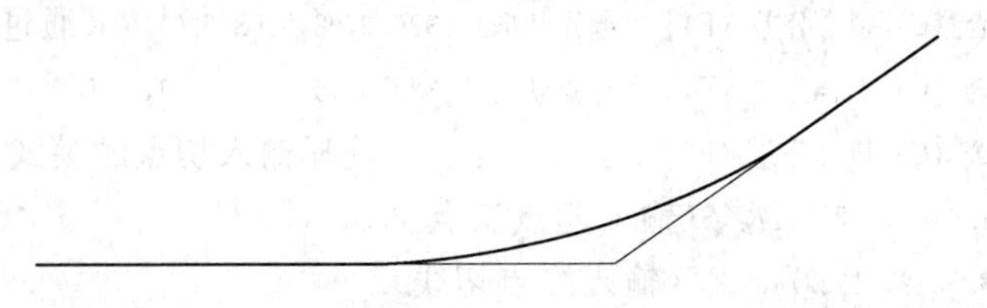

图 7.11 标注前的平面图

完成后的图如图 7.12 所示。

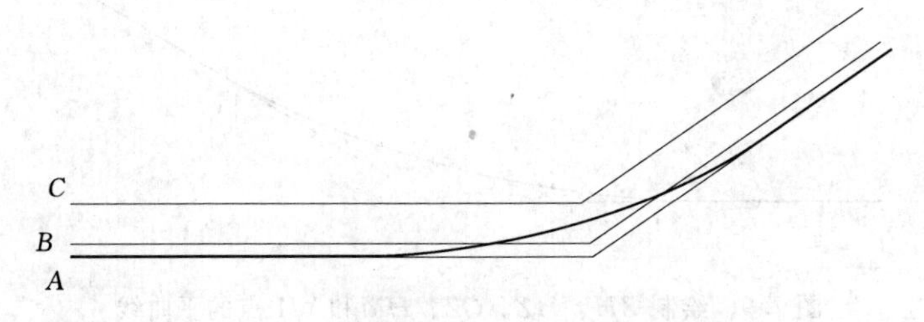

图 7.12 利用偏移命令作绘制发现的辅助线

选择要偏移的对象或〈退出〉:（单击路线导线 A）

指定点以确定偏移所在一侧:（单击在 A 上方任意一点）

选择要偏移的对象或〈退出〉:↙（结束，得到 B）

命令：OFFSET↙（启动偏移命令）

指定偏移距离或［通过（T）］〈5.0000〉：15↙（偏移的距离为 15）

选择要偏移的对象或〈退出〉:（单击路线导线 A）

指定点以确定偏移所在一侧:（单击 A 上方任意一点）

选择要偏移的对象或〈退出〉:↙（结束，得到 C）

（2）绘制直线路段的公里桩、百米桩的标注线（如图 7.13 左端的路线法线和百米桩的法线），命令及说明如下：

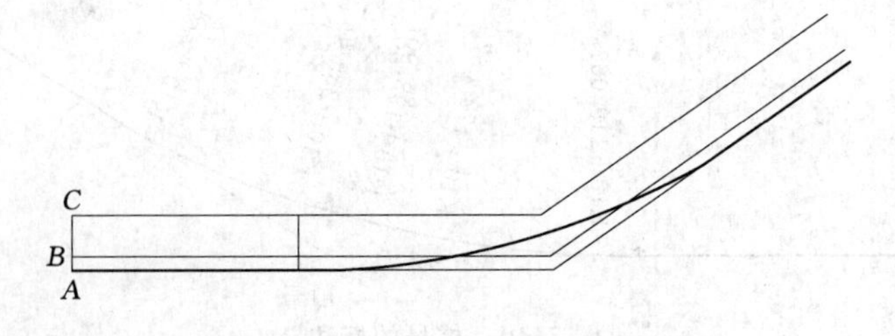

图 7.13 绘制法线后剪切前的情况

命令：PLINE↙

指定起点：END↙（单击中线 A 左端的 K10+000 点）

当前线宽为 0.0000

指定下一个点或［圆弧（A）/半宽（H）/长度（L）/放弃（U）/宽度（W）］:〈对象捕捉 开〉（单击 C 的左端点）

指定下一个点或［圆弧（A）/半宽（H）/长度（L）/放弃（U）/宽度（W）]：↙（结束第一根法线绘制）

命令：OFFSET↙

指定偏移距离或［通过（T）］〈15.0000〉：100↙（平行移动100个单位）

选择要偏移的对象或〈退出〉：（单击刚绘出的法线）

指定点以确定偏移所在一侧：（单击法线右侧一点）

选择要偏移的对象或〈退出〉：↙（结束，得到右侧法线，结果见图7.14）

利用B为边界，剪切后一根法线。

命令：TRIM↙（输入裁剪命令）

当前设置：（投影＝UCS，边＝无）（单击B）

选择对象：找到1个（显示选中1个实体）

选择对象：↙

选择要剪切的对象/项目（P）/边（E）/放弃（U）：（单击右侧法线上端超出B的部分）

选择要剪切的对象/项目（P）/边（E）/放弃（u）：↙（结束，结果如图7.14所示）

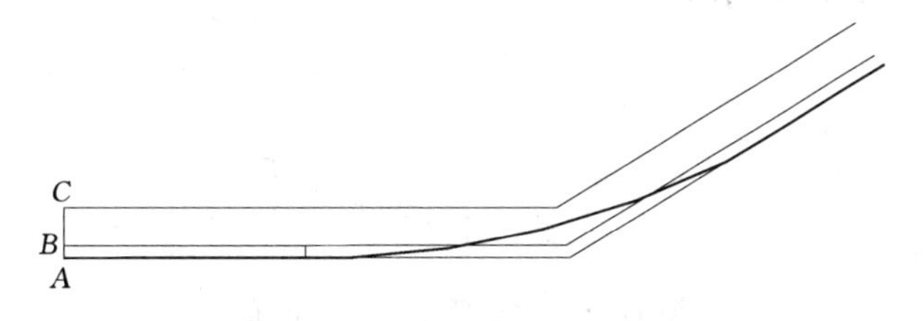

图7.14 法线被接剪切后的情况

利用删除命令删除B、C，得到图7.15。

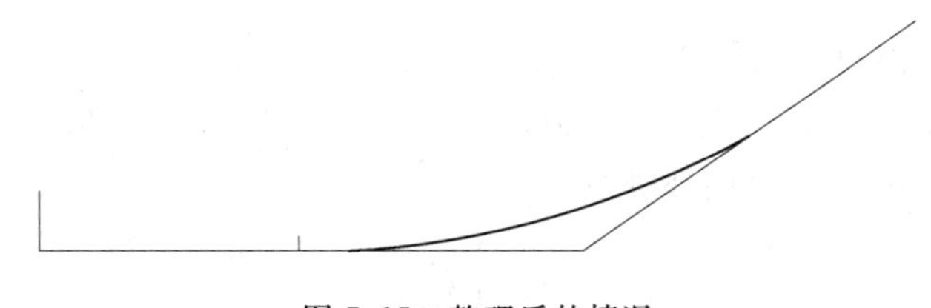

图7.15 整理后的情况

（3）绘制曲线路段的主点法线。ZH点处的法线长度为五个单位，先利用平曲线和偏移命令作法线的辅助线，命令及说明如下：

命令：OFFSET↙

指定偏移距离或［通过（T）］〈100.0000〉：5↙

选择要偏移的对象或〈退出〉：（单击平曲线）

指定点以确定偏移所在一侧：（单击弯道内侧）

选择要偏移的对象或〈退出〉：↙（结束）

绘制$ZI—I$处的法线。

命令：PLINE↙

指定起点：END↙

于（单击平曲线的 ZH 点）

当前线宽为 0.0000

指定下一个点或［圆弧（A）/半宽（H）/长度（L）/放弃（U）/宽度（W）］：〈对象捕捉　开〉（单击辅助线左端点）

指定下一个点或［圆弧（A）/半宽（H）/长度（L）/放弃（U）/宽度（W）］：↙（结束，结果见图 7.16）

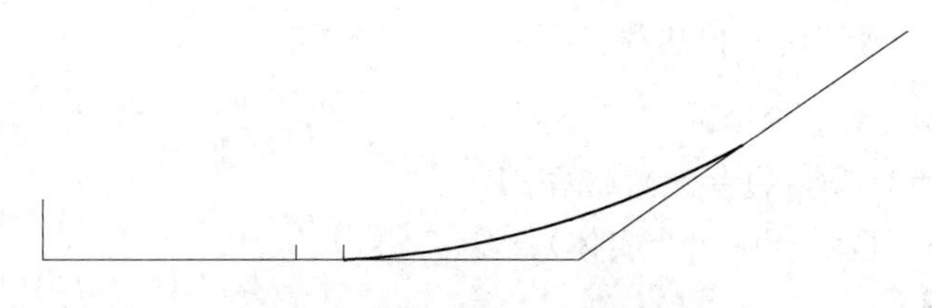

图 7.16　绘制 ZH 点的法线

利用类似的方法绘制其他主点的法线，法线起点可以采用直接输入对应主点的中线坐标的方法确定。最后去掉辅助线后得到图 7.17。

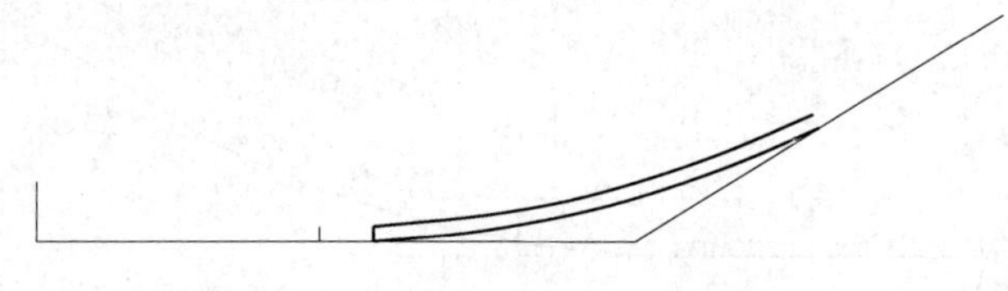

图 7.17　绘制完法线后的情况

（4）标注公里桩和百米桩。

1）绘制公里桩符号，命令及说明如下：

命令：DONUT↙（启动圆环命令）

指定圆环的内径〈0.5000〉：0↙（圆环内径为 0）

指定圆环的外径〈1.0000〉：5↙（圆环外径为 5）

指定圆环的中心点或〈退出〉：END↙

于（单击最左端法线的上端点作为圆环圆心位置）

指定圆环的中心点或〈退出〉：↙（结束后得到图 7.18 所示的公里桩的完整符号）

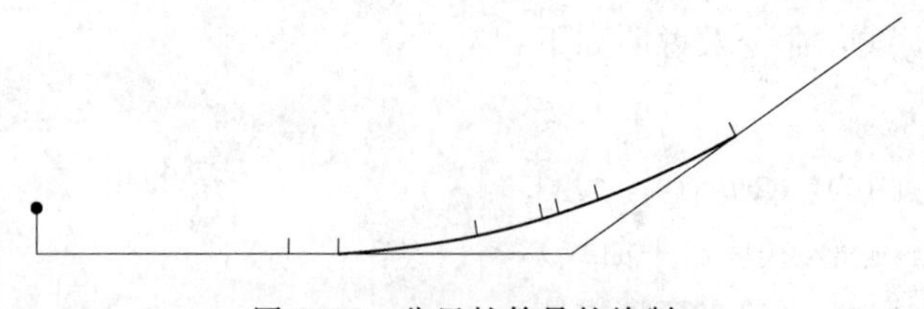

图 7.18　公里桩符号的绘制

2）公里桩的里程标注，命令及说明如下：

绘制完成后的图形如图 7.19 所示。

命令：TEXT↙

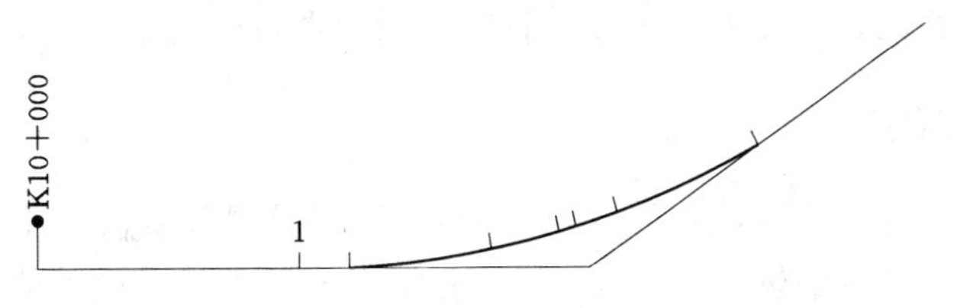

图 7.19 绘制公里桩和百米桩后的平曲线

当前文字样式：Standard 当前文字高度：2.5000

指定文字的起点或［对正（J)/样式（S)]：

（在恰当位置单击）

指定高度〈2.5000〉：10↙

指定文字的旋转角度〈0〉：90↙（输入角度，此处选择 900）

输入文字：K10+000↙

输入文字：↙

3）百米桩的里程标注命令及说明如下。

命令：TEXT↙

当前文字样式：Standard 当前文字高度：10

指定文字的起点或［对正（J）↙样式（S)]：（在恰当位置单击）

指定高度〈10.000〉：↙

指定文字的旋转角度〈90〉：0↙（输入角度，此处选择 0°）

输入文字：1↙

输入文字：↙（结束，结果如图 7.20 所示）

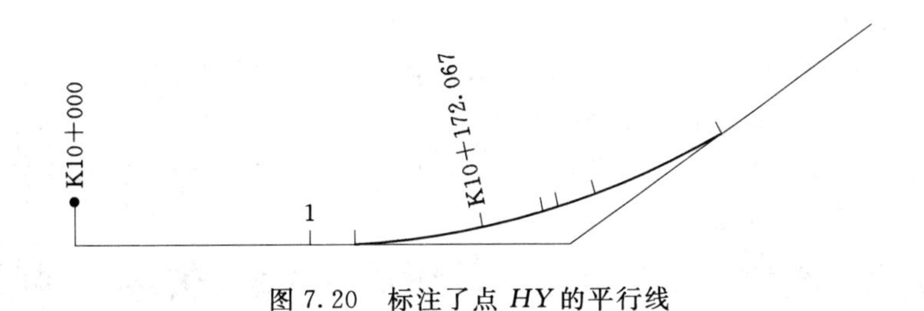

图 7.20 标注了点 *HY* 的平行线

（5）曲线主点桩的里程标注。下面介绍点 *HY* 标注桩号的具体操作，命令及说明如下：

命令：TEXT↙

当前文字样式：Standard 当前文字高度：10

指定文字的起点或［对正（J）↙样式（S)]：（单击恰当的位置）

指定高度〈10.000〉：↙

指定文字的旋转角度〈90〉：（单击恰当的角度，文字方向将与起点与此点连线方向一致）

输入文字：K10+119.067↙

输入文字：↙（结束，结果如图 7.20 所示）

绘制完成后的图形如图 7.20 所示。

因为操作过程相同，下面的操作过程省略，请读者自行完成。

7.2.2　地形图的绘制

利用DTM绘制的地形图可以在AutoCAD中进行编辑和修改。手工勾绘的地形图通过扫描仪扫描成图像后，能够在AutoCAD中作为背景图查看，但不能直接修改，扫描图像如果想在修改后再输出，必须借助图形矢量化工具，或利用在AutoCAD中描图的方法来完成。

1. AutoCAD图形的矢量化软件

所谓图形的矢量化，就是把原来的在AutoCAD中不能被编辑的图像变化成可以随意修改的线条图的过程。常用的矢量化软件有R2V、Scan2CAD等。

(1) R2V。R2V是一种高级光栅（扫描）图矢量化软件系统，该软件系统将强有力的智能化数字技术与方便易用的菜单驱动图形用户界面有机地结合到Windows环境中，为用户提供了全面的从自动化光栅图像到矢量图形的转换工具。它可以处理多种光栅图像，是一个可以用光栅图像为背景的矢量编辑工具。由于该软件具有良好的适应性和高精度，因此非常适合于在GIS、地形图、CAD及科学计算等方面应用。使用R2V，可以自动地矢量化地图及其他图样，自动快速地完成航片或卫片的数字化及地理解析工作，用最新的航测照片或其他图像更新现存的矢量数据集。

(2) Scan2CAD。Scan2CAD是一个功能强大的能将位图转化为矢量图的工具。它具有强大的图形编辑功能，支持OCR文字识别。另外它还可以将不同类型对象自动放到不同的层上。

关于这两款软件的详细操作方法，请参考这两款软件的帮助文件。

2. 光栅图形的应用

如果要在AutoCAD中引入光栅图形，可选择下面两种操作方法之一。

(1) 菜单选择法。其具体执行步骤如下：

1) 选择下拉式菜单的“插入(I)”→“光栅图像(I)”选项，则会出现“选择参照文件”对话框，如图7.21所示。

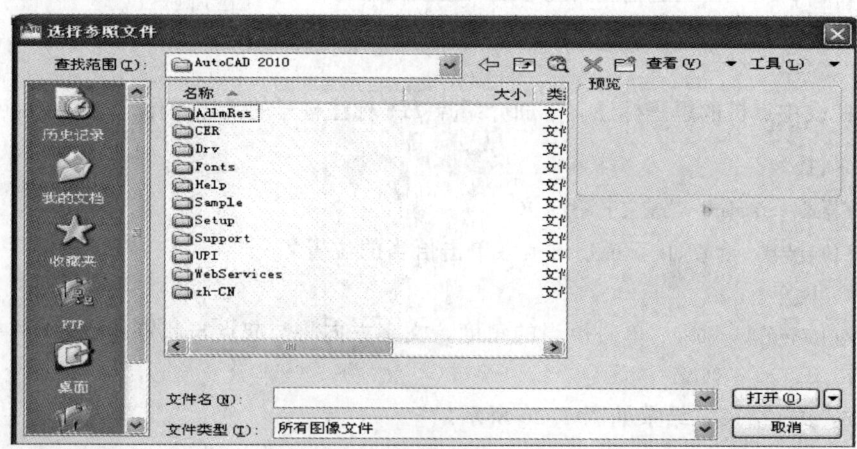

图7.21　“选择参照文件”对话框

2）在图 7.21 所示的对话框中，选择要插入的文件，并单击“打开”按钮，则会出现图 7.22 所示的“附着图像”对话框，选择适当的位置，插入图像，单击“确定”按钮即可将相应的光栅图形引入到 AutoCAD 中。

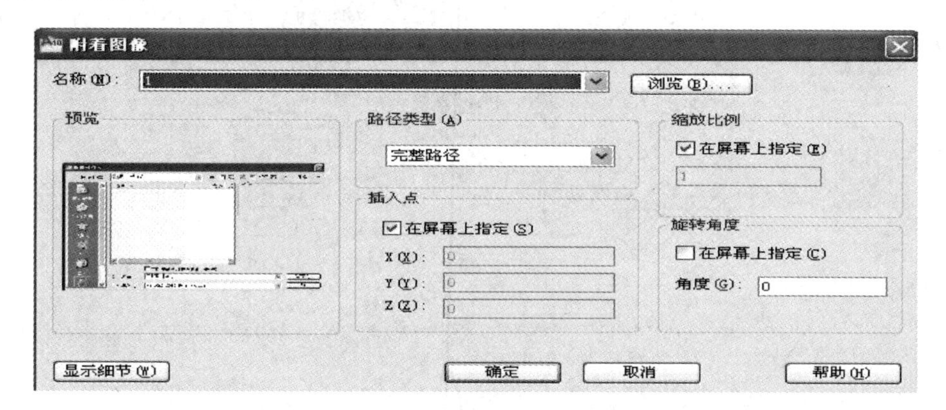

图 7.22　“附着图像”对话框

（2）命令法。如果采用输入命令的方式，则输入“IMAGE”命令并按〈Enter〉键，则显示如图 7.23 所示的“图像管理器”对话框，按“附着（A)”按钮，选择需插入的文件，单击“确定”按钮即可。

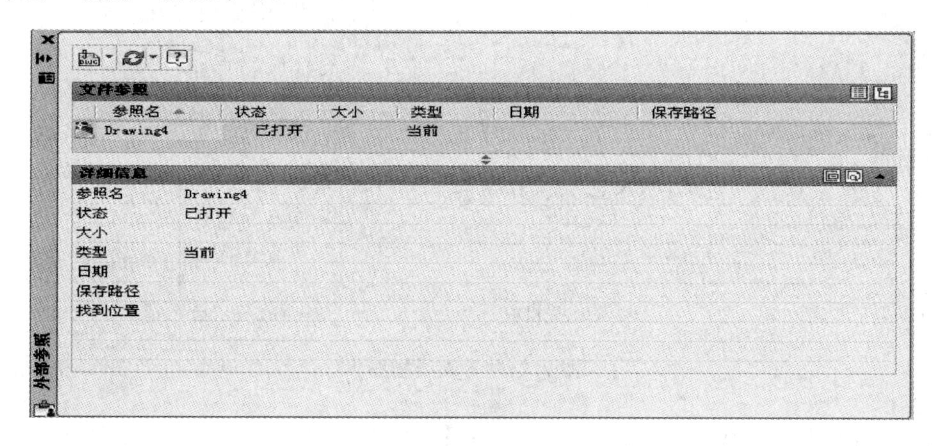

图 7.23　“图像管理器”对话框

命令：IMAGE↙

指定插入点〈0，0〉：↙［插入点为（0，0）点］

基本图像大小：宽：1.0，高：0.75，Millimeters（显示信息）

指定缩放比例因子或［单位（U)］〈1〉：↙（图像插入比例为 1∶1)

光栅图形插入 AutoCAD 后，其经局部放大后的图形如图 7.24（a）所示。

在图 7.24（a）的基础上，采用描图的方法，用多段线的折线描取所关心的图形，对于需要光滑的部分采用多段线编辑命令编辑。图 7.24（b）显示了光滑前的线条图，图 7.24（c）显示了光滑后的图形。此办法对于那些比较复杂的立体图形也是一种行之有效的描图办法。

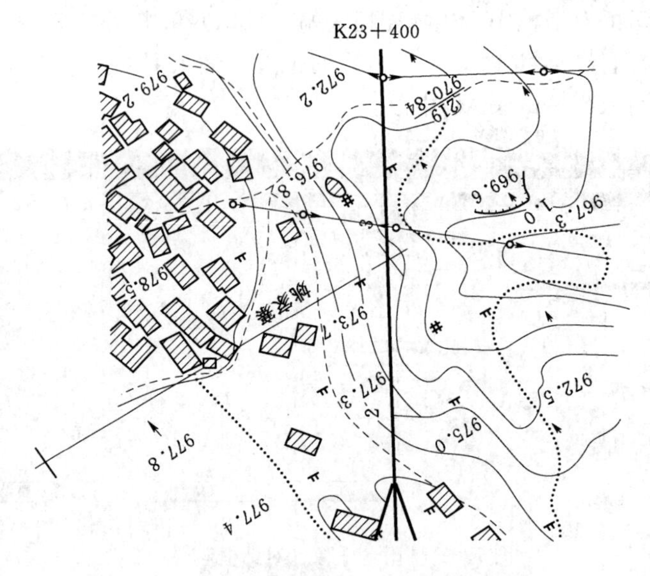

(a) 光栅图像（*.tif 或 *.jpg 格式）

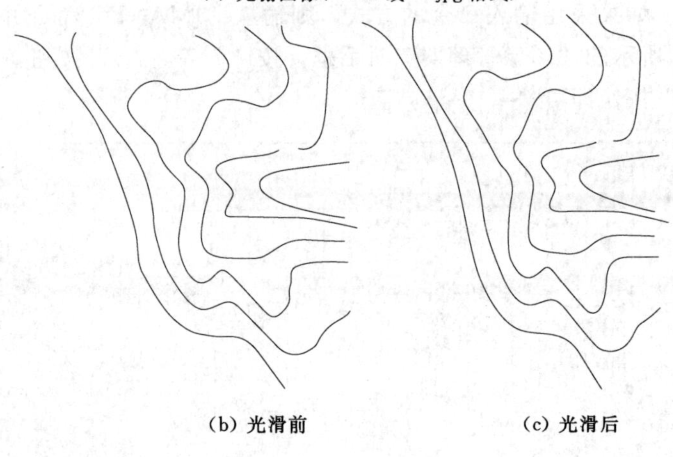

(b) 光滑前　　　　(c) 光滑后

图 7.24　等高线描图

7.2.3　路线纵断面图的绘制

1. 绘制步骤

路线纵断面图如图 7.25 所示，绘制步骤如下：

(1) 绘制图框、底部标题栏、右上角角标。

(2) 绘制纵断面图标题栏。

(3) 逐项填写纵断面图标题栏的内容。

(4) 绘制标尺，并填写绘图比例。

(5) 绘制纵断地面线。

(6) 绘制纵断面设计线。

(7) 绘制竖曲线及其标注。

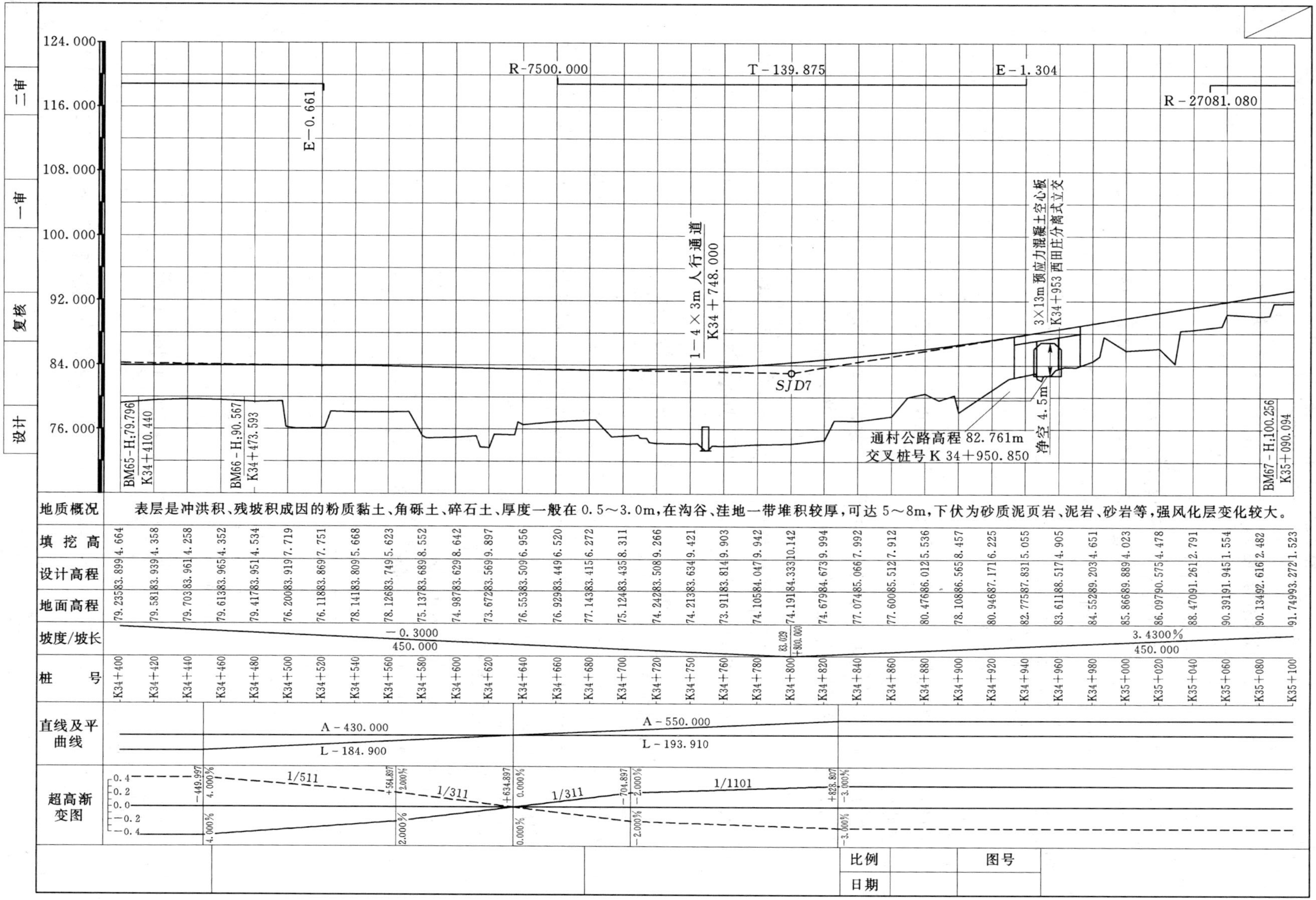

设计　复核　一审　二审

124.000　116.000　108.000　100.000　92.000　84.000　76.000

R-7500.000　T-139.875　E-1.304　E-0.661　R-27081.080

BM65-H:79.796 K34+410.440

BM66-H:90.567 K34+473.593

BM67-H:100.256 K35+090.094

1-4×3m 人行通道 K34+748.000

3×13m 预应力混凝土空心板 K34+953 西田庄分离式立交

SJD7

净空 4.5m

通村公路高程 82.761m 交叉桩号 K 34+950.850

地质概况：表层是冲洪积、残坡积成因的粉质黏土、角砾土、碎石土、厚度一般在 0.5～3.0m，在沟谷、洼地一带堆积较厚，可达 5～8m，下伏为砂质泥页岩、泥岩、砂岩等，强风化层变化较大。

桩号	地面高程	设计高程	填挖高
K34+400	79.235	83.899	4.664
K34+420	79.581	83.939	4.358
K34+440	79.703	83.961	4.258
K34+460	79.613	83.965	4.352
K34+480	79.417	83.951	4.534
K34+500	76.200	83.919	7.719
K34+520	76.118	83.869	7.751
K34+540	78.141	83.809	5.668
K34+560	78.126	83.749	5.623
K34+580	75.137	83.689	8.552
K34+600	74.987	83.629	8.642
K34+620	73.672	83.569	9.897
K34+640	76.553	83.509	6.956
K34+660	76.929	83.449	6.520
K34+680	77.143	83.415	6.272
K34+700	75.124	83.435	8.311
K34+720	74.242	83.508	9.266
K34+750	74.213	83.634	9.421
K34+760	73.911	83.814	9.903
K34+780	74.105	84.047	9.942
K34+800	74.191	84.333	10.142
K34+820	74.679	84.673	9.994
K34+840	77.074	85.066	7.992
K34+860	77.600	85.512	7.912
K34+880	80.476	86.012	5.536
K34+900	78.108	86.565	8.457
K34+920	80.946	87.171	6.225
K34+940	82.775	87.831	5.055
K34+960	83.611	88.517	4.905
K34+980	84.552	89.203	4.651
K35+000	85.866	89.889	4.023
K35+020	86.097	90.575	4.478
K35+040	88.470	91.261	2.791
K35+060	90.391	91.945	1.554
K35+080	90.134	92.616	2.482
K35+100	91.749	93.272	1.523

坡度/坡长：-0.3000 / 450.000；变坡点 +800.000，83.029；3.4300% / 450.000

直线及平曲线：A-430.000　L-184.900；A-550.000　L-193.910

超高渐变图：0.4　0.2　0.0　-0.2　-0.4；-449.997　4.000%　4.000%；1/511；+564.897　2.000%　2.000%；1/311；+634.897　0.000%　0.000%；1/311；-704.897　-2.000%　-2.000%；1/1101；+828.807　-3.000%　-3.000%

比例　图号　日期

图 7.25　路线纵断面图

(8) 标注水准点、桥涵构造物等。

2. 绘图要点

绘制路线纵断面图的要点如下：

(1) 绘图时设计好比例尺（一般里程方向 1∶2000，高程方向 1∶200）。

(2) 绘制纵断面图标题栏时，要注意各栏高度应以填写项所占尺寸为准。

(3) 逐项填写纵断面图标题栏的内容时，一般先填写一行内容，可采用阵列方法或平行拷贝方法复制该行到其他行，再采用“DDEDIT”命令逐个修改数值，这样不但文字格式统一，而且便于对齐控制。

(4) 标尺采用多段线绘制（宽度为一个单位），先绘制两节，然后用阵列方法制作其他部分。

(5) 以相对坐标方式，采用多段线绘制（宽度为0个单位）纵断地面线，要注意标尺的起始刻度和比例变换。

(6) 纵断面设计线可以参照地面线的方法绘制，线宽采用0.5个单位。

(7) 竖曲线绘制采用三点园弧绘制，三点依次是竖曲线起点、变坡点位置设计标高处、竖曲线终点。

(8) 标注水准点、桥涵构造物时要注意其与桩号的对应，标注圆管涵、箱涵、盖板涵时，最好先绘制好标准符号并定义为图块，利用图块插入命令绘制，以提高绘制效率。

7.3 路基路面工程图

在道路工程设计图中，需绘制各种不同的路基路面工程图。下面将采用不同的绘图命令和绘图方法来绘制路基横断面图、路基干密度和最佳含水量曲线图、沥青路面结构图、水泥混凝土路面施工缝图。

7.3.1 路基工程图的绘制

1. 绘制道路路基横断面图

【例 7.4】 绘制如图 7.26 所示的填方路基横断面图。

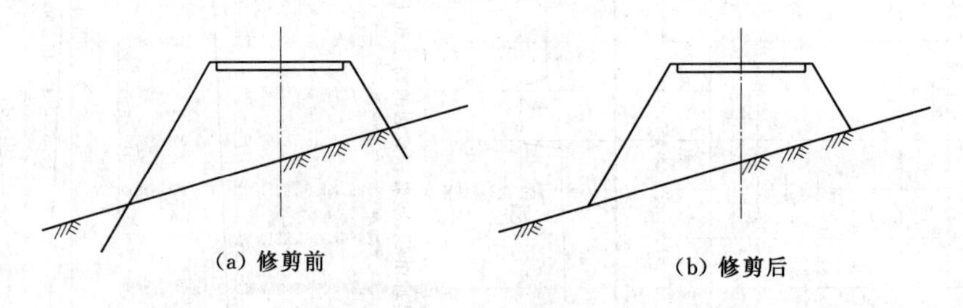

(a) 修剪前　　(b) 修剪后

图 7.26 填方路基横断面例图

操作步骤如下：

(1) 确定公路中桩的位置，用多段线命令绘制横断面中心轴线（线条特性选择为点划线）。

（2）选用多段线命令绘制地面线及地面线表示符号。

（3）根据路基的填挖高度值和路基的左右宽度值绘制路基横断面帽子。

提示： 为便于实现路基边坡线与地面线的准确连接，绘制横断设计图时，先把边坡线画长［图 7.26（a）］，然后用地面线修剪边界［图 7.26（b）］的方法完成。

2. 五点法绘制干密度和含水量关系曲线图

五点法确定最大干密度和最佳含水量时，先用“PLINE”命令绘制五点的折线，然后再用曲线拟合命令进行曲线拟合，即可绘制出干密度和含水量最佳关系图，如图 7.27 所示。

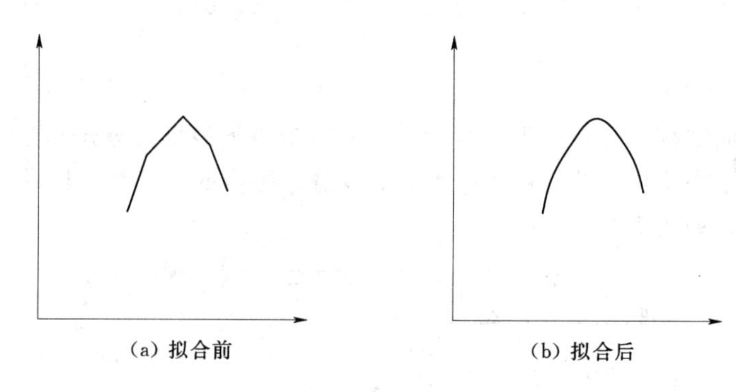

图 7.27 五点法绘曲线图

【例 7.5】 绘制如图 7.27 所示的路基干密度和最佳含水量曲线图。

操作步骤如下：

（1）绘制通过五点的一条多段线，如图 7.27（a）所示，命令及说明如下：

命令：PLINE↙

指定起点：183.43，152.77↙

当前线宽为 0.600

指定下一点或［闭合（C）/合并（J）/宽度（W）/编辑顶点（E）/拟合（F）/样条曲线（S）/非曲线化（D）/线型生成（L）/放弃（U）］：197.61，179.74↙

指定下一点或［闭合（C）/合并（J）/宽度（W）/编辑顶点（E）/拟合（F）/样条曲线（S）/非曲线化（D）/线型生成（L）/放弃（U）］：215.88，194.46↙

指定下一点或［闭合（C）/合并（J）/宽度（W）/编辑顶点（E）/拟合（F）/样条曲线（S）/非曲线化（D）/线型生成（L）/放弃（U）］：230.88，185.19↙

指定下一点或［闭合（C）/合并（J）/宽度（W）/编辑顶点（E）/拟合（F）/样条曲线（S）/非曲线化（D）/线型生成（L）/放弃（U）］：244.78，161.49↙

指定下一点或［闭合（C）/合并（J）/宽度（W）/编辑顶点（E）/拟合（F）/样条曲线（S）/非曲线化（D）/线型生成（L）/放弃（U）］：↙

（2）将步骤（1）所绘的多段线用曲线与“PEDIT”命令进行拟合。

命令：PEDIT↙

选择多段线或［多条（M）］：［单击步骤（1）所绘的多段线］

输入选项：

[闭合 (C)/合并 (J)/宽度 (W)/编辑顶点 (E)/拟合 (F)/样条曲线 (S)/非曲线化 (D)/线型生成 (L)/放弃 (u)]：F↙

输入选项：

[闭合 (C)/合并 (J)/宽度 (W)/编辑顶点 (E)/拟合 (F)/样条曲线 (S)/非曲线化 (D)/线型生成 (L)/放弃 (U)]：↙

7.3.2　路面结构图的绘制

公路设计所用的路面主要有两类，一类是沥青类路面，另一类则是水泥混凝土路面。下面以沥青路面结构图和水泥混凝土路面施工缝构造图为例说明公路路面结构图的绘制方法与过程。

1. 沥青路面结构图

绘制沥青路面结构图时，可先用多段线命令绘制四条路面结构分层界线，再用矩形命令按结构层绘三个小矩形，然后用图案填充命令选择适当的填充图，最后用单行文字标注完成文字的标注，如图7.28所示。

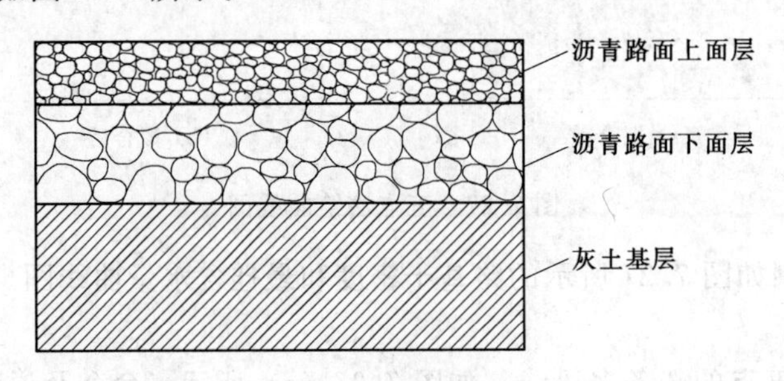

图7.28　沥青路面结构示意图

【例7.6】　绘制图7.28所示的沥青路面结构图。

操作步骤如下：

(1) 用多段线命令绘制沥青路面结构层的分界线，命令及说明如下：

命令：PLINE↙

指定起点：（在绘图区任点一点）

当前线宽为0.4000（选择合适的线宽）

指定下一个点或 [圆弧 (A)/半宽 (H)/长度 (L)/放弃 (U)/宽度 (W)]：@50，0↙（与前点的相对坐标）

指定下一点或 [圆弧 (A)/闭合 (C)/半宽 (H)/长度 (L)/放弃 (U)/宽度 (W)]：↙（结束命令）

采用“OFFSET”命令三次完成另外三个分界线（相互间隔分别为8、12、20）的绘制。

(2) 用“RECTANG”命令绘制矩形边界线，用以填充图案，命令及说明如下：

命令：RECTANG↙

指定第一个角点或 [倒角 (C)/标高 (E)/圆角 (F)/厚度 (T)/宽度 (W)]：〈对象捕捉　开〉（采用对象捕

捉功能，选择所绘矩形的一个端点——第一条多段线的左端点）

指定另一个角点或［尺寸（D）］：（采用对象捕捉功能，选择所绘矩形的另一个端点——第二条多段线的右端点）

重复“RECTANG”命令两次（依次选取不同的端点）完成另外两个矩形图的绘制，如图7.28所示。

（3）选择合适的填充图案，用填充命令进行图案填充。单击图案填充命令，启动图7.29所示的“边界图案填充”对话框，选择合适的填充图案、角度和比例，点取“添加：拾取点”按钮，或点取“添加：选择对象”按钮，选择需要填充的对象后点取“确定”按钮，完成图案的填充，命令及说明如下：

命令：_bhatch

选择内部点：（点取最上边的矩形内部一点）

正在选择所有对象…

正在选择所有可见对象…

正在分析所选数据…

正在分析内部孤岛…

选择内部点：↙（得到图7.28最上部的填充图案）

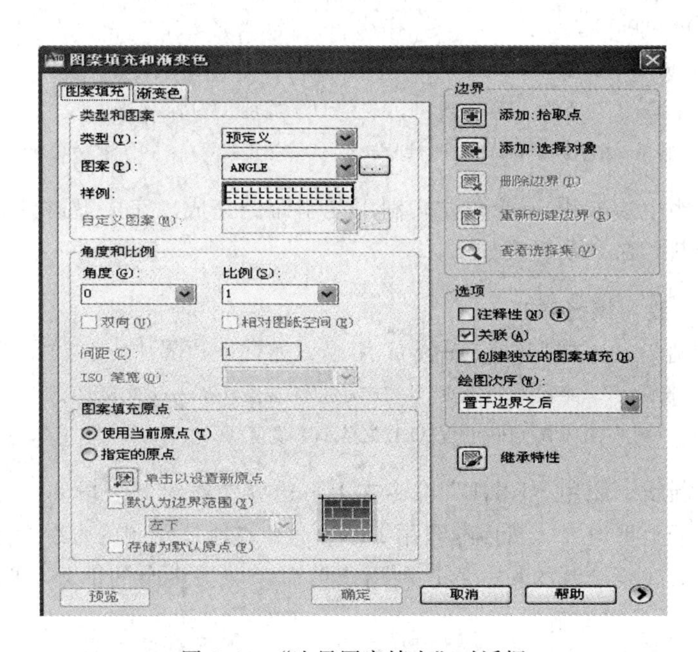

图7.29　“边界图案填充”对话框

将“BHATCH”命令重复两次（在更换填充图案的基础上，依次选择第二个、第三个矩形），即可完成路面结构图的填充。

（4）完成文字标注并绘制引出线。文字的标注可以采用单行文字命令分三次完成标注和绘制引出线；也可以只标注一行文字和绘制一个引出线后，利用复制的方法复制文字和引出线两次至合适位置，再修改文字内容以提高绘图速度。

2. 水泥混凝土路面横向施工缝构造图

【例 7.7】 绘制图 7.30 所示的水泥混凝土路面横向施工缝构造图。

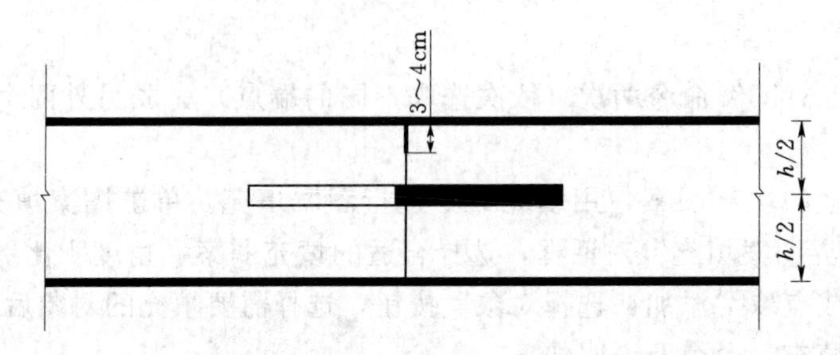

图 7.30 水泥混凝土路面横向施工缝构造图

操作步骤如下：

(1) 用多段线命令绘制水泥混凝土路面的上下界线及填缝料，命令及说明如下：

命令：PLINE↙（绘制上边界线）

指定起点：（单击绘图区左上角任意一点）

当前线宽为 0.0000

指定下一个点或 [圆弧 (A)/半宽 (H)/长度 (L)/放弃 (U)/宽度 (W)]：W↙

指定起点宽度〈0.0000〉：0.6↙

指定端点宽度〈0.6000〉：↙

指定下一个点或 [圆弧 (A)/半宽 (H)/长度 (L)/放弃 (U)/宽度 (W)]：@180，0↙

指定下一个点或 [圆弧 (A)/半宽 (H)/长度 (L)/放弃 (U)/宽度 (W)]：↙

下边界线（距上边界线 60 个单位）利用复制命令完成。完成下边界线后可再用多段线命令绘制填缝料，命令及说明如下：

命令：PLINE↙（绘制填缝料）

指定起点：〈对象捕捉 开〉（打开捕捉命令，用鼠标捕捉上边界中点，线宽改为三个单位）

指定下一个点或 [圆弧 (A)/半宽 (H)/长度 (L)/放弃 (U)/宽度 (W)]：@0，－10↙

指定下一个点或 [圆弧 (A)/半宽 (H)/长度 (L)/放弃 (u)/宽度 (w)]：↙

(2) 绘制折断线。先用“LINE”命令在上下边界左端绘制一段 80 个单位长的直线，长出部分要对称于上下边界。然后继续用 LINE 命令在刚才绘制的直线中点处绘制大小恰当的锯齿线，锯齿线要绘制的长一些，利用修剪命令剪去多余的部分，即可得到图 7.30 左侧折断线。

利用“镜像”命令，以路面上下边界线中点为对称轴完成右侧折断线的绘制。

(3) 绘制横向施工缝部位设置的钢筋及涂沥青部位。用“LINE”命令绘制施工缝（直线端点为路面上下边界线的中点）；然后用矩形命令以施工缝中点为中心绘制长度为 100 个单位、高度为 10 个单位的矩形；最后以刚绘制的矩形左侧边线中点为起点，利用“PLINE”命令绘制线宽为 10 个单位、长为 50 个单位的线段。

(4) 用标注尺寸命令标注图中所示的尺寸。

7.4 路线平面交叉图

在道路设计中，常常需要进行路线平面交叉设计。在一般情况下，公路平面交叉设计相对比较简单，但是高等级公路的平面交叉设计还是比较复杂的。为便于学生能够快速掌握路线平面交叉图的绘制方法，本节先易后难地列举了三个实例，来说明路线平面交叉图的绘制原理与方法。

路线平面交叉图的绘制，一般是先根据图幅的大小，确定合适的图形比例，并将图形布置在适当的平面位置上，然后根据设计图形的要求，确定平面交叉的主骨架，再进行细节的绘制，以使设计图样能满足公路施工的要求。

7.4.1 加宽式十字交叉路线平面图的绘制

【例 7.8】 绘制如图 7.31 所示的加宽式十字交叉路线平面图。

提示： 首先选择合适的线型绘制路线交叉的十字中心线（点划线），后根据实际数据绘制路线交叉口的外侧边线（粗实线），再选择合适的曲线半径值圆滑连接相邻的直线，最后用修剪命令剪去多余的线条完成图形的绘制。

操作步骤如下：

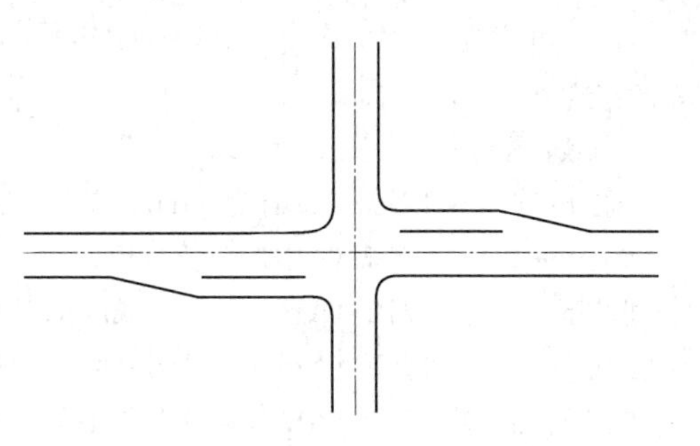

图 7.31 加宽式十字交叉路线平面图

（1）根据实际数据先用点划线绘制路中线十字路口平面图。启动“格式”中的“线型管理器”对话框如图 7.32 所示，点取“加载(L)”按钮后，选择“可用线型”选项卡下的“ACAD _ IS004W100”线型，单击“确定”按钮返回“线型管理器”对话框，在此对话框中选择该线型后再单击“确定”按钮，这样就可以在 AutoCAD 2010 的工具栏中选取“ACAD _ IS004W100”线型用点划线进行绘图了。

选用点划线为当前线型，用“LINE”命令绘制十字路口中线，水平长度为 110 个单位，竖直长度为 65 个单位；十字路口中心坐标为（1000，400）。

（2）用多段线命令绘制交叉路口的粗边线。

1）绘制左上角边线，命令如下：

```
命令：PLINE↙
指定起点：946.1857，404.091↙
当前线宽为 0.0000
指定下一个点或 [圆弧 (A)/半宽 (H)/长度 (L)/放弃 (U)/宽度 (W)]：W↙
指定起点宽度〈0.0000〉：0.6↙
指定端点宽度〈0.6000〉：↙
指定下一个点或 [圆弧 (A)/半宽 (H)/长度 (L)/放弃 (U)/宽度 (W)]：996.0435，404.0914↙
```

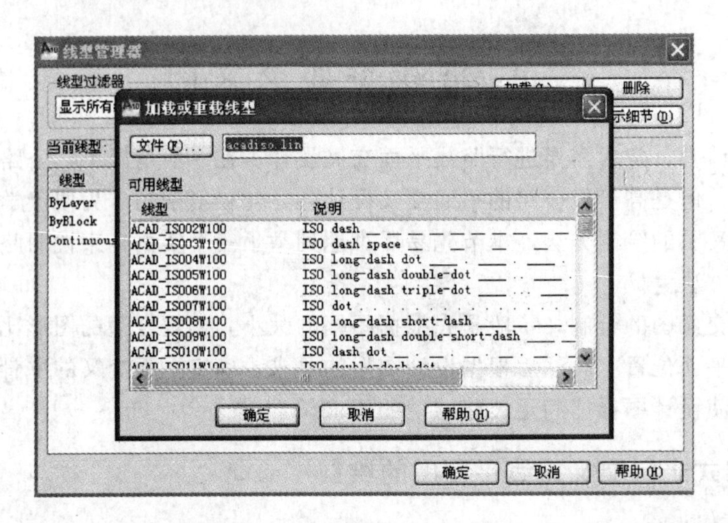

图7.32 “线型管理器”对话框和其“加载或重载线型”子对话框

指定下一个点或［圆弧（A)/半宽（H)/长度（L)/放弃（U)/宽度（W)］：996.0435，427.3970↙

指定下一个点或［圆弧（A)/半宽（H)/长度（L)/放弃（U)/宽度（W)］：↙

2）绘制左下角边线，命令如下：

命令：PLINE↙

指定起点：946.185.396.3229↙

当前线宽为0.6

指定下一个点或［圆弧（A)/半宽（H)/长度（L)/放弃（U)/宽度（W)］：958.6558，396.3229↙

指定下一个点或［圆弧（A)/半宽（H)/长度（L)/放弃（U)/宽度（W)］：974.4841，392.6671↙

指定下一个点或［圆弧（A)/半宽（H)/长度（L)/放弃（U)/宽度（W)］：996.0435，392.6671↙

指定下一个点或［圆弧（A)/半宽（H)/长度（L)/放弃（U)/宽度（W)］：996.0435，364.1826↙

指定下一个点或［圆弧（A)/半宽（H)/长度（L)/放弃（U)/宽度（W)］：↙

3）绘制右上角边线。

命令：PLINE↙

指定起点：1003.8185，427.3970↙

当前线宽为0.6

指定下一个点或［圆弧（A)/半宽（H)/长度（L)/放弃（U)/宽度（W)］：1003.8185，407.4426↙

指定下一个点或［圆弧（A)/半宽（H)/长度（L)/放弃（U)/宽度（W)］：1027.1278，407.4426↙

指定下一个点或［圆弧（A)/半宽（H)/长度（L)/放弃（U)/宽度（W)］：1042.6395，404.0914↙

指定下一个点或［圆弧（A)/半宽（H)/长度（L)/放弃（U)/宽度（W)］：1057.3284，404.0914↙

指定下一个点或［圆弧（A)/半宽（H)/长度（L)/放弃（u)/宽度（W)］：↙

4）绘制右下角边线，命令如下：

命令：PLINE↙

指定起点：1003.8185 364.1826↙

当前线宽为0.6

指定下一个点或［圆弧（A)/半宽（H)/长度（L)/放弃（U)/宽度（W)］：1003.8185，396.3229↙
指定下一个点或［圆弧（A)/半宽（H)/长度（L)/放弃（U)/宽度（W)］：1057.3284，396.3229↙
指定下一个点或［圆弧（A)/半宽（H)/长度（L)/放弃（U)/宽度（W)］：↙

（3）整理图形。利用“FILLET”命令，采用2.82个单位修整出四个圆角；利用“PLINE”命令绘制两个端点分别为（974.0117，396.0345）和（992.1934，396.0345）的直线；利用“PLINE”命令绘制两个端点分别为（1008.4613，403.9568）和（1026.6430，403.9568）的直线。

完成上述步骤后得到图7.31。熟练的掌握了基本操作后可以参照前述坐标对应的尺寸来绘制图7.31。

7.4.2 环形十字交叉路线平面图的绘制

【例7.9】 绘制如图7.33所示的加宽式十字交叉路线平面图。

提示： 首先选择合适的线性绘制路线交叉的十字中心线（点划线），然后根据实际数据绘制路线交叉口的外侧边线（粗实线），再用修剪命令取多余的线条，最后选择合适的曲线半径值圆滑连接相邻的直线完成的图形的绘制。

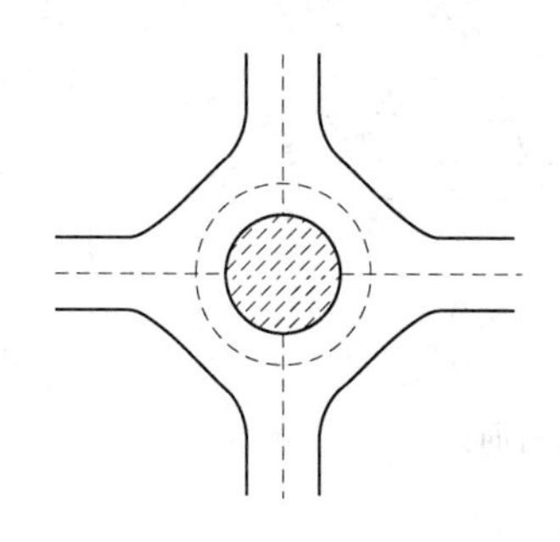

图7.33 环形十字交叉路线平面图

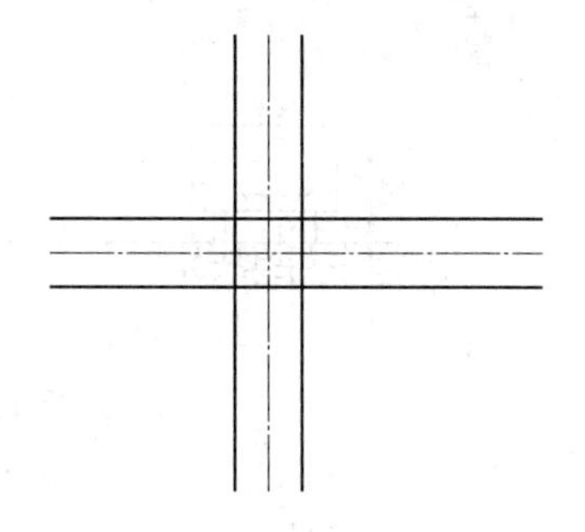

图7.34 环形十字交叉路线一

操作步骤：

（1）选择点划线线型，用“LINE”命令绘制十字中心线，十字中心线水平长度290个单位，竖直长度250个单位，如图7.34所示。

（2）选择“bylayer”线型，用多段线命令绘制十字路边线（两个边线对称于中心线，水平和竖直边线间的间距均为40个单位，线宽为一个单位），如图7.34所示。

（3）用多段线命令绘制环形交叉路线的圆环（圆环内径58个单位，外径60个单位，线宽为一个单位，中心在中心线交点处），如图7.35所示。

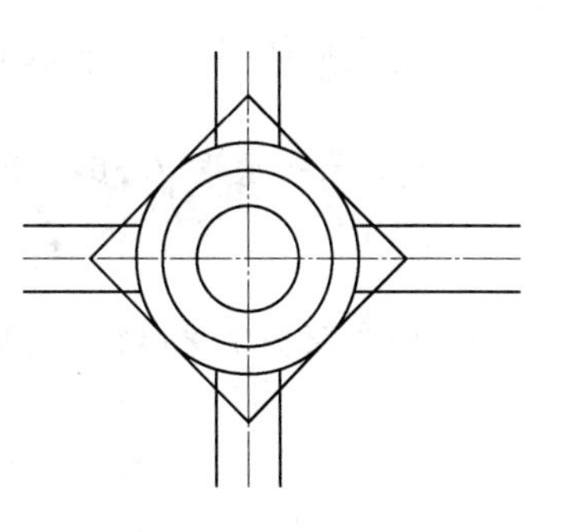

图7.35 环形十字交叉路线二

（4）用偏移命令绘制另外两个圆环（行车道分界线），其偏移距离各为20和37.5个单位。

（5）用正多边形命令绘制图6.36中大圆的外切正方形，注意中心在中心线交点处，四个角都要落在路线中心线上。

(6) 用多段线编辑命令修改上一步正方形的线宽（线宽为一个单位）。

(7) 用修剪命令剪切十字中心处多余的多段线。

(8) 用圆角命令选择合适的圆曲线半径，将不相交的相邻道路圆顺地连接。

(9) 利用“修改”→“特性”命令，将行车道分割线线型改为虚线。

(10) 用图案填充命令将中心岛内用阴影线填充，如图 7.33 所示。

小　结

本章介绍了道路工程图的总体构图的习惯做法和有关规定，路线平面图、纵断面图的绘制方法，以及路基路面工程图及路线平面交叉图的绘制方法等内容。

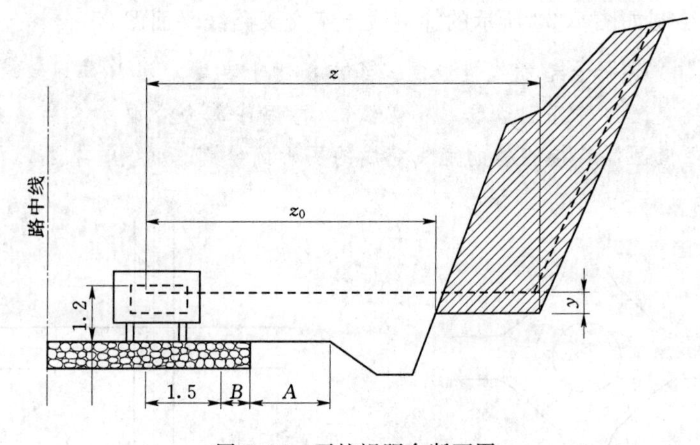

图 7.36　开挖视距台断面图

习 题 与 实 训

1. 请完成如图 7.36 所示的开挖视距台断面图。

提示： 从图 7.36 中量取相关尺寸，用 1∶1 比例尺（一个绘图单位对应 1mm）绘制该图

2. 请参照图 7.25 练习绘制路线纵断面图。

第8章　桥梁工程制图

知识目标：

- 掌握各种绘图、修改命令在桥梁工程绘图中的应用
- 掌握尺寸标注在桥梁工程绘图中的应用
- 掌握高程标尺、图框的绘制以及图形的后处理

技能目标：

通过一个斜拉桥桥型布置图（图8.1）的绘制，要实现以下能力目标：

- 熟悉桥梁工程绘图的基本思路
- 加深对之前章节绘图内容的理解

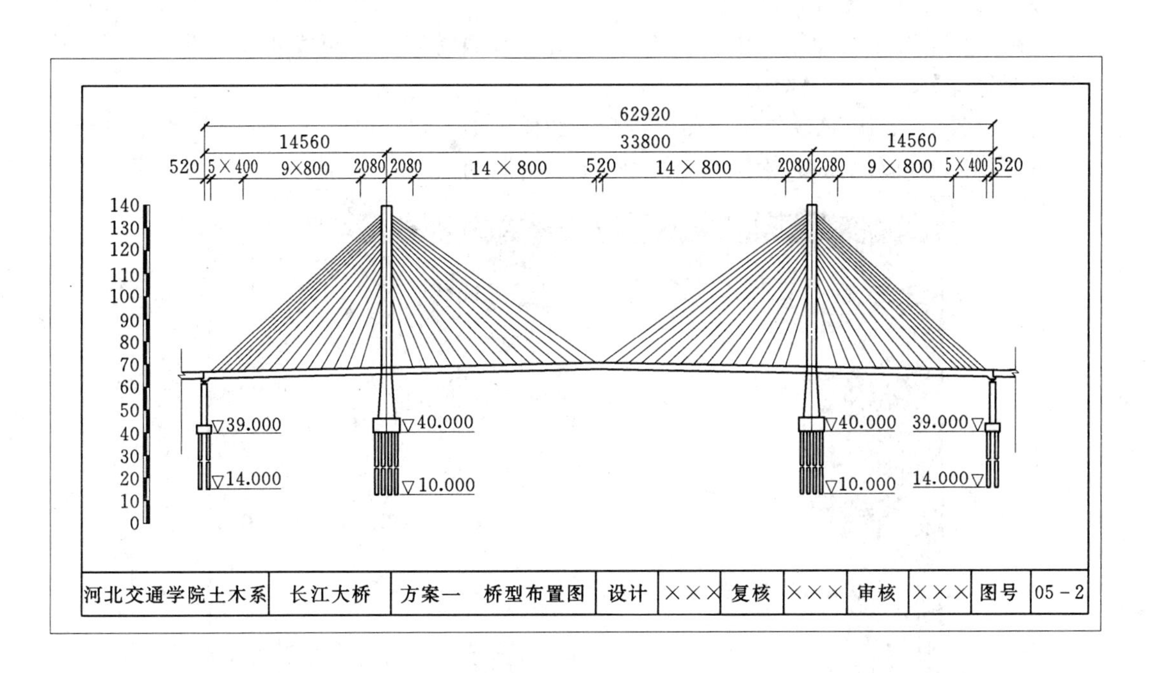

图8.1　双塔斜拉桥桥型布置图图例

本章导语：

前面的章节我们已经把绘图的基本知识学完，具备了绘制专业工程图的知识储备，本章以一个双塔斜拉桥桥型布置图为例，既将学过的内容复习一遍，又能够了解桥梁工程绘图的基本思路。

8.1　绘图的前期准备

在绘图之前，对要画的图要有一个清楚的认识，能知道其基本的形态。当然，如果有现成的图纸，要首先读图，看明白图里各部分的含义和联系。这一步在绘图中非常重要，而且有助于提高绘图效率以及加快绘图速度。

在CAD绘图中有两个比例需要考虑：一是绘图比例，二是出图比例。如果在绘图的时候不采用1∶1的绘图比例，每画一条线都要先换算是很麻烦的一件事，一般情况下我们采用1∶1的比例绘图，然后在出图的时候再设置一个出图比例，出图比例根据要打印的图纸大小而定，不过此时要特别注意标注中尺寸数值大小的变化。

然后要考虑定坐标原点，尽量方便绘图，将坐标原点放置于绘图的关键部位，接着需要思考好从哪里开始画、各部分的画法以及图层的设置情况等信息，然后就可以打开AutoCAD开始绘图了。

本章采用1∶1绘图，首先绘制即单塔桥型，由于桥型布置图左右对称，然后通过镜像的方式来完成整个桥型的绘制。最后采用缩放的方式来符合用A1图纸图框的尺寸要求，最后用按比例出图方式进行打印出图。

绘图采用包含了主梁、主塔、斜拉索、边墩、水准标尺、地平线及地质说明、标注及文字说明等部分。

首先，打开AutoCAD应用程序，按默认的模板进入程序的缺省的图样，为了以后的保存方便将图形以自己的名称保存于一个文件夹中，如图8.2所示。

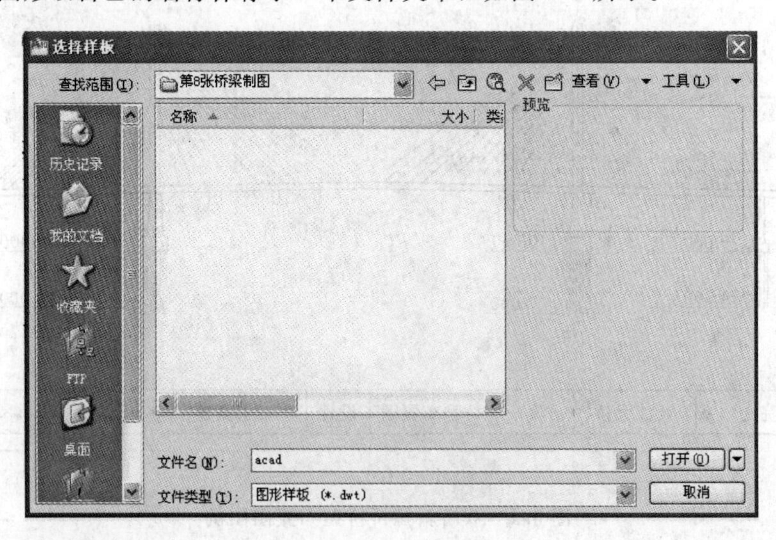

图8.2　新建并保存图形

为了以后的绘图方便，先设置好图层并进行线型设置。点击图层特性管理器按钮，打开“图层特性管理器”对话框，其中只有默认的0号图层，点击“新建”命令，在其中的名称栏中输入名称，根据需要可建立主梁、主塔、斜拉索、边墩、标注文字、标注线、中心线、图标题栏、图框线、图纸边界线等图层。其中，将“中心线”图层的线型修改为

“center”线型，颜色设置为黄色；将“标注线”的图层颜色设置为绿色；将“图标题栏”图层颜色设置为红色；将“图框线”图层颜色设置为蓝色；将“图纸边界线”图层颜色设置为绿色；将“斜拉索”图层的颜色改为红色，如图 8.3 所示。

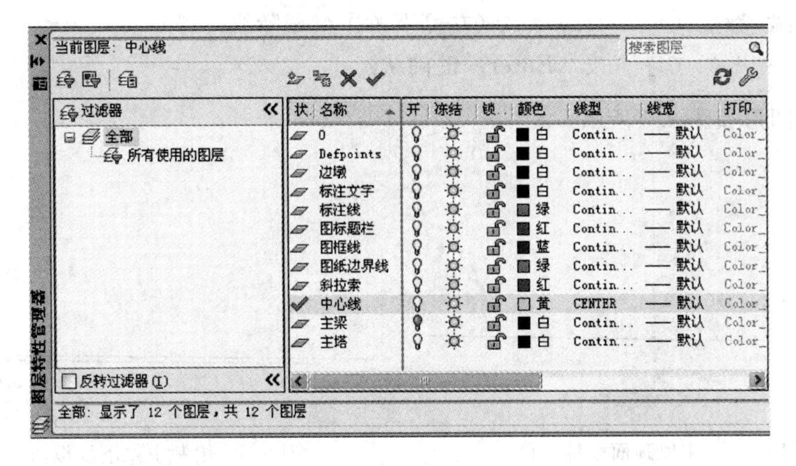

图 8.3 图层设置

8.2 绘 制 主 梁

设置好图层以后，就可以开始绘图了。根据图形的特点，先绘制左半桥的主梁，将坐标原点放在左主塔中心线与桥面线的交点 O 处。以顺桥向为 X 轴，竖向为 Y 轴，以 m 为单位进行绘图。

（1）绘制主塔的中心线。采用“动态输入”的命令流如下（如果使用命令窗口输入，只需在相对坐标前输入“@”，在绝对坐标前去掉“#”即可）：

命令：Line

指定第一点：#0，77（指定中心线上界）

指定下一点或［放弃（U）］：#0，0（塔中心线与主梁顶部线的交点）

指定下一点或［放弃（U）］：#0，−29（指定中心线的下界）

指定下一点或［闭合（C）/放弃（U）］：（回车确认绘制完成）

图 8.4 中心线的绘制

绘制完直线后，将直线定义为“中心线”图层，方法为：选中绘制好的直线，在图层工具栏的下拉框中选中“中心线”层即可。完成后的图形如图 8.4 所示。

（2）绘制主梁的桥面线。首先绘制半中跨线，后绘制边跨的部分，命令及说明如下：

命令：Line

指定第一点：（点击坐标原点 0）

指定下一点或［放弃（U）］：130，1.95（指定桥梁中心点）

指定下一点或［放弃（U）］：（按〈Enter〉键确认）

命令：Line

指定第一点：(点击坐标原点 0)
指定下一点或 [放弃 (U)]：−112，−1.68（边墩中心线位置）
指定下一点或 [放弃 (U)]：−0.3，−0.0045（引桥主梁与边跨主梁交线位置）
指定下一点或 [放弃 (U)]：−14，−0.21（左侧引桥主梁截断线位置）
指定下一点或 [放弃 (U)]：(按〈Enter〉键确认)

绘制后图形如图 8.5 所示。

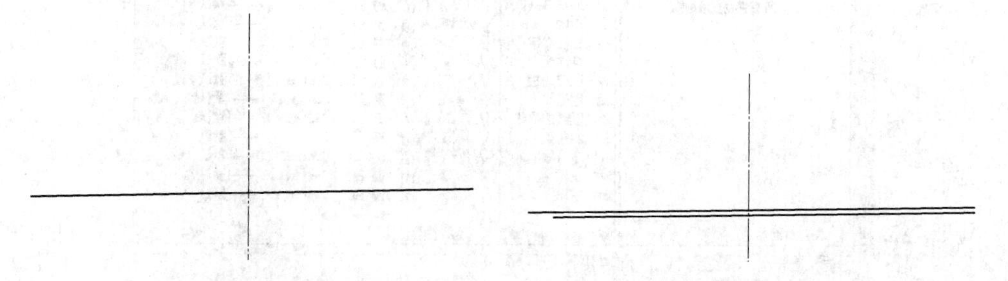

图 8.5 主梁顶面线的绘制　　图 8.6 绘制主梁下底板边线

(3) 绘制主梁的底面线。采用偏移命令"OFFSET"，因为主梁梁高为 2.9m，设置偏移为 2.9m，先将主梁部分进行偏移（不将边主梁与引桥短直线以及引桥主梁偏移，以利于后面的边墩处的细部绘制)，命令及说明如下：

命令：Offset
指定偏移距离或 [通过 (T)]〈通过〉：2.9
选择要偏移的对象或〈退出〉：(选择中主梁上顶面线)
指定点以确定偏移所在一侧：(在该直线的下部点击)
选择要偏移的对象或〈退出〉：(选择边主梁上顶面线)
指定点以确定偏移所在一侧：(在该直线的下部点击)
选择要偏移的对象或〈退出〉：(按〈Enter〉键确认)

完成以上步骤后的图形如图 8.6 所示。

(4) 对边主梁与连接线主梁接头构造做细部的绘制，命令及说明如下：

命令：Line
指定第一点：From
基点：(指定边跨主梁的端点)
〈偏移〉：@4，0.06（指定边跨的外侧斜拉索拉索点）
指定下一点或 [放弃 (U)]：0，−2.9（做辅助线到下底面相应点）
指定下一点或 [放弃 (U)]：−0.5435，−0.0081525（指定其延伸部分）
指定下一点或 [闭合 (C)/放弃 (U)]：−1.75，−1.22（指定下倒角点）
指定下一点或 [闭合 (C)/敬弃 (U)]：−3.5，0（指定主梁右下接头位）
指定下一点或 [闭合 (C)/放弃 (U)]：0，1.1409（指定主梁上左倒角位）
指定下一点或 [闭合 (C)/放弃 (U)]：1.4935，0（指定主梁右倒角位）
指定下一点：(指定引桥主梁桥面线与边跨主梁桥面线的交点位置)

指定下一点或 [闭合 (C)/放弃 (U)]：(按〈Enter〉键确认)

做完细部构造后的图示如图 8.7 所示。

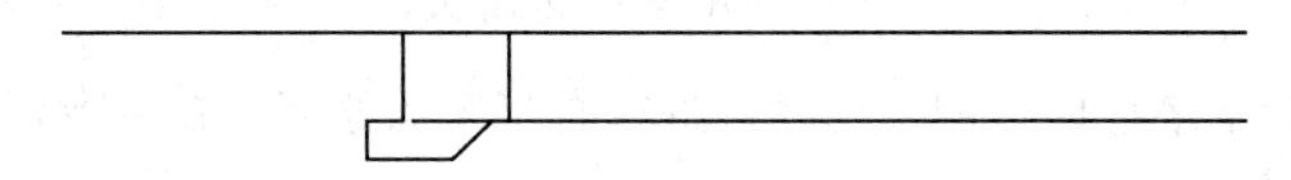

图 8.7 做完部分边跨主梁与连接线主梁的细部构造

(5) 绘制引桥主梁的其余部分梁底线，命令及说明如下：

命令：Line

指定第一点：(点击指定主梁上左倒角位)

指定下一点或 [放弃 (U)]：-12.5065，-0.1875975 (指定右侧的主梁底线)

指定下一点或 [放弃 (U)]：(按〈Enter〉键确认)

完成后的图示如图 8.8 所示。

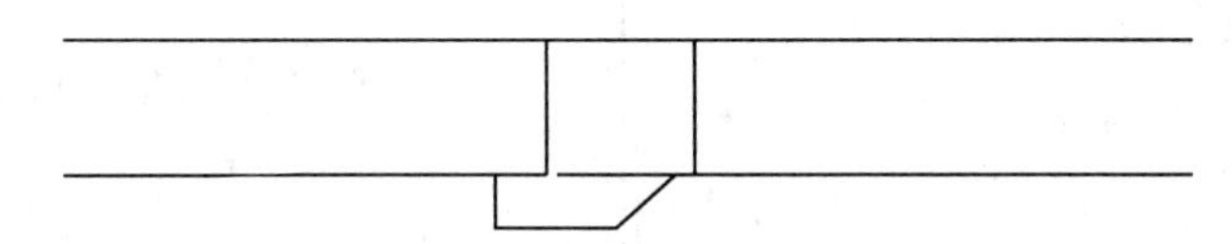

图 8.8 完成连接线主梁的下底板线

(6) 做完以上的边跨主梁与连接线的接头细部绘制以后，可以将其中的辅助线以及多余线段都删去。先运用“剪切”命令，将主梁的多余部分截去，再将前面所做的辅助线删去即可，完成后的图形如图 8.9 所示。

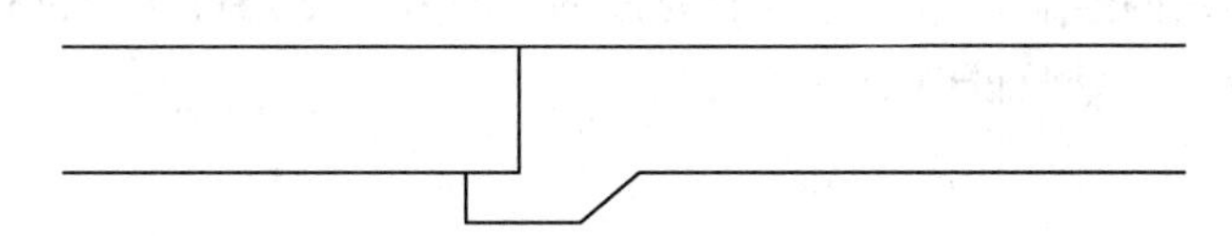

图 8.9 完成后边主梁与连接线主梁的接头部位

完成整半个桥主梁的绘制后，将部分的线段都设置为“主梁”图层，颜色以及属性按默认的随层。

8.3 绘 制 主 塔

绘制主塔的步骤如下：

(1) 塔柱的绘制。

1) 先做上塔柱垂直部分，考虑做一半，再用“镜像”命令，命令及说明如下：

命令：Line

指定第一点：From

基点：0，0 (指定原点为基点)

〈偏移〉：@3，-1.4437 (指定上塔柱的下起点作为直线起点)

指定下一点或［放弃（U）］：0，72.5（指定塔顶的右角）
指定下一点或［放弃（U）］：−3，0（指定塔顶的中心）
指定下一点或［闭合（C）/放弃（U）］：（按〈Enter〉键确认）

2）再接着进行下塔柱的绘制，同样只进行右半个的绘制，命令及说明如下：

命令：Line
指定第一点：（指定前面直线绘制的起点，即下塔柱与上塔柱的交点）
指定下一点或［放弃（U）］：2，−20.871（指定下塔柱与承台交点）
指定下一点或［放弃（U）］：（按〈Enter〉键确认）

绘制完成后的图形如图8.10所示。

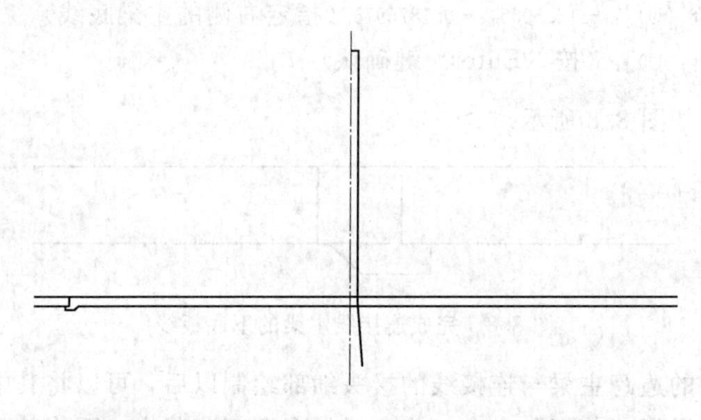

图8.10 绘制完成半个上塔柱与下塔柱后的图形

（2）塔柱轮廓线的绘制。将以上绘制完成的上塔柱与下塔柱图形进行镜像操作，以绘制出塔柱的轮廓线，命令及说明如下：

命令：Mirror
选择对象：找到1个（选择上塔柱竖线）
选择对象：找到1个，总计2个（选择上塔柱顶部线）
选择对象：找到1个，总计3个（选择下塔柱线）
选择对象：（按〈Enter〉键确认）
指定镜像线的第一点：（选择中心线的上端点）
指定镜像线的第二点：（选择中心线的下端点）
是否删除源对象？［是（Y）/否（N）］〈N〉：（按〈Enter〉键确认不删除源对象）

完成后图形如图8.11所示。

（3）承台的绘制。采用“矩形绘制”命令，命令及说明如下：

命令：Rectang
指定第一个角点或［倒角（C）/标高（E）/圆角（F）/厚度（T）/宽度（W）］：From
基点：End
于 （指定基点为主塔的左下角点）
〈偏移〉：@−3，0

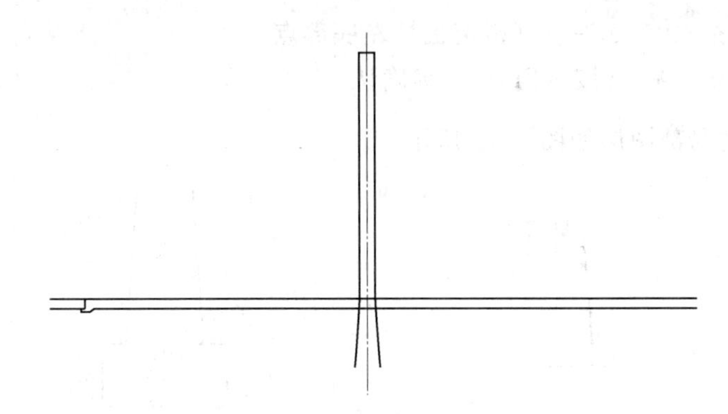

图 8.11　完成半塔柱的镜像操作

指定另一个角点或 [尺寸 (D)]：16，−6

绘制完成后的承台图形如图 8.12 所示。

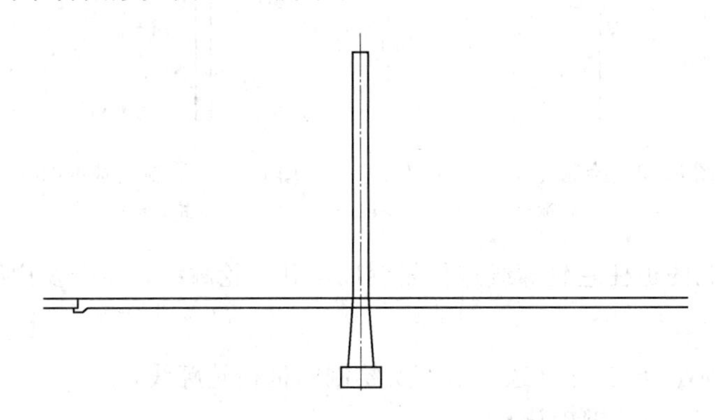

图 8.12　绘制好承台以后的图形

(4) 桩柱的绘制。考虑采用先绘制单根桩柱，再采用阵列命令完成整个桩柱的绘制。

1) 单个桩柱的绘制，命令及说明如下：

命令：Line
指定第一点：From
基点：End
于　(指定基点为承台的左下角)
〈偏移〉：@1，0 (绘制桩柱的上起点位置)
指定下一点或 [放弃 (U)]：0，−15 (指定上端点位置)
指定下一点或 [放弃 (U)]：(按〈Enter〉键确认)

2) 端点底下部分桩柱的绘制，同样只进行单线绘制，命令及说明如下：

命令：Line
指定第一点：From
基点：End
于　(指定前面绘制的端点)
〈偏移〉：@0，−0.6 (指定下部分桩柱的起点)

指定下一点或［放弃（U）］：0，-12（指定桩柱左底部点）

指定下一点或［放弃（U）］：（按〈Enter〉键确认）

绘制完成后的局部图形如图 8.13 所示。

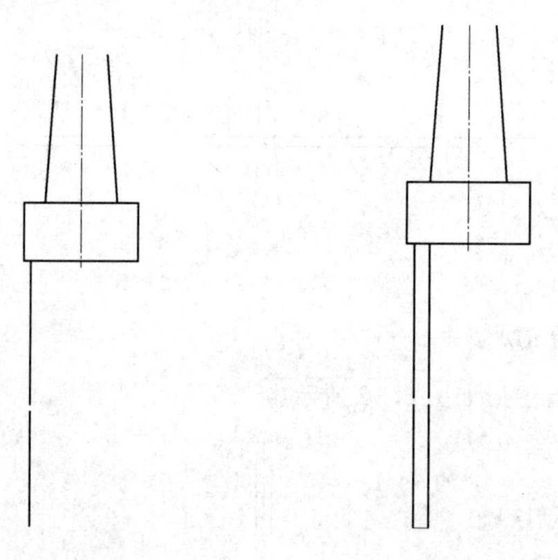

图 8.13　绘制完单个桩柱部分轮廓线　　图 8.14　绘制完基本的外轮廓线

3）对前面绘制的桩柱左轮廓线进行复制以得到右轮廓线，命令及说明如下：

命令：Copy

选择对象：指定对角点：找到 2 个（选择前面所绘制的桩柱轮廓线）

选择对象：（按〈Enter〉键确认）

指定基点或位移，或者［重复（M）］：End

于　（指定桩柱本身与承台交点为基点）

指定位移的第二点或〈用第一点作位移〉：2，0（指定移动的第二点即桩柱的右上端点）

4）再用直线命令对桩柱底部两端点进行连线，命令略，结果图形如图 8.14 所示。

5）接着进行桩柱截断线的绘制，因为比较细致，所以建议将图形放大以方便绘图。使用圆弧分段进行绘制（当然也可以用样条曲线拟合多段线的方法进行粗略绘制），命令及说明如下：

命令：Arc

指定圆弧的起点或［圆心（C）］：C

指定圆弧的圆心：From

基点：End

于　（指定上左截断点为基点）

〈偏移〉：@0.5，0.65（指定圆弧的圆心）

指定圆弧的起点：End

于　（指定上左截断点）

指定圆弧的端点或［角度（A）/弦长（L）］：From

基点：（指定上左截断点为基点）

〈偏移〉：@1，0（指定圆弧的第二个端点，即为桩柱截断面的中心点）

绘制完成后的局部图形如图 8.15 所示。

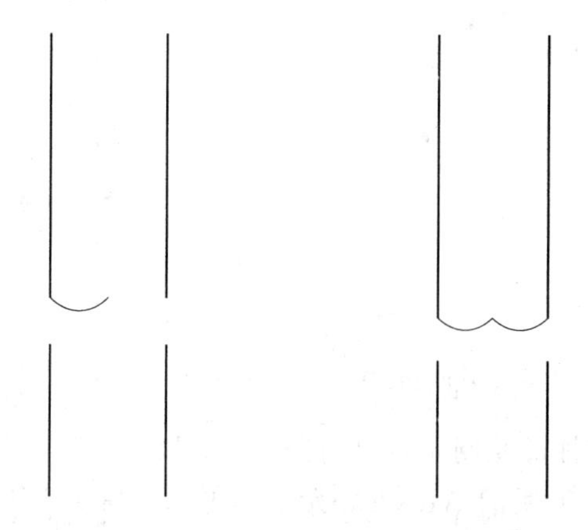

图 8.15　绘制好部分截断线　　图 8.16　复制完成右半个圆弧的绘制

6）再对以上的部分截断线进行复制操作就可以得到右半部分的一条截断线，命令及说明如下：

命令：Copy

选择对象：指定对角点：找到 1 个（选择绘制好的左半部分截断圆弧线）

选择对象：（按〈Enter〉键确认）

指定基点或位移，或者［重复（M）］：End

于　（指定圆弧的右端点为基点）

指定位移的第二点或〈用第一点作位移〉：End

于　（指定右端上截断点）

完成后的图形如图 8.16 所示。

7）再进行右半个另一条截断线圆弧的绘制，采用镜像操作，命令及说明如下：

命令：Mirror

选择对象：找到 1 个（选择右半个截断线圆弧）

选择对象：（按〈Enter〉键确认）

指定镜像线的第一点：（选择右半圆弧的右端点）

指定镜像线的第二点：（选择右半圆弧的左端点）

是否删除源对象？［是（Y）/否（N）］〈N〉：（按〈Enter〉键确认不删除源对象）

完成后的图形如图 8.17 所示。

8）下半截断面线的绘制，基本方法同以上的绘制过程，当然还可以分部分复制前面做完的上部分的截断面线，即将上截面右边的圆弧截断面线复制到下边的左半边，将上截面的左半截面复制到下右半截面就可以了，完成后的图形如图 8.18 所示。

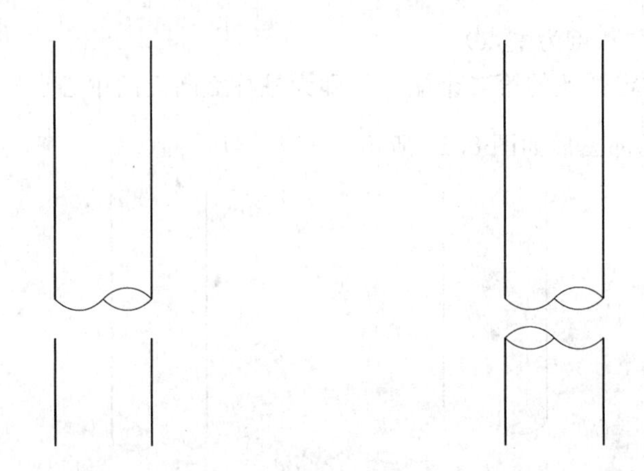

图 8.17　完成上半个截断面线　　　　图 8.18　完成上、下两个截断面线

以上就已完成单个桩柱的绘制，再进行阵列“ARRAY”命令，完成这个塔柱的四个桩柱的绘制，过程如下：①激活 ARRAY 命令，弹出“阵列”对话框，如图 8.19 所示。②点击对话框右侧的“选择对象”按钮，在屏幕上框选前面绘制完成的单个桩柱，返回对话框，设置其中的参数值如图 8.19 所示，点击“确认”，完成“阵列”命令。

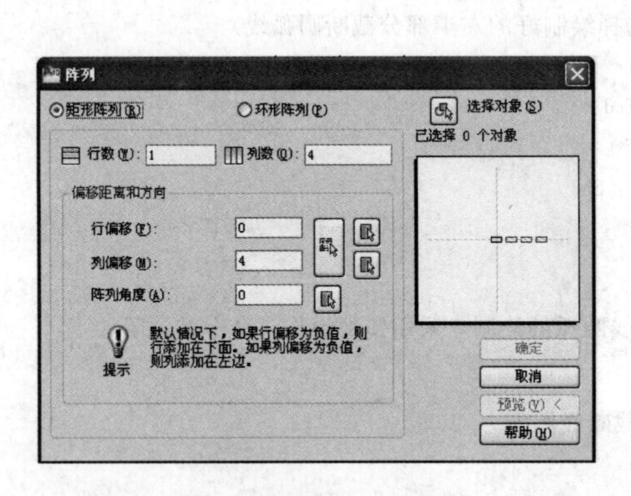

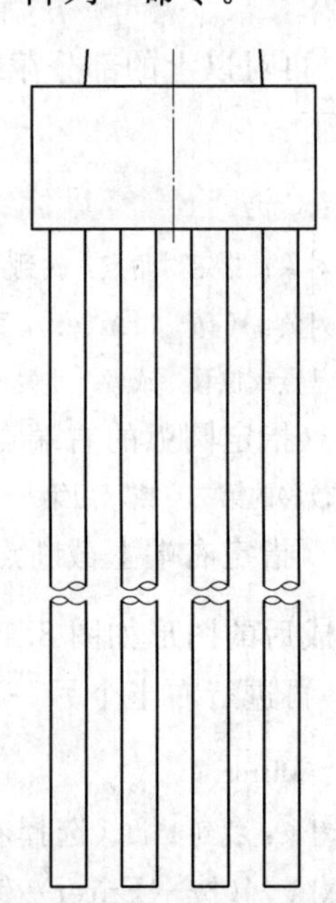

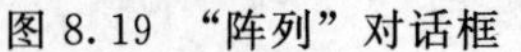

图 8.19　“阵列”对话框　　　　图 8.20　完成整个单塔桩柱的绘制

完成后的图形如图 8.20 所示。接着绘制完成整个主塔，其图层的属性设置为“主塔”层，方法同前。

8.4　绘制斜拉索

下面进行斜拉索的绘制，要绘制斜拉索就要确定斜拉索两端分别在主梁和主塔上的锚

固点位置。用绘制辅助线的方法来确定拉索点的位置。

（1）先确定主梁上的拉索锚固位置，用绘制辅助线的方法，先通过坐标原点 O 绘制一条辅助线，命令及说明如下：

命令：Line
指定第一点：From
基点：End
于　（指定坐标原点为基点）
〈偏移〉：@0，5（指定辅助线上端点）
指定下一点或［放弃（U）］：0，－13（指定辅助线下端点）
指定下一点或［放弃（U）］：（按〈Enter〉键确认）

完成塔中心处的辅助线后，再进行偏移“OFFSET”命令，将画出的辅助线进行偏移，以得到拉索点的位置，偏移的位置根据图 8.1 中标注的值进行选取。对中跨，第一拉索点离塔柱中心的距离为 16m，命令及说明如下：

命令：Offset
指定偏移距离或［通过（T）］〈通过〉：16（指定偏移的数量）
选择要偏移的对象或〈退出〉：（选择塔中心绘制的辅助线）
指定点以确定偏移所在一侧：（在中跨处任意点击）
选择要偏移的对象或〈退出〉：（按〈Enter〉键确认退出）

以后主梁上的拉索点之间的间距都是 8m，为方便，所以后面可以用阵列“ARRAY”命令。激活“ARRAY”命令，出现“阵列”对话框，选择刚才偏移好的辅助线作为阵列对象，偏移设置参数如图 8.21 所示。

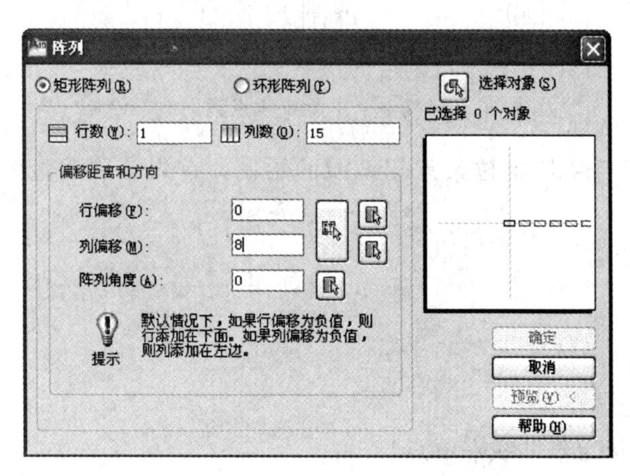

图 8.21　使用阵列作为中跨等距的辅助线

完成中跨辅助线后的图形如图 8.22 所示。

（2）接下来进行边跨的拉索点辅助线的绘制，方法同前，只是间距不同而已，其中靠近主塔拉索点的间距为 16m，向外分别是 9 个 8m 间距的控索和 5 个 4m 间距的拉索，在此不详细介绍其绘制过程，完成后的图形如图 8.23 所示。

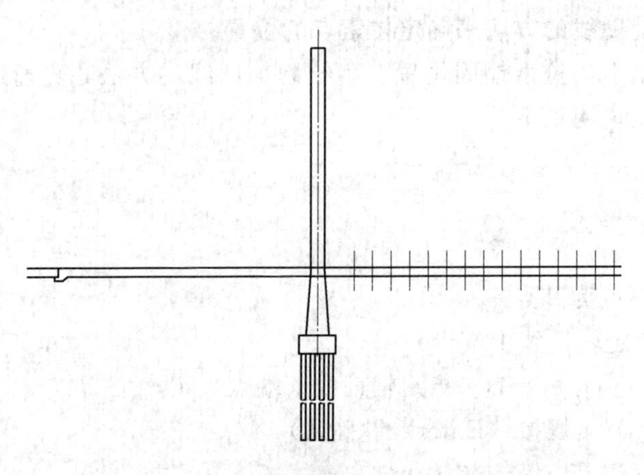

图 8.22 完成中跨上的拉索点辅助线的绘制

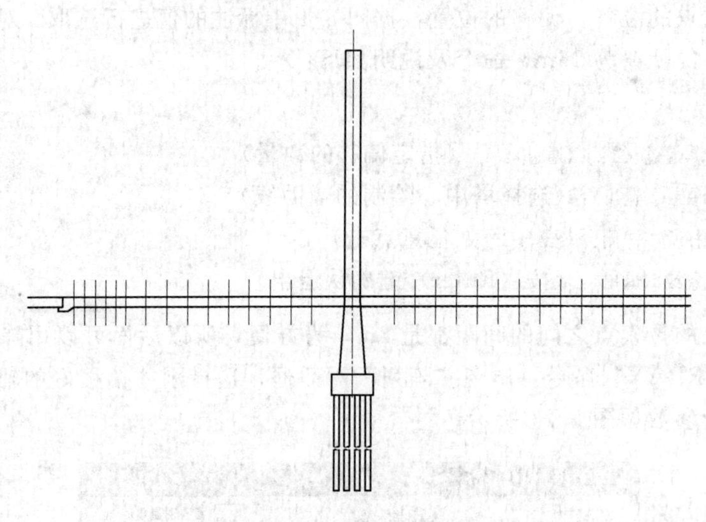

图 8.23 完成整个主梁拉索点辅助线的绘制

（3）接着开始进行主塔上拉索点辅助线的绘制，首先绘制通过塔顶平面的一条辅助线，命令及说明如下：

命令：Line

指定第一点：From

基点：End

于 （选择塔顶左端点）

〈偏移〉：@-5，0（指定辅助线左端点）

指定下一点或［放弃（U）］：16，0（指定辅助线右端点）

指定下一点或［放弃（U）］：（按〈Enter〉键确认）

接着就可以对这条辅助线使用“偏移”命令，以达到得到拉索点定位的目的。因为上、下的拉索点间距不同，所以不能运用阵列“ARRAY”命令，只能直接用偏移命令得到这些拉索点的位置，命令及说明如下：

命令：Offset

指定偏移距离或［通过（T）］〈16.0000〉：3.8889（指定第一个拉索点与塔顶的间距）

选择要偏移的对象或〈退出〉：（选择塔顶的辅助线）

指定点以确定偏移所在一侧：（在塔顶往下任意处点击即可）

选择要偏移的对象或〈退出〉：（按〈Enter〉键确认）

后面的辅助线的绘制同上，只是拉索点间距作相应的修改即可，往下的拉索点间距分别为 1.5294m、1.5317m、1.5344m、1.5374m、1.6390m、2.1485m、2.1834m、2.2324m、2.3038m、2.4143m、3.0568m、3.3750m、4.4075m、6.1750m，绘制完成后的图形如图 8.24 所示。

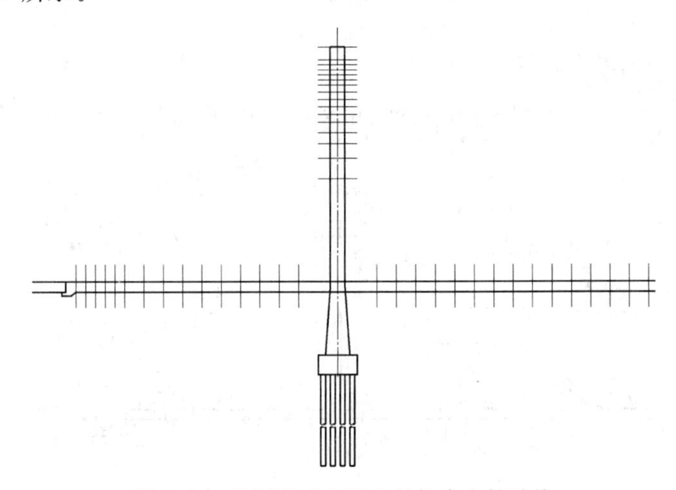

图 8.24 绘制完成主塔上的拉索点辅助线

（4）经过以上的辅助线绘制，主梁上以及主塔上的拉索点已经全部绘制完成，所以可以进行斜拉索的绘制工作，我们所需做的只是将主塔的拉索点与主梁上的相应拉索点连接起来。以中跨为例，先用直线将中跨主梁跨中位置的拉索点（辅助线与主梁上顶面的交点）与主塔上的相应拉索点（主塔右轮廓线与靠近塔顶的第一根辅助线的交点）连接即可，命令及说明如下：

命令：Line

指定第一点：Int

于 （选择塔柱右侧的第一个拉索点）

指定下一点或［放弃（U）］：Int

于 （选择中跨主梁的跨中的拉索点）

指定下一点或［放弃（U）］：（按〈Enter〉键确认）

绘制完成的图形如图 8.25 所示。

（5）其他的斜拉索的绘制类似于前面，读者只需要注意不要连接错误即可。当然为绘图方便可将对象捕捉设置为只捕捉交点的模式。绘制完成后的图形如图 8.26 所示。

（6）再将前面所做的辅助线删除即可，并将绘制好的斜拉索设置为“斜拉索”图层，完成后的图形如图 8.27 所示。

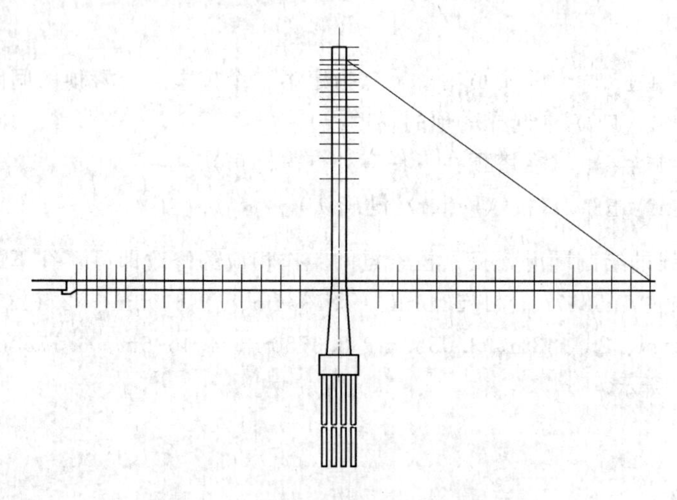

图 8.25　绘制完中跨最外侧的斜拉索

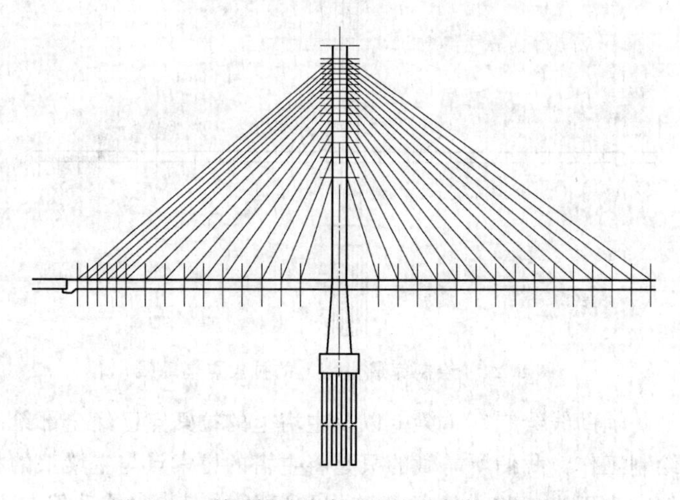

图 8.26　利用辅助线完成所有的斜拉索的绘制

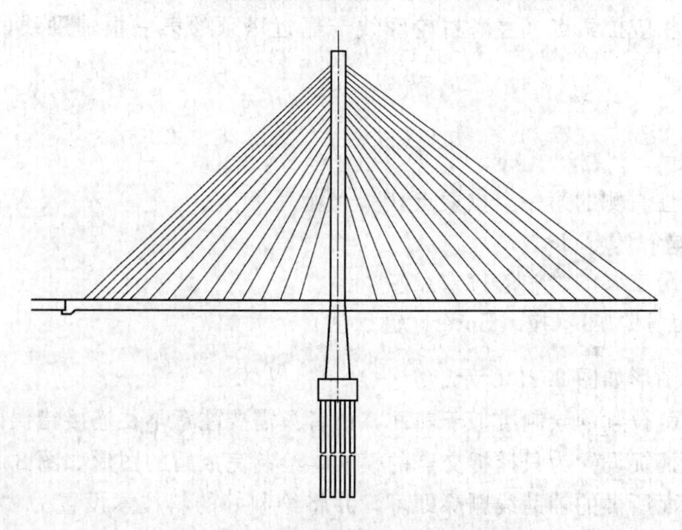

图 8.27　绘制完斜拉索后的图形

8.5 绘 制 边 墩

绘制完以上的图形后，就可以进行边墩的绘制，此时为方便绘图，就需要将边墩处的主梁局部位置放大，考虑边墩形态，多采用矩形命令绘制各部分。

（1）先绘制支座，使用矩形命令，以边墩处主梁的下底面中心为基点进行绘图，命令及说明如下：

命令：Rectang
指定第一个角点或 [倒角（C)/标高（E)/圆角（F)/厚度（T)/宽度（W)]：From
基点：Mid
于 （指定边墩处主梁的下底面中心）
〈偏移〉：@−0.6，−0.1437（指定支座上左对角点）
指定另一个角点或 [尺寸（D)]：1.2，−0.46 （指定支座下右对角点）

绘制完成的局部图形如图 8.28 所示。

（2）再用矩形命令绘制边墩的墩身，命令及说明如下：

命令：Rectang
指定第一个角点或 [倒角（C)/标高（E)/圆角（F)/厚度（T)/宽度（W)]：From
基点：End
于 （选择支座左下角点）
〈偏移〉：@−1.15，0（指定墩柱的左上端点）
指定另一个角点或 [尺寸（D)]：3.5，−18.8（指定墩柱的右下端点）

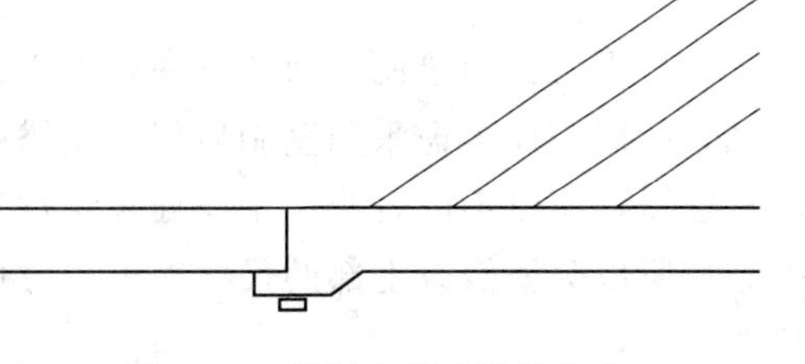

图 8.28 绘制完成边墩的支座

绘制完成的部分图形如图 8.29 所示。

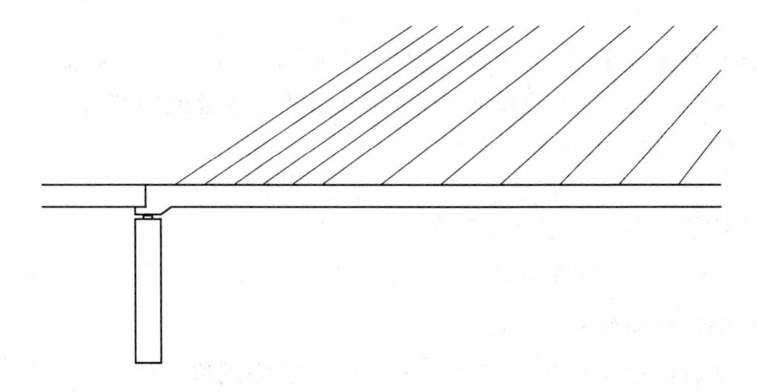

图 8.29 绘制完成边墩的墩柱

（3）再继续用矩形命令绘制承台，命令及说明如下：

指定第一个角点或 [倒角（C)/标高（E)/圆角（F)/厚度（T)/宽度（W)]：From
基点：End

于 （选择墩柱左下角点）

〈偏移〉：@−2.75，0（指定承台的左上端点）

指定另一个角点或［尺寸（D)］：9，−3.5（指定承台的右下端点）

绘制完成的图形如图 8.30 所示。

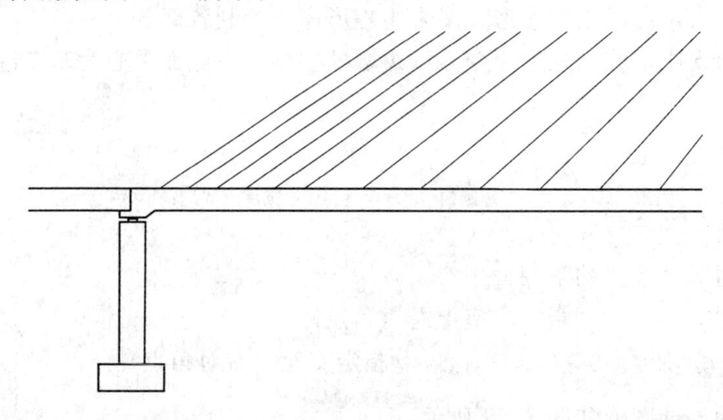

图 8.30 绘制完成边墩承台

（4）下面开始绘制边墩的桩柱，可以采用绘制主塔桩柱的方法来进行绘制，但是比较繁琐，所以在此考虑采用复制后修改主塔桩柱的方式来简便绘制。因为边墩的桩柱比主塔的桩柱短，所以不能直接从主塔处复制过来，但是因为其截断面以下部分以及截断面完全一致，所以只要修改上部的尺寸即可，方便的方法就是采用指定特定复制的基点，命令及说明如下：

命令：Copy

选择对象：指定对角点：找到 11 个（框选单根主塔桩柱）

选择对象：（按〈Enter〉键确认）

指定基点或位移，或者［重复（M)］：From

基点：End

于 （选择该桩柱的左上顶点，即左侧边线与承台的交点作为选择基点）

〈偏移〉：@0，−3（选择桩柱顶面以下 3m 处的边线点作为复制的基点）

指定位移的第二点或〈用第一点作位移〉：From

基点：End

于 （选择边墩承台的左下角点作为基点）

〈偏移〉：@1，0（指定边墩的左桩柱的左上顶点）

绘制完成后的图形如图 8.31 所示。

（5）绘制完成后运用剪切命令进行修改，就可以完成边墩桩柱的绘制，命令及说明如下：

命令：Trim

当前设置：投影＝视图，边＝延伸

选择剪切边…

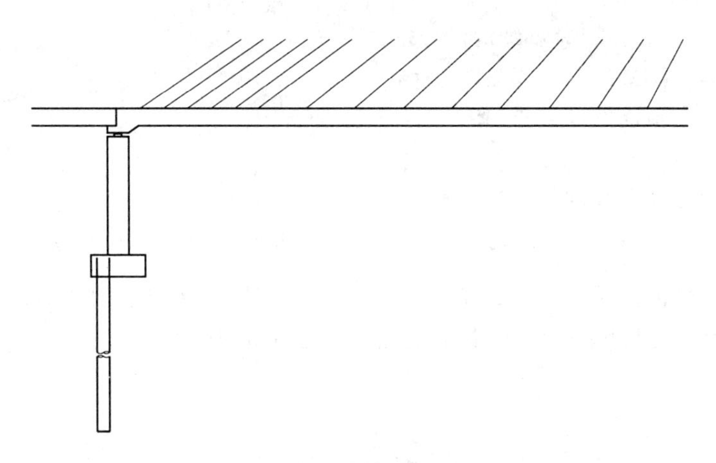

图 8.31 复制完第一根边墩桩柱

选择对象：找到 1 个（选择边墩承台）

选择对象：（按〈Enter〉键确认）

选择要修剪的对象，或按住 Shift 键选择要延伸的对象，或 [投影 (P)/边 (E)/放弃 (U)]：（选择桩柱上伸入承台的左轮廓线）

选择要修剪的对象，或按住 Shift 键选择要延伸的对象，或 [投影 (P)/边 (E)/放弃 (U)]：（选择桩柱上伸入承台的右轮廓线）

选择要修剪的对象，或按住 Shift 键选择要延伸的对象，或 [投影 (P)/边 (E)/放弃 (U)]：（按〈Enter〉键确认）

完成绘制的第一根边墩桩柱后的图形如图 8.32 所示。

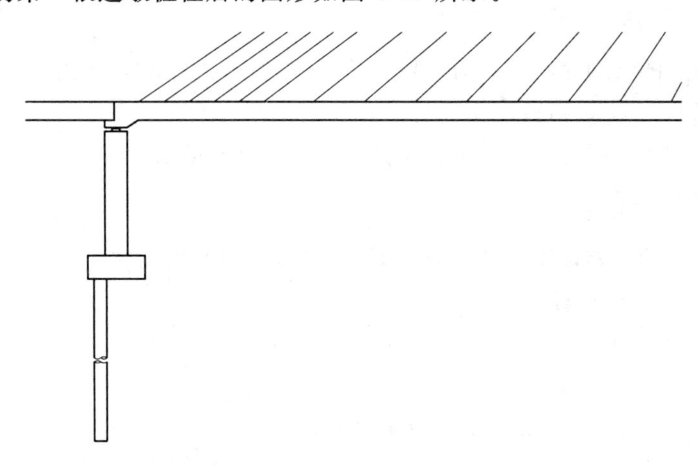

图 8.32 完成绘制第一根边墩桩柱

（6）边墩的第二根桩柱的绘制可以采用以承台中心线为基线的镜像命令进行，命令及说明如下：

命令：Mirror

选择对象：指定对角点：找到 11 个（选择绘制好的第一根边墩桩柱）

选择对象：（按〈Enter〉键确认）

指定镜像线的第一点：Mid

于　（选择承台顶面线的中点）

指定镜像线的第二点：Mid

于　（选择承台底面线的中点）

是否删除源对象？[是（Y）/否（N）]〈N〉：（按〈Enter〉键确认不删除源对象）

绘制完成边墩桩柱后，整个边墩图形就完成了，最后将边墩的所有对象设置为“边墩”图层，其性质随层就可以了，最后的图形如图8.33所示。

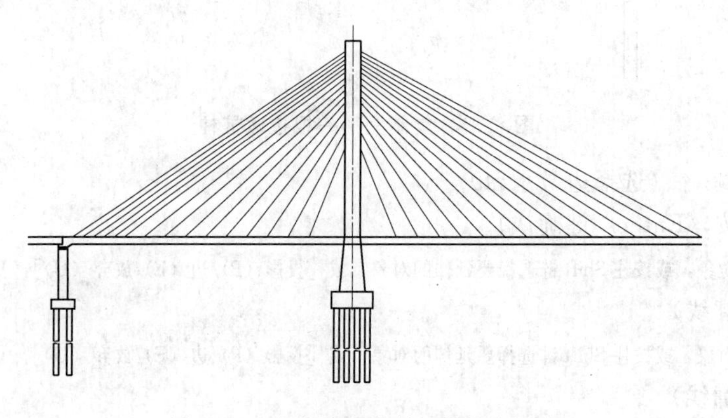

图8.33　完成边墩绘制后的整个图形

8.6　整桥的绘制与标注

完成半个桥型的绘制后，只要对半桥进行镜像操作，就可以得到整个桥型的图形，当然还需要对局部的图形进行修改。

(1) 下面先进行半桥镜像以得到整桥的草图，命令及说明如下：

命令：Mirror

选择对象：指定对角点：找到122个（框选前面绘制完成的所有的图形对象）

选择对象：（按〈Enter〉键确认）

指定镜像线的第一点：End

于　（选择跨中的上顶面点）

指定镜像线的第二点：0，1（任意指定与镜像第一点同在纵坐标上的点）

是否删除源对象？[是（Y）/否（N）]〈N〉：（按〈Enter〉键确认不删除源对象）

绘制完成的图形如图8.34所示。

(2) 绘制完以上图形后，要进行必要的检查，特别是要注意镜像部位附近的图形是否合适，接下来，就可以进行图形的标注工作了。

1) 建立标注的样式或直接在默认的标注样式上进行修改，在此考虑直接采用修改默认标注样式的方式，修改后的标注样式各选项卡如图8.35～图8.38所示。

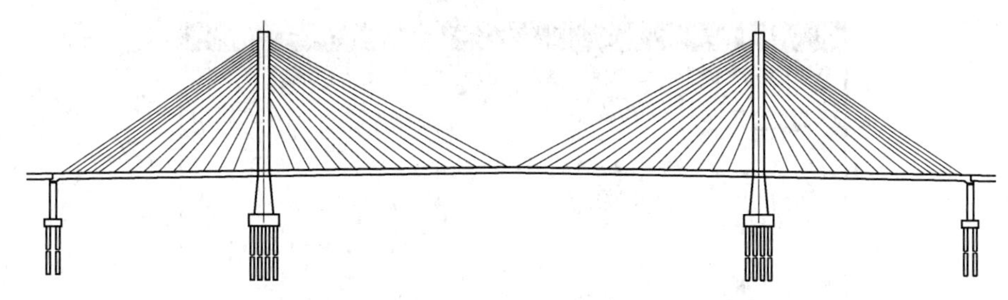

图 8.34 镜像复制绘制整桥

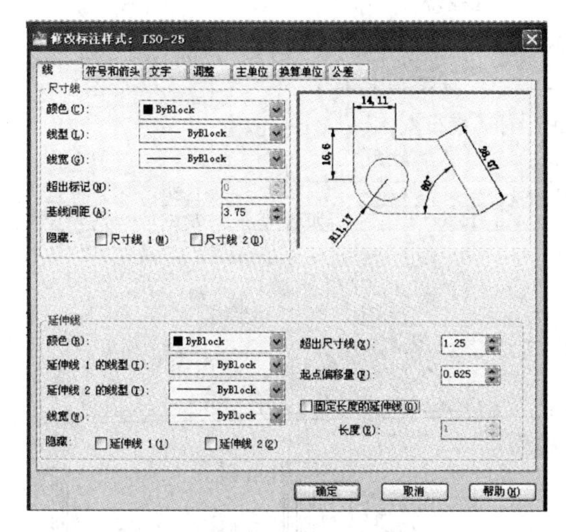

图 8.35 “直线和箭头”选项卡设置

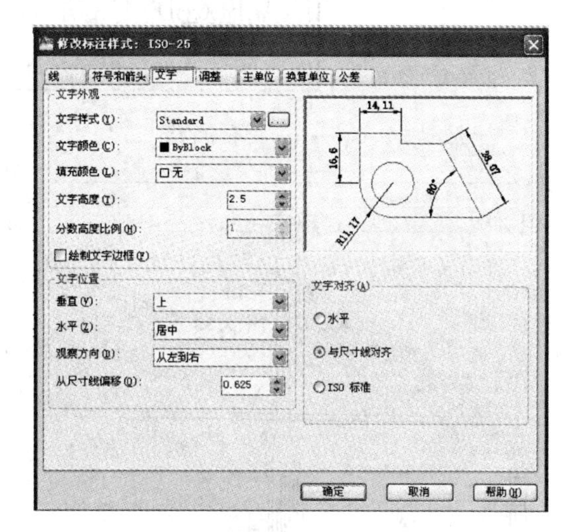

图 8.36 “文字”选项卡设置

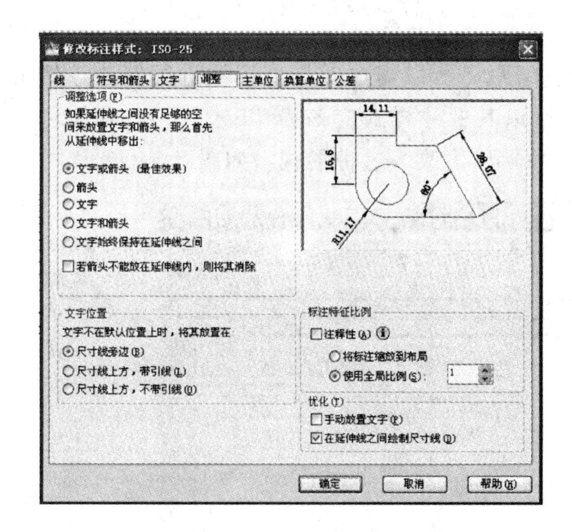

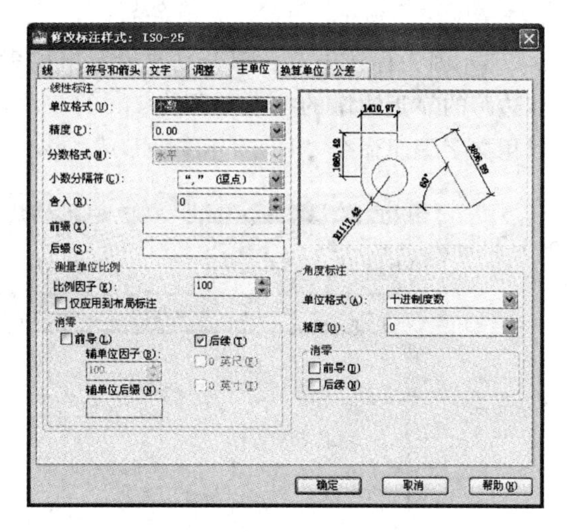

图 8.37 “调整”选项卡设置

图 8.38 “主单位”选项卡设置

其中设置“文字”选项卡中的文字样式如图 8.39 所示。

2）修改完标注的默认样式后，就可以进行标注了。标注方法可以先使用线性标注，后使用连续标注，标注过程在此不详细进行论述，标注采用厘米为单位进行，结果图形如图 8.40 所示。

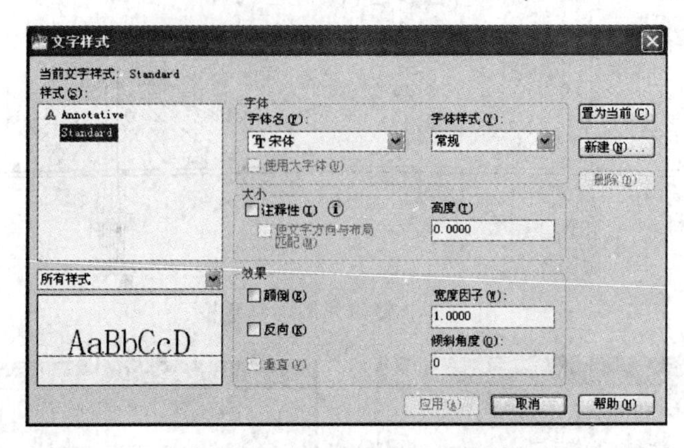

图 8.39　“文字样式”对话框设置

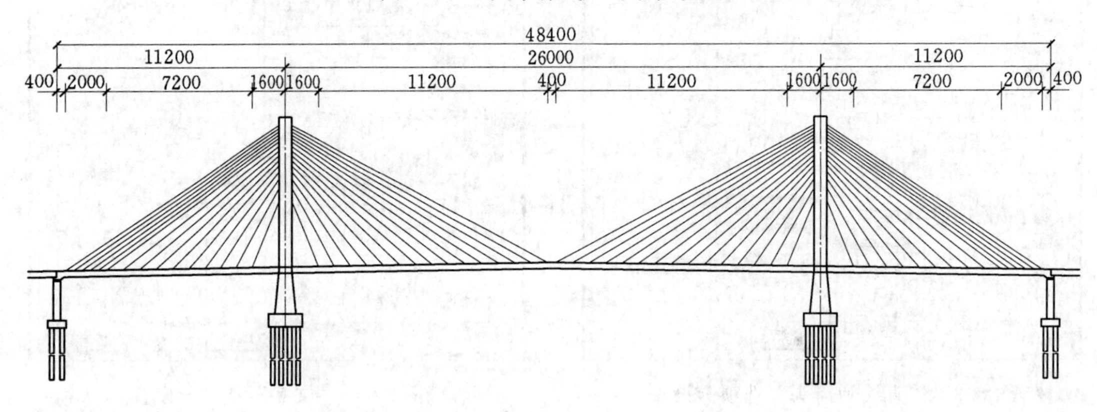

图 8.40　初步标注尺寸完成后的图形

3）因为标注中有一部分是要标示出拉索点间距，所以需要对局部标注进行修改，例如边跨的靠近边墩的拉索间距为 4m 的 5 段，所以其标注样式应该为“5×400”，具体可以用文字编辑命令“DDEDIT（ED）”，将原来的默认值改为这种形式，如图 8.41 所示。

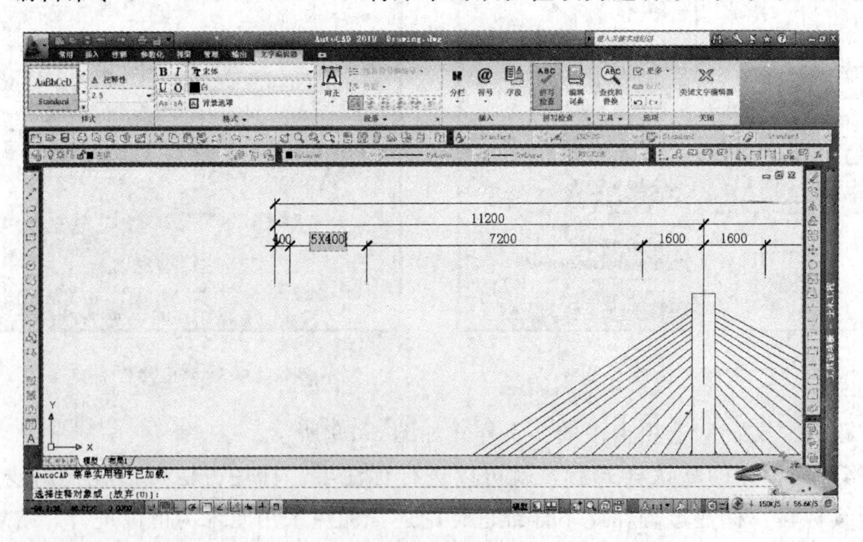

图 8.41　用文字编辑命令修改默认的尺寸值

其他的标注依据同样的方法进行修改，结果如图 8.42 所示。

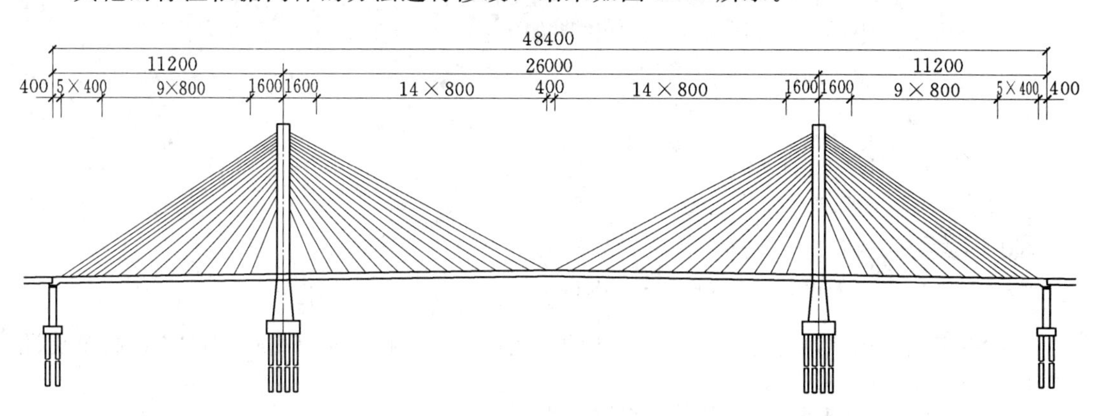

图 8.42　修改完标注后的图形

（3）接着进行主梁截断线的绘制，运用多段线命令“PLINE”，命令及说明如下：

命令：Pline

指定起点：From

基点：（选择连接线左上顶面外侧点）

〈偏移〉：@0，10.28（指定截断线的各个特征点，以下各点也同样）

当前线宽为 0.0000

指定下一点或 [圆弧（A）/半宽（H）/长度（L）/放弃（U）/宽度（W）]：0，−22.35

指定下一点或 [圆弧（A）/闭合（C）/半宽（H）/长度（L）/放弃（U）/宽度（W）]：2.25，0

指定下一点或 [圆弧（A）/闭合（C）/半宽（H）/长度（L）/放弃（U）/宽度（W）]：−4.5，−4.5

指定下一点或 [圆弧（A）/闭合（C）/半宽（H）/长度（L）/放弃（U）/宽度（W）]：2.5，0

指定下一点或 [圆弧（A）/闭合（C）/丰宽（H）/长度（L）/放弃（U）/宽度（W）]：0，−19.5

指定下一点或 [圆弧（A）/闭合（C）/半宽（H）/长度（L）/放弃（U）/宽度（W）]：（按〈Enter〉键确认）

对以上绘制的截断线以中跨中心线位镜像轴来使用镜像命令，就可以得到另外的一条截断线，结果如图 8.43 所示。

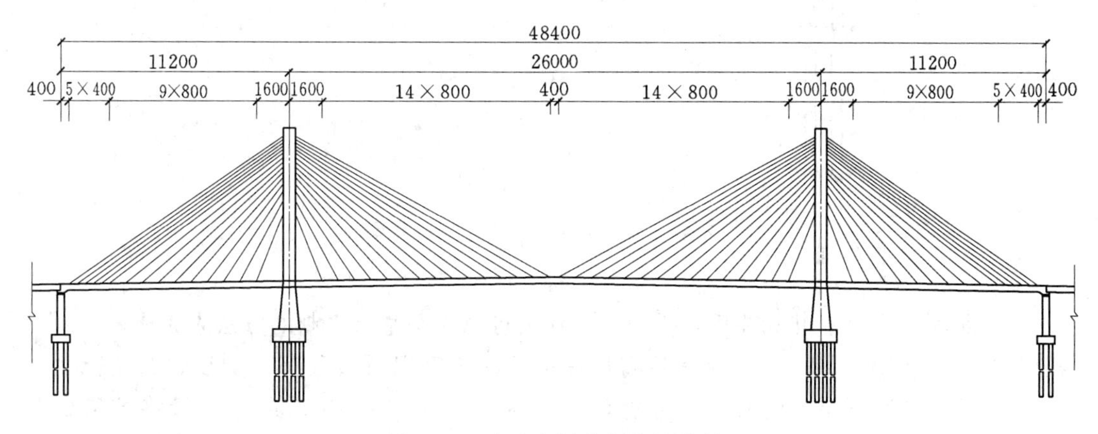

图 8.43　完成主梁截断线的绘制

（4）接着再进行局部水准标高绘制，以边墩承台底部的标高绘制为例。

1）先绘制其中的直线部分，命令及说明如下：

命令：Line

指定第一点：From

基点：（指定承台的右下角点）

〈偏移〉：@1，0（指定直线的起点）

指定下一点或［放弃（U）］：20，0（指定直线段的终点）

指定下一点或［放弃（U）］：（按〈Enter〉键确认）

2）绘制其中的水准标志三角形，采用等边多边形绘制命令“POLYGON”，命令及说明如下：

命令：Polygon

输入边的数目〈4〉：3（输入多边形的边数为3）

指定正多边形的中心点或［边（E）］：E（采用指定边的形式来绘制）

指定边的第一个端点：From

基点：（指定前面绘制的直线的左端点）

〈偏移〉：@1.75，0（指定三角形边的第一个端点）

指定边的第二个端点：3.8<60（指定三角形边的另外一个端点）

3）最后在直线上面放置水准线的高度标志文字，用单行文字输入命令“TEXT”，在此输入“39.000”，再进行必要的位置挪动就可以了，绘制完成的标注如图8.44所示。

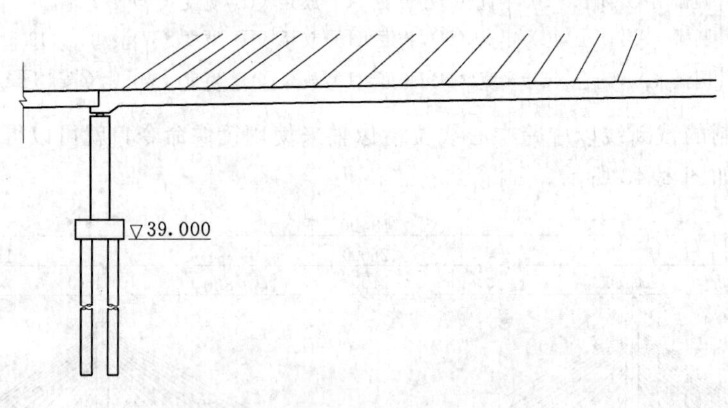

图8.44　完成的单个水准高度的标注

（5）绘制完一个水准标注后，其他的标注就可以采用基点复制的方法来完成，复制后修改其标注的文字就可以了。绘制后将所有的标注文字以及线段都分别设置为“标注文字”与“标注线”图层，所有的尺寸标注设置为“标注文字层”。绘图的最终结果如图8.45所示。

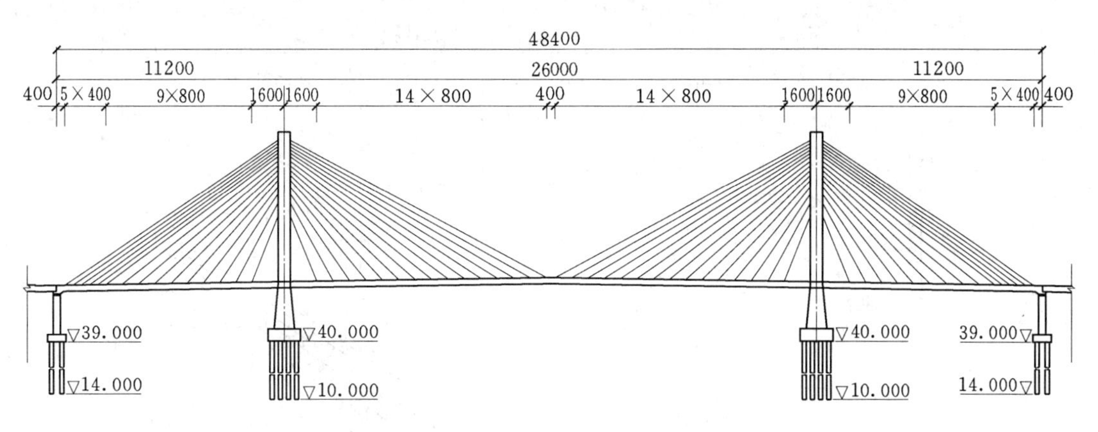

图 8.45 完成标注后的图形

8.7 高程标尺的绘制

以上已经将主桥的纵向图形以及其标注绘制完成，下面进行最后的高程标尺的绘制。高程标尺的绘制先采用绘制单个标段（包括文字），再进行阵列复制，最后进行文字的修改即可。

（1）采用矩形命令绘制单个标段，再采用填充的方式来完成绘制，命令及说明如下：

命令：_Rectang

指定第一个角点或 [倒角（C）/标高（E）/圆角（F）/厚度（T）/宽度（W）]：From

基点：（指定左侧引桥主梁上截断点作为基点）

〈偏移〉：@－23.11，73.58（指定矩形的一个角点）

指定另一个角点或 [尺寸（D）]：3.86，－20（指定矩形的另一个角点）

再接着将两段形成的矩形用直线分成四个矩形，对左上矩形和右下矩形进行填充，使用的填充形式如图 8.46 所示。

填充后的图示如图 8.47 所示。

（2）接着就可以进行标尺的文字输入，采用单行文字输入命令，字体样式采用默认样式进行，上部文字为“140”，中部文字为“130”，下部文字为“120”。输完后，适当调整文字的位置，使其形式美观，结果如图 8.48 所示。

（3）再进行阵列命令，选择其中的所有标尺对象和底下的“130”和“120”文

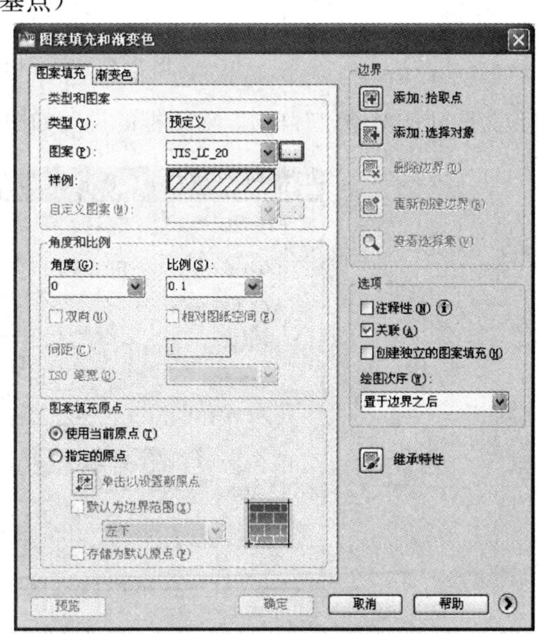

图 8.46 “图案填充和渐变色”对话框设置

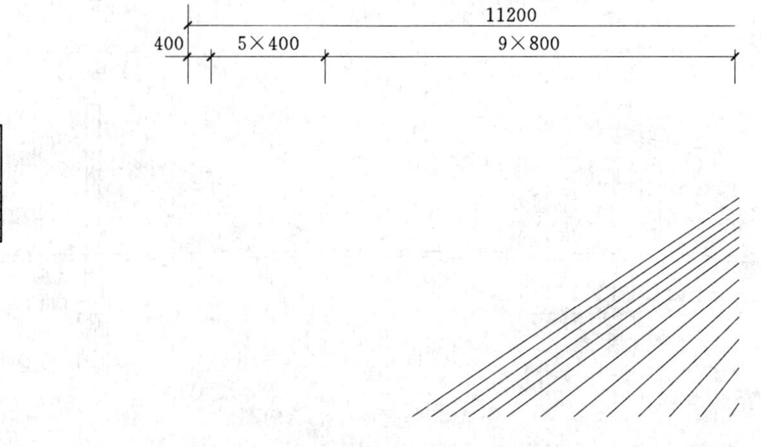

图 8.47 填充后的部分水准标尺图形

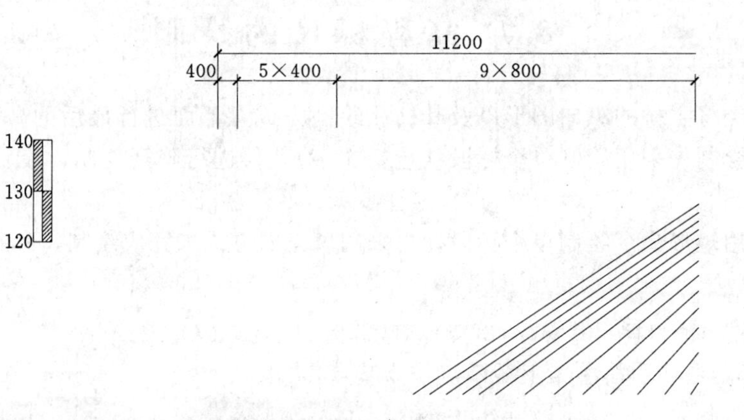

图 8.48 部分标尺标注文字

字作为阵列的对象，“阵列”对话框的设置如图 8.49 所示。

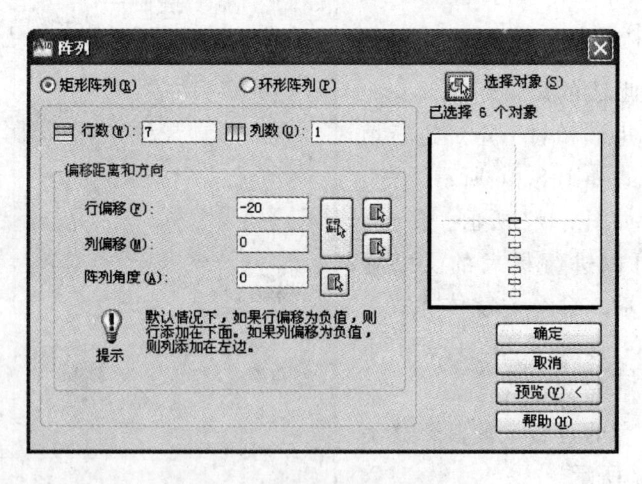

图 8.49 “阵列”对话框的设置

（4）确认后，可以得到全部的标尺的草图，再对其中的文字进行必要的编辑，就可以

完成标尺的绘制。将绘制好的标尺图形设置为“标注线”图层，将标尺的文字设置为“标注文字”图层，结果如图 8.50 所示。

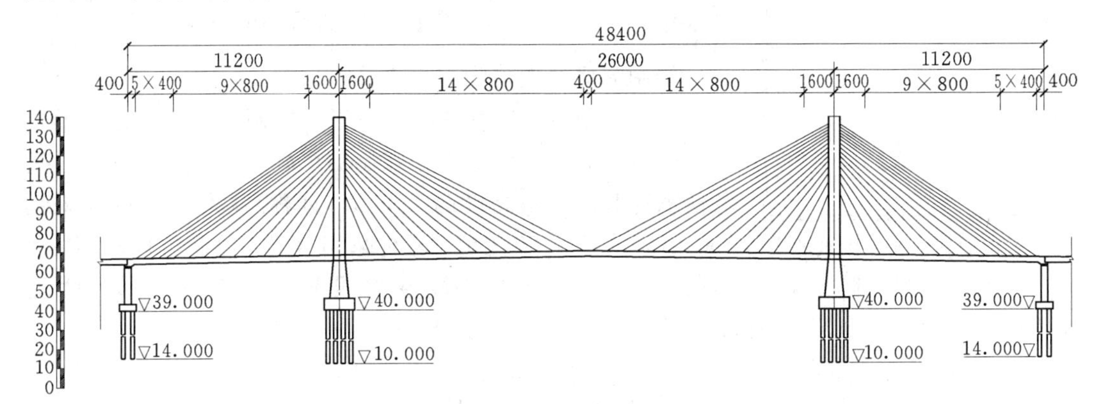

图 8.50　完成标尺的绘制后的整图

8.8　绘制图框与设定以及图形的后处理

完成以上的绘制工作后，图形的整体已经绘制完成，下面就进行图框的绘制与设定工作，在实际中采用 A1 纸打印，所以需要将图形放到 A1 的标准图框中。

（1）纸边界线和图框线。可以采用直接在布局中创建新的布局形式，在其中添加图框块的形式达到创建图框的目的，具体做法可参见第 9 章中的相应介绍。但是这样创建的图形有一个缺点就是不符合工程中常见的图纸图框的布局形式，在布局空间中修改又相对困难，所以可以直接采用创建图框的方式。因为采用的是 A1 图纸，并采用横向放置图纸，所以其尺寸为 841×594，可以直接绘制此图框，方法是使用最简便的矩形命令，需要说明的是在此不直接在前面绘制的图形对象上绘制图框，而是先在和图形不相关的地方创建图框，以便不影响图形本身，最后移动图框到图形的合适位置。

1）纸边界线的绘制命令及说明如下：

命令：_ Rectang

指定第一个角点或 [倒角 (C)/标高 (E)/圆角 (F)/厚度 (T)/宽度 (W)]：（在图形的右侧合适的地方指定矩形的起点）

指定另一个角点或 [尺寸 (D)]：841，－594（指定矩形的另外一个角点）

2）以上就绘制好图纸的纸边界线，下面进行图纸图框线的绘制，采用 GB/T 14689—2008《技术制图　图线幅面和规格》中有关规定的带装订线的图纸幅面样式，其中左边的距离两者为 25，上面和右面以及下面的距离都是 10，绘制命令及说明如下：

命令：Rectang

指定第一个角点或 [倒角 (C)/标高 (E)/圆角 (F)/厚度 (T)/宽度 (W)]：From

基点：（指定纸边界线的左上角为基点）

〈偏移〉：@25，－10（指定图框线的一个角点）

图8.51 绘制完图纸的纸边界线和图框线

指定另一个角点或[尺寸(D)]：From

基点：(指定纸边界线的右下角为基点)

〈偏移〉：@－10，10(指定图框线的另一个角点)

绘制完成的图形如图8.51所示。

(2)标题栏。接着进行标题栏的绘制，虽然标题栏的尺寸与内容有规定，但也不是强制的，所以在此采用比较合适的值来选取，采用高度为25，横向间距从左至右依次采用150，150，110，50等值，具体采用直线，绘制过程略，最后将图框线以及标题栏线条都设置为0.5的粗线，采用"PEDIT"命令，命令及说明如下：

命令：Pedit

选择多段线或[多条(M)]：M

选择对象：指定对角点：找到15个(选择纸边界线中的线段对象)

选择对象：(按〈Enter〉键确认)

是否将直线和圆弧转换为多段线？[是(Y)/否(N)]？〈Y〉y(将对象转换成多段线)

输入选项

[闭合(C)/打开(O)/合并(J)/宽度(W)/拟合(F)/样条曲线(S)/非曲线化(D)/线型生成(L)/放弃(U)]：W(响应宽度选项)

指定所有线段的新宽度：0.5(输入新宽度值)

输入选项

[闭合(C)/打开(O)/合并(J)/宽度(W)/拟合(F)/样条曲线(S)/非曲线化(D)/线型生成(L)/放弃(U)]：(按〈Enter〉键确认)

绘制完成的图框如图8.52所示。

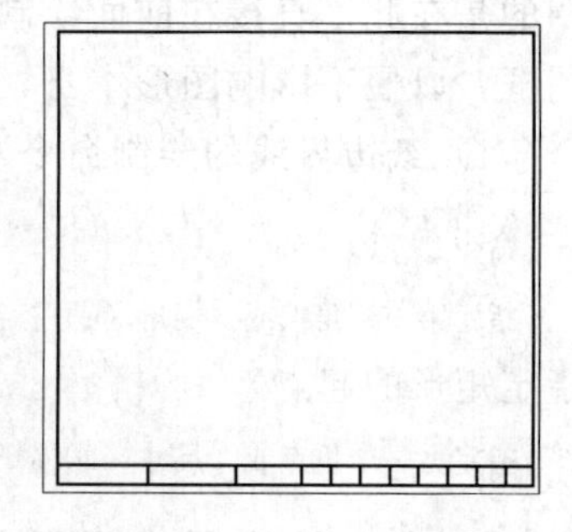
图8.52 绘制完成标题栏

(3)填充文字。接着向标题栏中填充必要的文字，并将图纸边界线设置为"图纸边界线"图层，将图框线设置为"图框线"图层，将标题栏的线条设置为"图标题栏"图层，将标题栏设置为"标注文字"图层。结果如图8.53所示。

(4)以上就将需要插入的图框做好了，最后需要做的就是将前面绘制的图形对象插入到绘制好的空图框中，当然也可以将图框移入图形中，只作适当的调整就可以了，在此采用后一种方法，结果如图8.1所示。

(5)如果要进行图纸的打印输出，可按图8.54的打印参数进行打印设置。

以上就完成了一个斜拉桥桥型布置图的绘制，应该指出的是：

在绘制过程中，本例采用的方法只是笔者习惯的方式，其他的方法还有很多，读者可以按照自己的思维习惯来绘制图形，只要绘出的图形能有足够的精度就可以了。实际上真实的斜拉桥方案布置图中还包括整桥的俯视图、地质状况、纵向坡度示意图以及主塔的各

种图示等，在此因为篇幅的限制，不做绘制。也希望读者能从以上的例子中举一反三，从而能够从容地绘制出其他各种合格的工程图形。

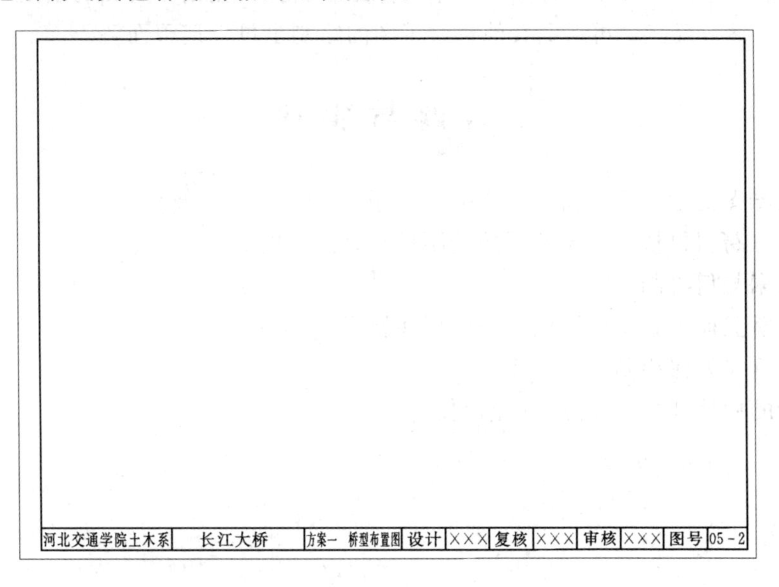

图 8.53　向标题栏中填充文字

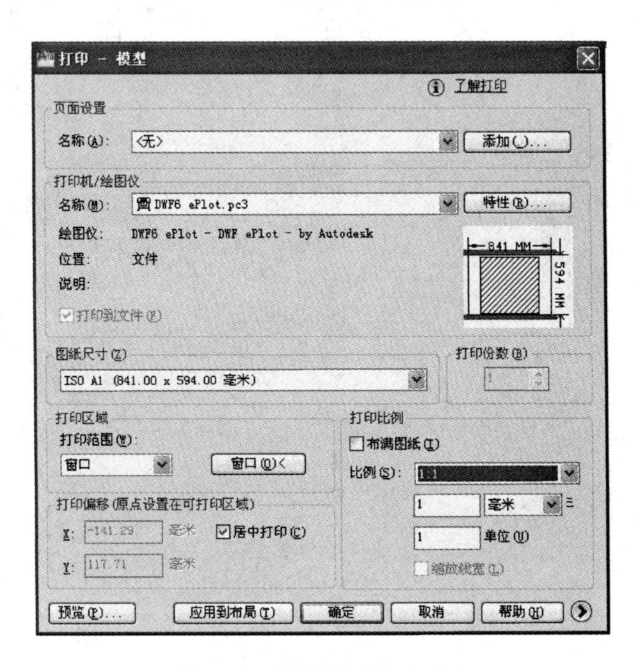

图 8.54　"打印设置"选项卡

小　　结

本章综合运用 AutoCAD 2010 中的基础知识、绘图命令、编辑命令、尺寸标注等知识进行桥梁工程专业图绘制。这是对前面所学知识的巩固、加深和提高。桥梁工程图种类繁多，但绘图的基本知识都是一样的，本章只介绍了斜拉桥立面布置图的绘制，希望读者可以触类旁通、举一反三，再遇到其他桥梁工图的绘制也可以迎刃而解。

习题与实训

1. 桥梁绘图的前期准备需要考虑哪些问题。
2. 双塔三跨斜拉桥立面布置图的绘制思路是怎样的。
3. 斜拉索如何绘制。
4. 斜拉桥立面布置图标注前应进行哪些设置。
5. 高程标尺如何绘制。
6. 图形的后处理需要注意哪些问题。

第 9 章　图形打印与输出

知识目标：

- 掌握图形的输入与输出，布局的设置与使用。
- 掌握图样打印比例设置和打印图形。
- 了解图形输出格式转换方法。

技能目标：

- 熟悉和掌握打印图形的操作过程。
- 掌握打印出图是如何设置页面大小、打印范围和输出比例。
- 了解输出为其他格式文件的方法。

本章导语：

图形输出是绘图工作的重要组成部分。本章将详细简介图形打印的方法以及将绘制完成的图形输出为其他格式文件的办法。通过本章的学习，应掌握 AutoCAD 的图形打印、输出功能。

9.1　打印与输出概述

图形绘制完成后，就可以进行打印输出图形了，但如何输出一个满意的、符合要求的图形，就需要了解一些有关打印输出的基本知识和概念。

9.1.1　纸张的大小和方向

根据输出设备的不同，纸张的来源、大小、规格也不同，通常情况下使用标准规格的图纸，如 A1 纸的大小为 841×594，也可以根据图形情况自定义输出纸张大小，但定义的纸张大小受输出设备的最大打印纸张的限制，不能超过输出设备打印的最大宽度，单长度可以增加。

纸张设置完成后，纸张纵向和横向放置，应考虑与图形输出的方向相对应。

9.1.2　输出图形的范围和比例

图形绘制完成后，要将图形输出到图纸上，需要选定输出图形的范围，通常有图形界限、范围和窗口等方式。范围选好之后，涉及输出到多大的图纸上，就要设定绘图比例。绘图比例是指图纸上的单位尺寸与实际绘图尺寸之间的比例。例如，绘图比例 1∶1，出图比例 1∶100，则图纸上的 1 个单位长度代表 100 个实际单位长度。

计算机提供了按图纸空间自动比例缩放，选择一个设定的比例和自定义比例方式。

⚠**注意**：首先可以使用自动比例，然后选用接近的整数比例。

9.1.3 标题栏和图框设置

图纸大小确定后，可按图纸的大小绘制边框和标题栏，并作为图块写出成为一个独立的文件。

根据出图比例大小，将保存有边框和标题栏的文件插入到当前图形文件中，如果图形输出时比例缩小至原来的1/10，插入到当前文件的图块就放大10倍，并修改使所有输出的图形都包括在图框之内；如果图形输出时比例放大10倍，插入到当前文件的图块就缩小10倍，并修改使所有输出的图形都包括在图框之内，这样输出到图纸上的图框正好等于设置的图纸规格的图框大小。

也可以采用另外一种方法，按照输出的图纸大小规格绘制的边框、标题栏做成图块写成一个独立的文件后，按1∶1的比例插入到当前图形文件中，将当前图形文件中的图形用比例缩放命令“SCALE”缩放，使之能够正好容在刚才插入到的图框之内。这样出图时绘图采用1∶1的比例，但图形上标注的尺寸数值会变化，需要调整。

⚠**注意**：可以根据常用的图纸大小，分别绘制好标题栏、图框，存成一个独立的文件，按需求选取。

9.2 打 印 输 出

打印图形在实际应用中具有重要意义，通常在图形绘制完成后，需要将其打印于图纸上，这样方便土建工程师、室内设计师和施工工人参照。在打印图形的操作过程中，用户首先需要启用“打印”命令，然后选择或设置相应的选项即可打印图形。

调用方式为：①单击“下拉菜单”→“文件”→“打印”；②单击“标准工具栏”→🖨按钮；③输入命令“PLOT（或Ctrl+P)”。

启用“打印”命令，弹出“打印—模型”对话框，如图9.1所示，从中用户需要选择打印设备、图纸尺寸、打印区域、打印比例等。

9.2.1 选择打印设备

图9.1中，“打印机/绘图仪”选项组用于选择打印设备。

用户可在“名称”下拉列表中选择打印设备的名称，当用户选定打印设备后，系统将显示该设备的名称、连接方式、网络位置及打印相关的注释信息，同时其右侧“特性”按钮将变为可选状态。

单击“特性”按钮，弹出“绘图仪配置编辑器”对话框，如图9.2所示，用户可以设

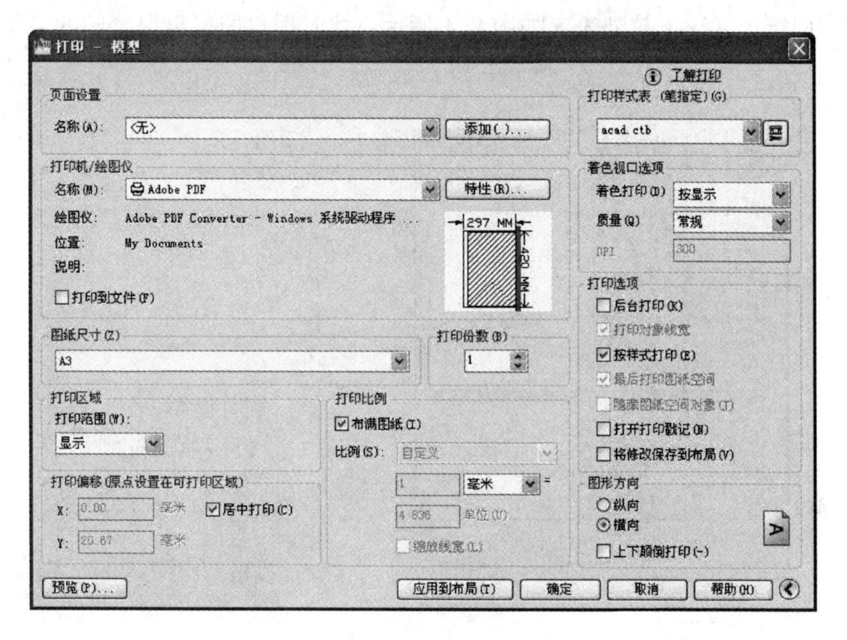

图 9.1 “打印—模型”对话框

置打印介质、图形、自定义特性、自定义图纸尺寸等。

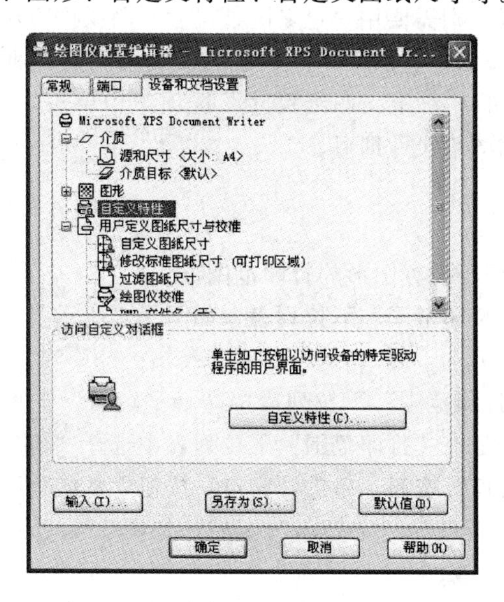

图 9.2 “绘图仪配置编辑器”对话框

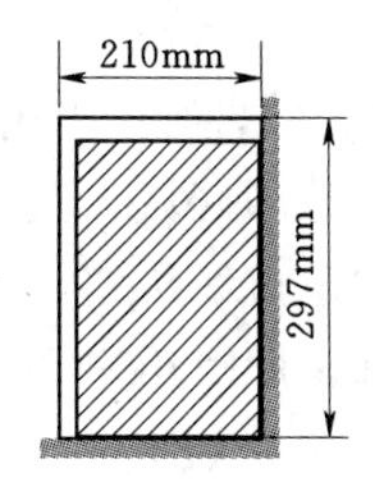

图 9.3 预览图标

“打印机/绘图仪”选项组的右下部显示图形打印的预览图标，如图 9.3 所示，该预览图标显示了图纸的尺寸以及可打印的有效区域。

9.2.2 选择图纸尺寸

图 9.1 中，“图纸尺寸”选项组用于选择图纸的尺寸。

打开“图纸尺寸”下拉列表，如图9.4所示，此时用户即可根据打印的要求选择相应的图纸。

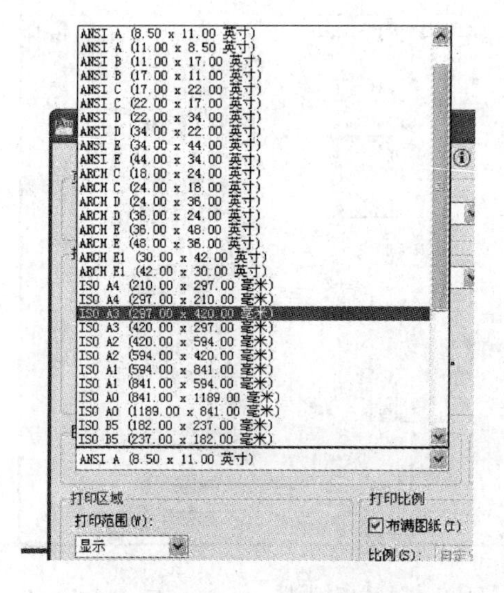

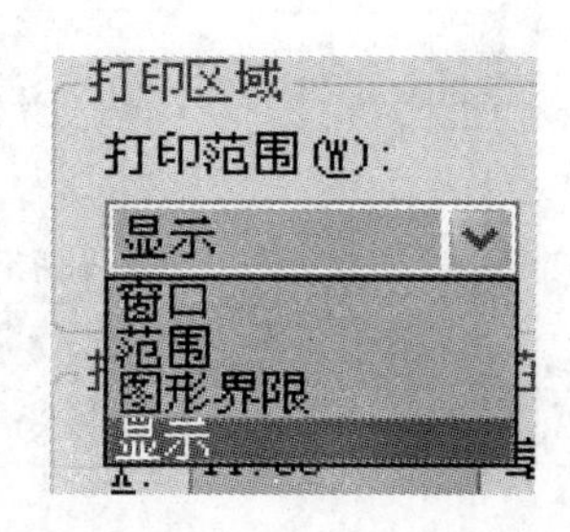

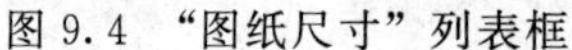

图9.4 “图纸尺寸”列表框　　图9.5 “打印范围”列表框

若该下拉列表中没有相应的图纸，则需要用户定义图纸尺寸，其操作方法是单击“打印机/绘图仪”选项组中的“特性”按钮，弹出“绘图仪配置编辑器”对话框，然后选择“自定义图纸尺寸”选项，并在出现的“自定义图纸尺寸”选项组中单击“添加”按钮，随后根据系统的提示依次输入相应的图纸尺寸即可。

9.2.3 设置打印区域

图9.1中，“打印区域”选项组用于设置图形的打印范围。

打开“打印区域”选项组中的“打印范围”下拉列表，如图9.5所示，从中可选择要输出图形的范围。

(1)“窗口”选项。当用户在“打印范围”下拉列表中选择“窗口”选项时，用户可以选择指定的打印区域。其操作方法是在“打印范围”下拉列表中选择“窗口”选项，其右侧将出现“窗口”按钮，单击“窗口”按钮，单击“窗口”按钮，系统将隐藏“打印—模型”对话框，此时用户即可在绘图窗口内制定打印的区域，如图9.6(a)所示，打印预览效果如图9.6(b)所示。

(2)“范围”选项。当用户在“打印范围”下拉列表中选择“范围”选项时，系统可打印图形中所有的对象，打印预览效果如图9.7所示。

(3)“图形界限”选项。系统将按照用户设置的图形界限来打印图形，此时在图形界限范围内的图形对象将打印在图纸上，打印预览效果如图9.8所示。

(4)“显示”选项。当用户在“打印范围”下拉列表中选择“显示”选项时，系统将打印绘图窗口内显示的图形对象，打印预览效果如图9.9所示。

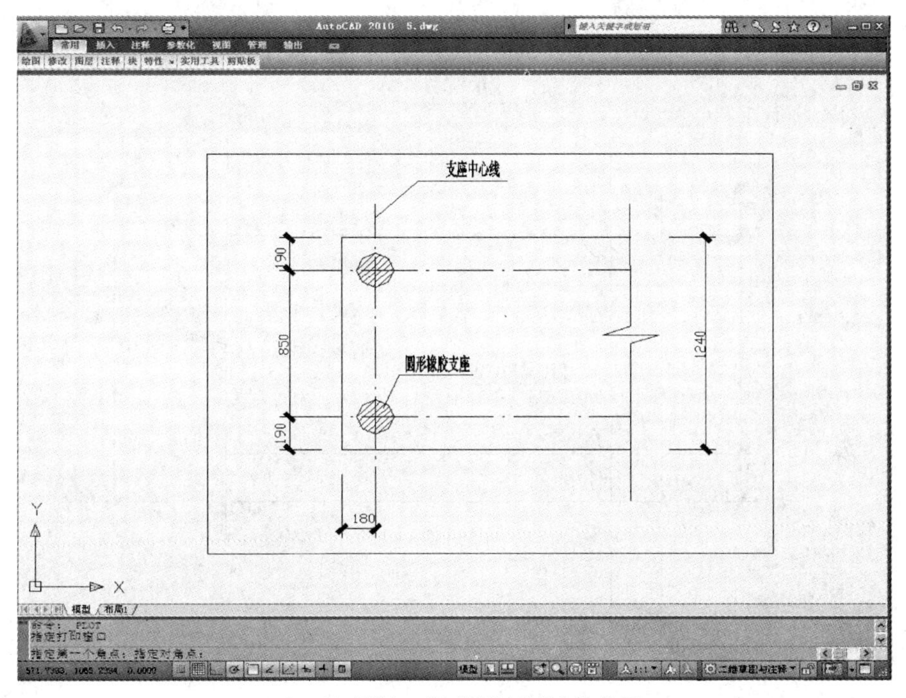

(a) 用“窗口”在绘图区选择打印范围

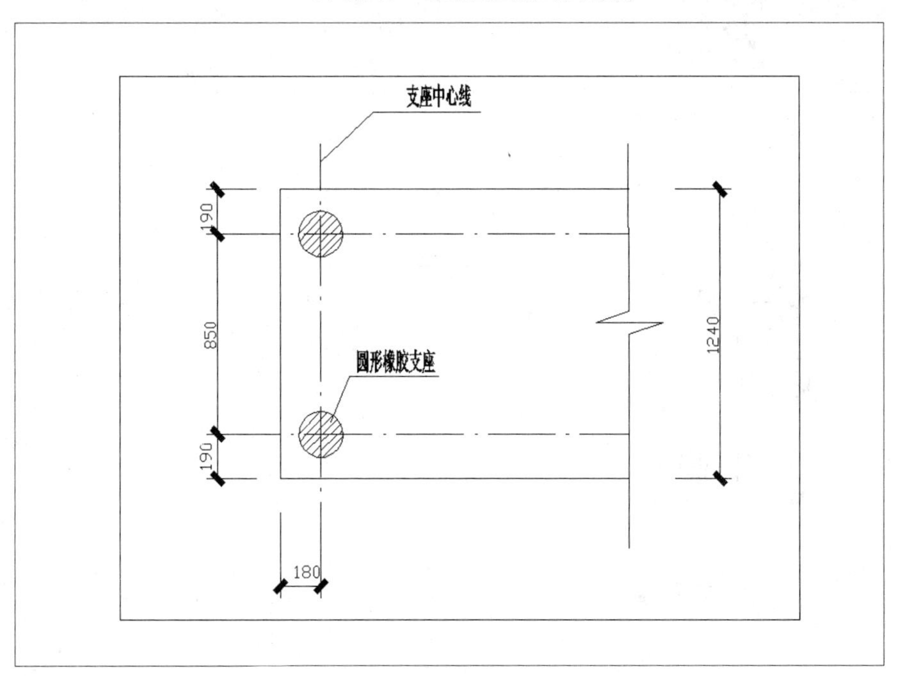

(b) 用“窗口”选择打印范围预览图

图 9.6 打印范围及预览

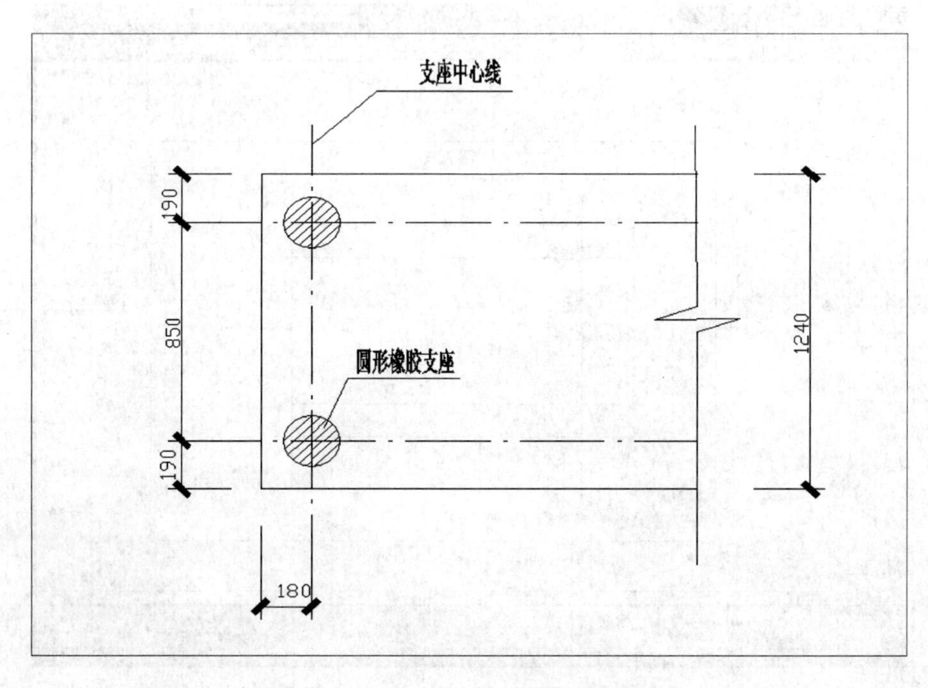

图9.7　“范围”选择打印范围预览图

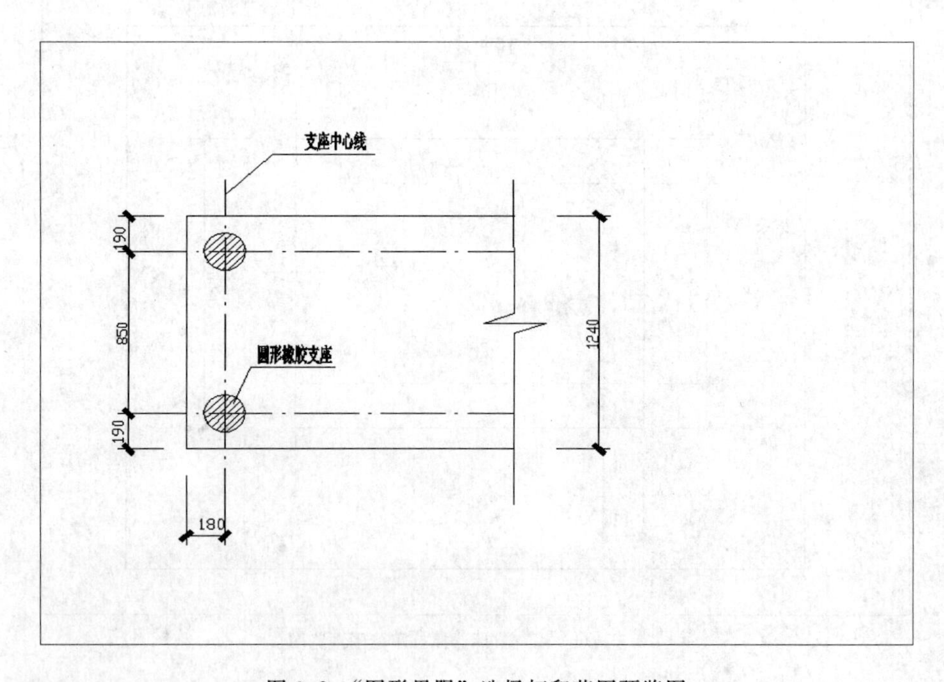

图9.8　“图形界限”选择打印范围预览图

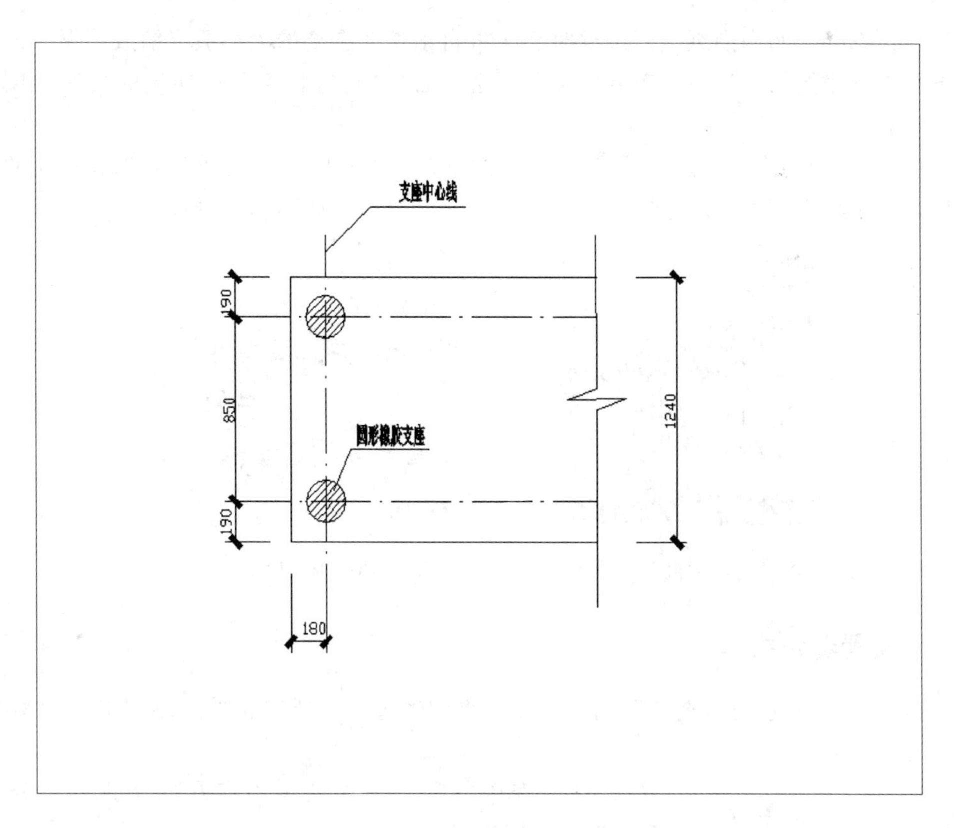

图 9.9 “显示”选择打印范围预览图

9.2.4 设置打印位置

图 9.1 中，“打印偏移”选项组用于设置图纸打印的位置，如图 9.10 所示。在缺省状态下，AutoCAD 将从图纸的左下角打印图形，其打印原点的坐标是（0，0)。若用户在“X”、“Y”数值框中输入相应的数值，则可以设置图形打印的原点位置，此时图形将在图纸上沿 *X* 和 *Y* 轴移动相应的位置。

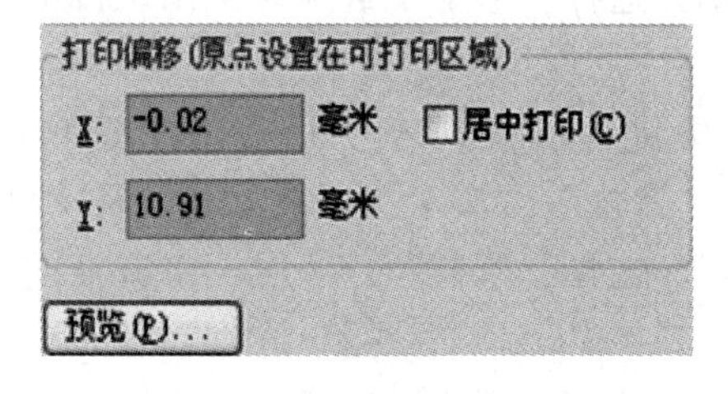

图 9.10 “打印偏移”对话框

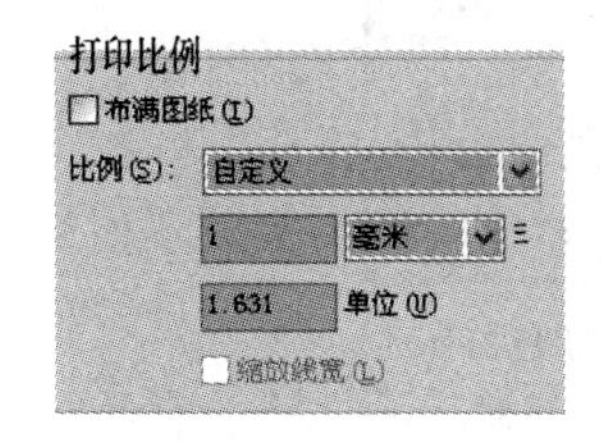

图 9.11 “打印比例”对话框

若选择“局中打印”复选框，则系统将在图纸的中间打印图形。

9.2.5 设置打印比例

图 9.1 中，“打印比例”选项组用于设置图形打印的比例，如图 9.11 所示。

当用户选择“布满图纸”复选框时系统将自动按照图纸的大小适当缩放图形，使打印的图形布满整张图纸。选择“布满图纸”复选框后，“打印比例”选项组的其他选项变为不可选状态。

“比例”下拉列表用于选择图形的打印比例，如图 9.12 所示。当用户选择相应的比例选项后，系统将在下面的数值框中显示相应的比例数值，如图 9.13 所示。

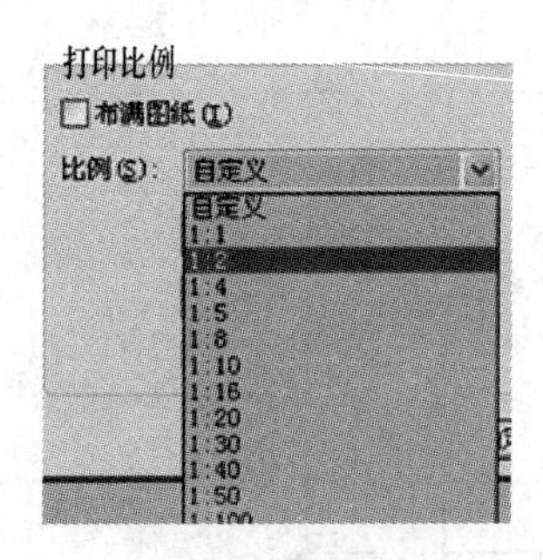

图 9.12　“打印比例”下拉列表框

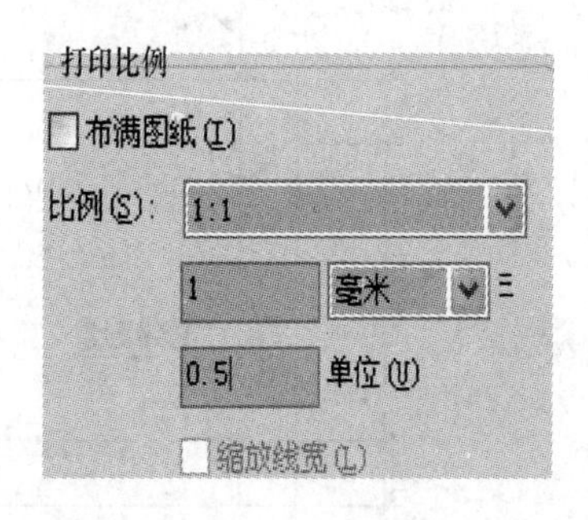

图 9.13　选的比例后对话框

9.2.6　设置着色打印

图 9.1 中，“着色适口选项”选项组用于打印经过着色或宣言的三维图形，如图 9.14 所示。

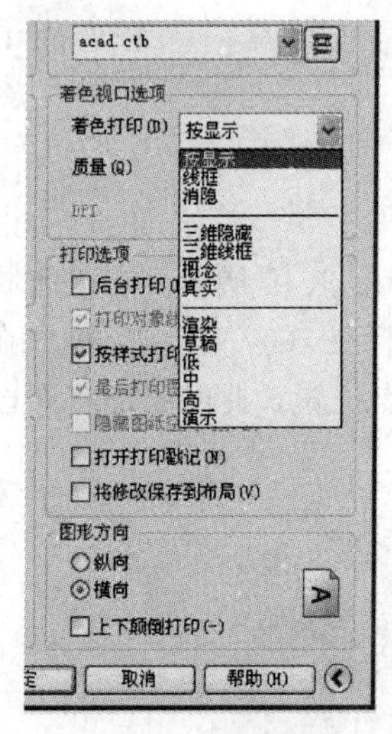

图 9.14　“着色打印预览”对话框

（1）在“着色打印”下拉列表中存在四个选项，分别为“按显示”、“线框”、“消隐”以及“渲染”。

1）“按显示”。选择“按显示”选项时，系统按图形对象在屏幕上的显示情况进行打印。

2）“线框”。选择“线框”选项时，系统按线框模式打印图形对象，而不考虑图形在屏幕的显示情况。

3）“消隐”。选择“消隐”选项时，系统按消隐模式打印图形对象，即在打印图形时去除其隐藏线。

4）“渲染”。选择“渲染”选项时，系统按渲染模式打印图形对象。

（2）在“质量”下拉列表中存在六个选项，分别为“草稿”、“预览”、“常规”、“演示”、“最大”以及“自定义”选项。

1）“草稿”。选择“草稿”选项时，将渲染或着色的图形以线框方式打印。

2）“预览”。选择“预览”选项时，将渲染或着色的图形的打印分辨率设置为当前设备分辨率的 1/4，DPI 最大值为 150。

3）“常规”。选择“常规”选项时，将渲染或着色的图形的打印分辨率设置为当前设备分辨率的 1/2，DPI 最大值为 300。

4）“演示”。择“演示”选项时，将渲染或着色的图形的打印分辨率设置为当前设备的分辨率，DPI 最大值为 600。

5）“最大”。选择“最大”选项时，将宣汉或着色的图形的打印分辨率设置为当前设备的分辨率。

6）“自定义”。选择“自定义”选项时，将渲染或着色的图形的打印分辨率设置为“DPI”框中用户指定的分辨率。

9.2.7 设置打印选项

在图 9.1 中，在“打印选项”选项组中，有指定线框、打印样式、着色打印和对象的打印次序等选项。

（1）“后台打印”。该复选框用于指定在后台处理打印操作。

（2）“打印对象线宽”。该复选框用于指定是否打印为对象或图层指定的线宽。

（3）“按样式打印”。该复选框用于指定是否打印应用于对象和图层的打印样式。选择该选项时，将自动选择“打印对象线宽”复选框。

（4）“最后打印图纸空间”。通常先打印图纸空间几何图形，然后再打印模型空间几何图形。

（5）“隐藏图纸空间对象”。该复选框用于指定渲染操作是否应用于图纸空间视图中的对象。此选项仅在布局选项卡中可用，效果可以反射在打印预览中，而不能反映在布局中。

（6）“打开打印戳记”。该复选框用于打开打印戳记。在每个图形的指定角点放置打印戳记，其中，打印戳记也可以保存到日志文件中。

（7）“将修改保存到布局”。该复选框将“打印”对画框中所做的修改保存到布局。

9.2.8 设置打印方向

图 9.1 中，“图形方向”选项组用于设置图形在图纸上的打印方向，如图 9.15 所示。

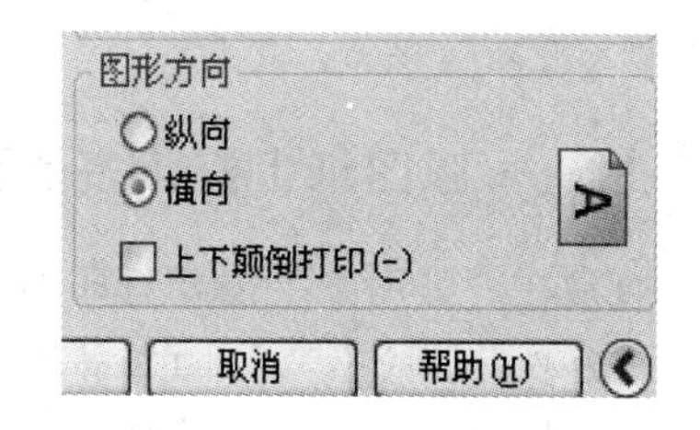

图 9.15 “图形方向”对话框

（1）“纵向”。当用户选择“纵向”选项时，图形在图纸上的打印位置是纵向的，即图形的长边为垂直方向。

（2）“横向”。当用户选择“横向”选项时，图形在图纸上的打印位置是横向的，即图形的长边为水平方向。

（3）“反向打印”。当用户选择“反向打印”复选框时，可以是图形在图纸倒置打印。该选项可以与“纵向”、“横向”两个单项组合使用。

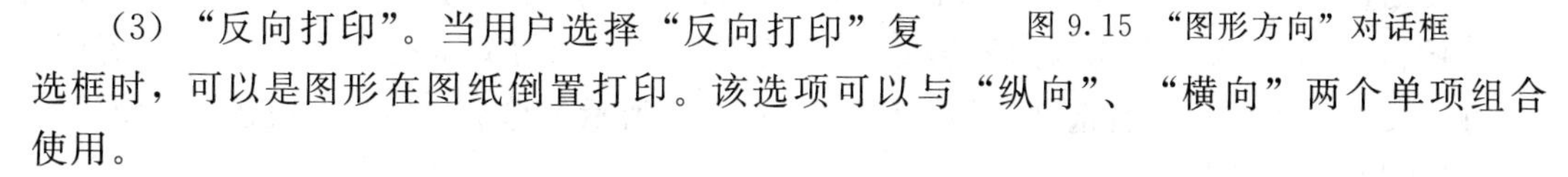

9.2.9 保存或输入打印设置

在完成图纸幅图、比例、方向等打印参数的设置后，可以将所有的设置的打印参数保存在页面设置中，以便以后使用。

利用“打印—模型”对话框中的“页面设置”选项组，可将图形中保存的命名页面设置作为当前页面设置，也可以创建一个新的命名页面设置。

9.2.10 打印预览

打印设置完成后，单击“预览”按钮，将显示图打印的预览图，如图 9.16 所示。如果想直接进行打印，可以单击“打印”按钮，打印图像；如果设置的打印效果不理想，可以单击“预览”按钮，返回到“打印”对话框中进行修改，再进行打印。

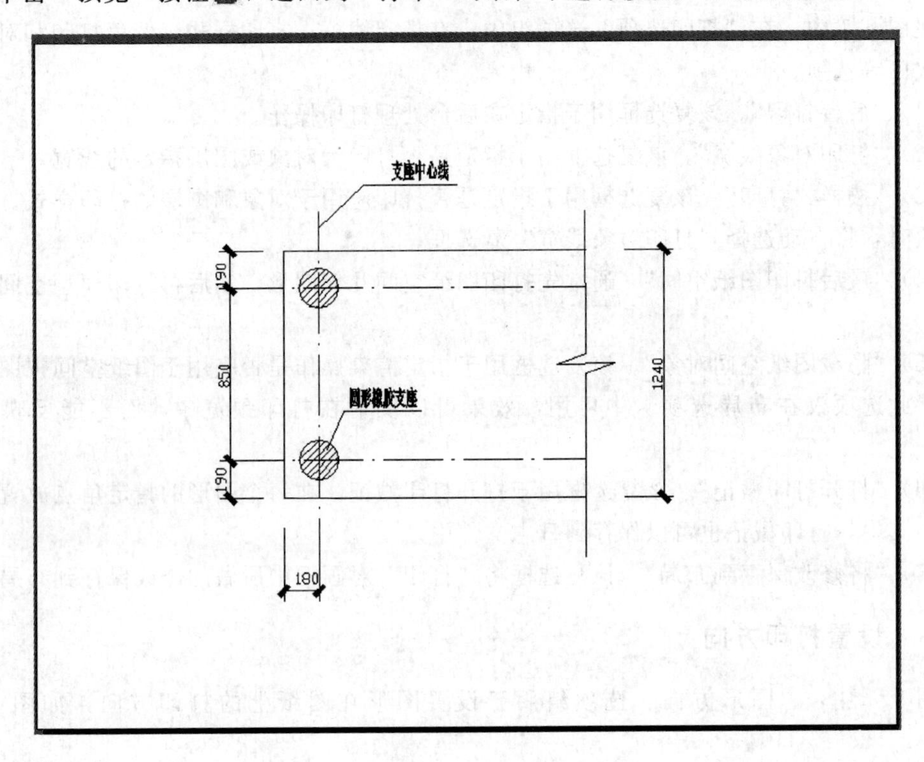

图 9.16 “预览”窗口

9.2.11 一张图纸上打印多个图形

通常在一张图纸上需要打印多个图形，以便节省图纸，具体的操作步骤如下：

(1) 选择“文件”→“新建”菜单命令，创建新的图形文件。

(2) 选择“插入”→“块”，弹出“插入”对话框，单击“浏览”，弹出“选择图形文件”对话框，从中选择要插入的图形文件，单击“打开”按钮，此时在“插入”对话框的“名称”文本框内将显示所选文件的名称，如图 9.17 所示，单击“确定”按钮，将图形插入到指定的位置。

⚠注意： 如果插入文件的文字样式于当前图形中的文字样式名称相同，则插入的图形文件中的文字将使用当前图形文件中的文字样式。

(3) 使用相同的方法插入其他需要的图形，使用“缩放”工具将图形进行缩放，起缩

图 9.17　“插入”对话框

放的比例与打印比例相同，适当组成一张图纸幅图。

（4）选择“文件”→“打印”菜单命令，弹出“打印”对话框，设置为 1∶1 的比例图形即可。

9.3　输出为其他格式文件

在 AutoCAD 2010 中，使用“输出”命令可以将绘制的图形输出为，BMP、3DS 等格式的文件，并可在其他应用程序中进行使用。

启用“输出”命令，方法有：①单击“下拉菜单”→“文件”→“输出”；②输入命令“EXPORT（EXP)”。

启用“输出”命令，弹出“输出数据”对话框，指定文件的名称和保存路径，并在“文件类型”选项的下拉列表中选择相应的输出格式，如图 9.18 所示，然后单击“保存”按钮，将图形输出为所选格式的文件。

在 AutoCAD 中，可以将图形输出为以下几种格式的文件：

（1）图元文件。此格式以“wmf”为扩展名，将图形输出为图元文件，以供不同的 Windows 软件调用，图形在其他的软件中图元的特性不变。

（2）ACIS。此格式以“sat”为扩展名，将图像输出为实体对象文件。

（3）平版印刷。此格式以“sd”为扩展名，输出图形为实体对象立体画文件。

（4）封装 PS。此格式以“eps”为扩展名，输出为 PostScrip 文件。

（5）DXX 提取。此格式以“dxx”为扩展名，输出为属性抽取文件。

（6）位图。此格式以“bmp”为扩展名，输出为与设备无关的位图文件，可供图像处理软件调用。

（7）3D Studio。此格式以“3ds”为扩展名，输出为 3D Studio（MAX）软件可接受的格式文件。

（8）块。此格式以“dwg”为扩展名，输出为图形块文件，可提供不同版本 CAD 软件调用。

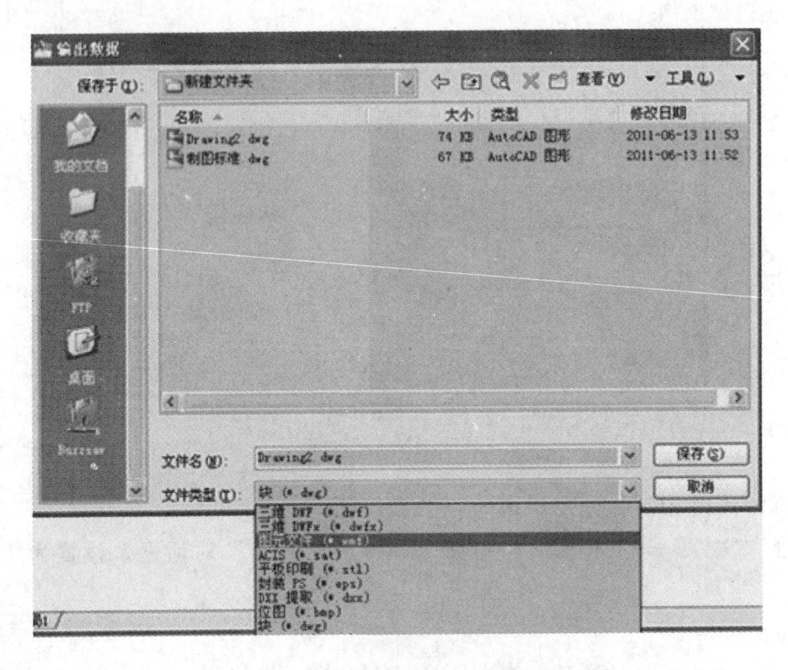

图 9.18 “输出数据”对话框

小　结

本章主要介绍了打印图形的操作过程、页面大小设置、打印范围和输出比例以及输出为其他格式文件的方法等内容。通过本章的学习，对图形输出的设置应有一个比较清楚的认识，并能够将所绘制的图形按照要求输出到图纸上。

习题与实训

1. 选择题

(1) 图形以 1∶1 的比例绘制，而打印时打印比例设置为“按图纸空间缩放”，输出图形时将：(　　)

a. 以 1∶1 的比例输出　　b. 缩放以合适指定的图纸

c. 以样板比例输出　　d. 以上都不是

(2) 为什么画出的虚线打印后变成直线？(　　)

a. 打印设备无法提供　　b. 您没有正确地设置线型比例命令

c. 图面线型没有配合　　d. 以上皆是

(3) AutoCAD 2005 允许在以下哪种模式下打印图形？(　　)

a. 模型空间　　b. 图纸空间　　c. 布局　　d. 以上都是

(4) 图纸的尺寸由图形的长度和图形的宽度确定。(　　)

a. 对　　b. 错误

(5) 在打开一张新图形时，AutoCAD 2005 创建的默认布局数是：(　　)

a. 0　　b. 1　　c. 2　　d. 无限制

2. 思考题

(1) 打印图形前，如何插入图框和标题栏？插入后不合适适应如何调整？

(2) 打印图形的范围如何选择？如何控制图形在图纸上的位置？

(3) 图形打印比例如何调整？

3. 作图题

绘制如图 9.19 所示图形，并打印输出。

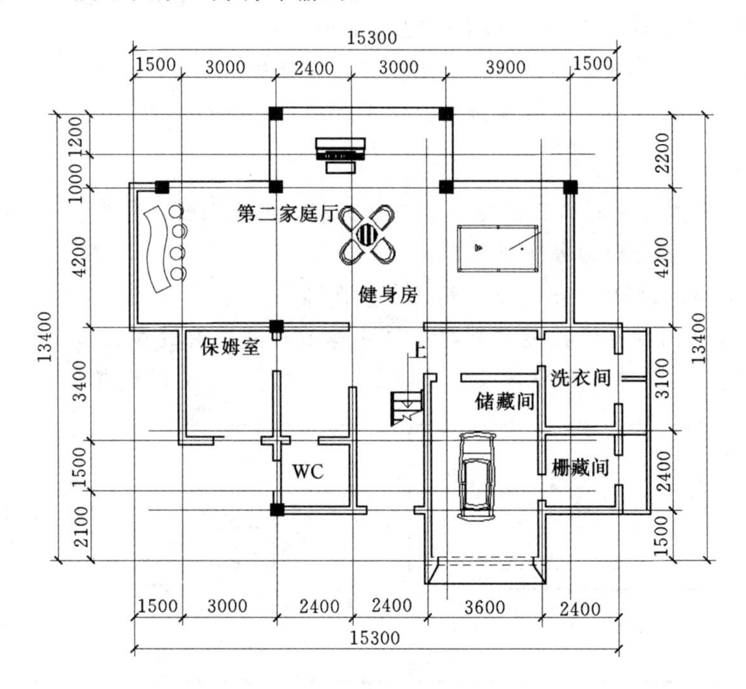

图 9.19　平面图

第10章　三维绘图与实体造型

知识目标：

- 掌握用户坐标系 UCS（User Coordinate System）。
- 掌握三维绘图基本命令，三维图形的编辑和渲染。
- 掌握布尔运算命令，能够通过布尔运算创建组合实体。

技能目标：

通过一个组合体三维实体三视图的绘制（图10.1），实现以下能力目标：

- 熟悉三维实体绘制的基本思路。
- 掌握 AutoCAD 2010 三维基本绘图与修改操作。
- 巩固与复习所学知识技能，创建三维实体后，可以通过对三维实体进行移动、旋转、镜像、缩放、倒角等各种编辑操作来修改实体的形状，从而构造出所需的实体形状。

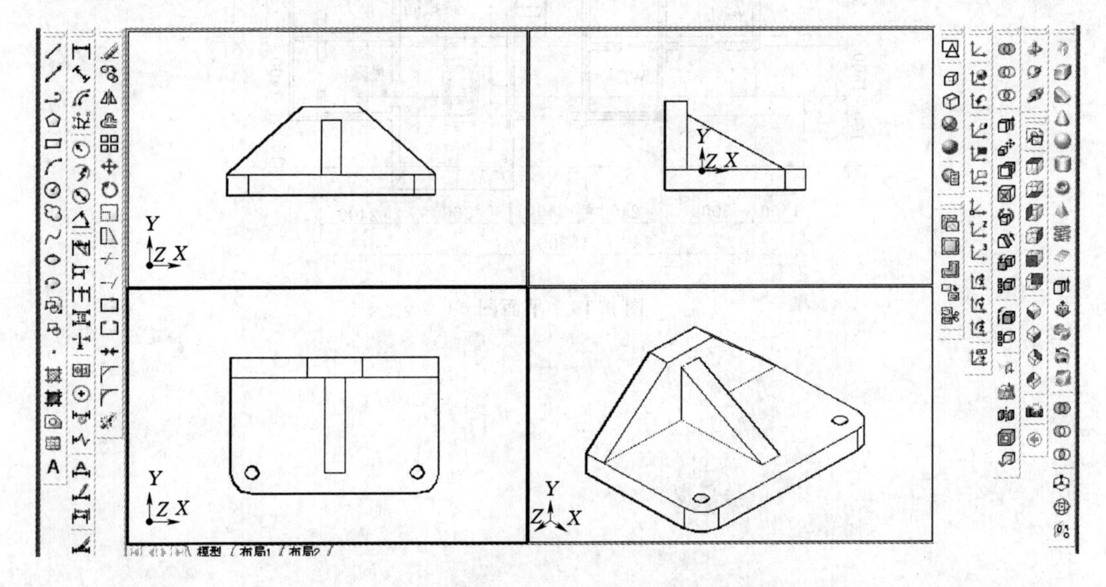

图10.1　组合体三视图

本章导语：

前面的章节我们已经了解了 AutoCAD 的二维平面基本操作和编辑知识，本章学习 AutoCAD 2010 基本三维绘图基本命令和三维图形的编辑和修改。掌握创建三维实体模型和房屋建模，可以对三维模型进行各种编辑，对表面模型和实体模型进行着色和渲染等操作，达到从技能训练中巩固已有知识、产生知识拓展的目的，寻求学习新知识的方法。

10.1 建立用户坐标系

用 AutoCAD 2010 绘制二维图形时，一般使用世界坐标系（World Coordinate System，WCS），对于绘制平面不变的二维图形来说，世界坐标系已经可以满足其要求。但对于三维图形，由于每个点都可能有互不相同的 X、Y、Z 坐标值，此时仍用原点和各坐标轴方向固定不变的世界坐标系，会给用户绘制三维图形带来很大的不便。如在二维图形上绘制一个圆是很容易的操作，但要在世界坐标系中给图 10.2 所示长方体的任意某个面中绘制一个圆，则是很困难的操作，这时如果直接执行绘制命令，则往往得不到所需的结果。因此在 AutoCAD 三维状态中绘出的平面图形，总是在与当前坐标系 XY 平面平行的平面上。

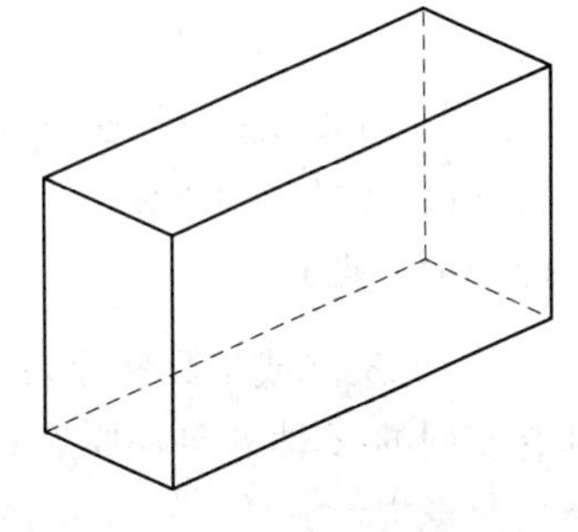

图 10.2 三维图形

在 AutoCAD 中，可以根据用户的需求来制定坐标系统，即用户坐标系。制定适合用户需要的坐标系统，可以比较方便绘制用户所需的图形。

建立用户坐标系可用：输入命令“UCS”，出现“UCS”及“UCSⅡ”相应按钮。

“UCS”工具栏及“UCSⅡ”工具栏的外形如图 10.3 所示。

图 10.3 “UCS”工具栏及“UCSⅡ”工具栏

启动“UCS”命令后，出现提示：

输入选项［新建（N）/正交（G）/上一个（P）/保存（S）/删除（D）/应用（A）/？世界（W）］〈世界〉：

上述选项是 AutoCAD 对用户坐标系进行操作的全部方式，分别介绍如下：（在新的用户坐标系统创建成功以前所输入的坐标值都是指原坐标系中的坐标值）

（1）新建。创建新的用户坐标系统命令如下：

指定新 UCS 的原点或［Z 轴（ZA）/三点（3）/对象（OB）/面（F）/视图（V）/X/Y/Z］〈0，0，0〉：

各命令的含义如下：

1）指定新 UCS 的原点（或工具栏上）：缺省选项，为新的用户坐标系统指定新的原点，但 X、Y、Z 轴的方向不变。可以直接在屏幕上选取一点作为新的原点；也可以键入 X、Y、Z 坐标值作为新的原点，如果只键入 X、Y 坐标值，则 Z 坐标值将保持不变。

2）Z 轴（或工具栏上）：确定新的原点和 Z 轴的正方向（X 轴和 Y 轴方向不变）来创建新的 UCS。选择后出现提示：

指定新原点〈0，0，0〉：（和前面“指定新UCS的原点”操作一样）

在正Z轴范围上指定点〈当前点坐标〉：（输入或指定某一点，新原点和此点的连线方向为Z轴的正方向。直接按回车则新坐标系统的Z轴通过新原点且和原坐标系统的Z轴平行同向）

3）三点（或工具栏上）：三点分别为新UCS的原点、X轴上一点和Y轴上一点。然后出现提示：

指定新原点〈0，0，0〉：

在正X轴范围上指定点〈当前点坐标〉：（确定新UCS的X轴正方向上的任一点）

在UCS XY平面的正Y轴范围上指定点〈当前点坐标〉：（确定新UCS上Y坐标值为正且在XOY平面上的一点）

4）对象（或工具栏上）：根据用户指定的对象来创建新的UCS。新UCS与所选对象具有相同的Z轴方向，原点和X轴正方向由规则确定，Y轴方向则由右手规则确定。选择后出现提示：

选择对齐UCS的对象：（选择用来确定新UCS的对象）

5）面（或工具栏）：根据三维实体表面创建新的UCS。将新UCS的XOY平面对齐在所选三维实体的一面，且新原点为位于实体被选面且离拾取点最近的一个角点。选择后出现提示：

选择实体对象面：（选取三维实体的表面）

输入选项［下一个（N）/X轴反向（X）/Y轴反方向（Y）］〈接受〉：

其含义为：①接受表示接受当前所创建的UCS；②下一个表示将UCS移动到下一个相邻的表面或移动到所选面的后面；③X轴反向表示新的UCS绕X轴旋转180°；④Y轴反向表示新的UCS绕Y轴旋转180°。

6）视图（或工具栏上）：选择后将新UCS的XOY平面设为当前视图平行，即是新的UCS平行于计算机屏幕，且X轴指向当前视图中的水平方向，原点保持不变。

7）X/Y/Z（或工具栏上）：将原UCS绕X（或Y或Z）轴旋转指定的角度生成新的UCS。以“X”为例，选择后出现提示：

指定绕X轴的旋转角度〈90〉：［用户可在此提示符下输入旋转角度，正负值由右手规则确定（假象用右手握住轴，拇指方向就是正方向，弯曲手指的方向是该轴正向旋转角度的方向）］

（2）移动（或UCS工具栏上）。移动当前坐标系统的原点或沿Z轴方向移动。选择后出现提示：

指定新原点或［Z向深度（Z）］〈0，0，0〉：（用户确定新的坐标原点）

输入Z后出现如下提示：

指向Z向深度〈0〉：（用户可以输入坐标原点沿Z轴方向移动的距离）

（3）正交。在六个预设置的正交方式中选择一个，也就是在图形的上、下、前、后、

左、右六个方向选择一个视图。输入 G 后出现提示：

输入选项［俯视（T）/仰视（B）/主视（F）/后视（BA）/左视（L）/右试（R）］〈当前正交视图〉：

（4）上一个（或工具栏上）。选择后，将返回上一次的坐标系统，此命令最多可重复使用十次。

（5）恢复。选用命名保存过的 UCS，使其成为新的 UCS。

（6）保存。命名保存当前的 UCS 设置。

（7）删除。删除以前保存的用户坐标系统。

（8）应用（或工具栏上）。选择后出现提示：

拾取要应用当前 UCS 的视口或［所有（A）］〈当前〉：（用户确定是将当前 UCS 应用于指定视口，还是应用于所有视口）

（9）?。列出当前图形文件中所有已命名的用户坐标系统。

（10）世界（或工具栏上）。此选项是默认项，将当前 UCS 重置成 WCS。

10.2 创建基本三维实体模型

在前面所讲的三维曲面是空心的对象，是一个空壳，而用户经常需要对三维实体进行打孔、挖槽等布尔运算，形成更加复杂、具有实用价值的三维图形，这样就要求我们所创建的三维实体应该是实心的，而不仅仅是表面模型。

创建三维实体模型，可以利用 AutoCAD 2010 提供的三维基本实体模型，如长方体、球体、圆柱体、圆锥体、楔体和圆环体，这些实体可以通过相互“加”“减”或“交”形成更复杂的三维实体，也可以使之旋转、拉伸、切削或倒角形成新实体。

创建三维实体可以从命令行直接输入命令，也可以使用菜单“绘图”→“实体”，从弹出的子菜单中选取所需的三维实体，或者使用“实体”工具栏按钮，如图 10.4 所示。

图 10.4 “实体”工具栏

10.2.1 长方体（BOX）

创建长方体或正方体实体模型。启动长方体命令的方式为：输入命令“BOX”，选择“绘图”→“实体”→“长方体”命令。

使用本命令创建如图 10.5 所示的长方体实体有四种方法。

（1）指定长方体底面对角和高度。这是生成长方体的缺省方法，命令及说明如下：

指定长方体的角度或［中心点（CE）］〈0，0，0〉：（确定长方体的一个顶点）

指定角点或［立方体（C）/长度（L）］：@150，100↙（确定长方体底面的对角点，由两个角点确定长方体的底面）

指定高度：80↙（确定长方体的高度）

则生成如图 10.5 所示的长方体（设置为东南等轴测视图）。

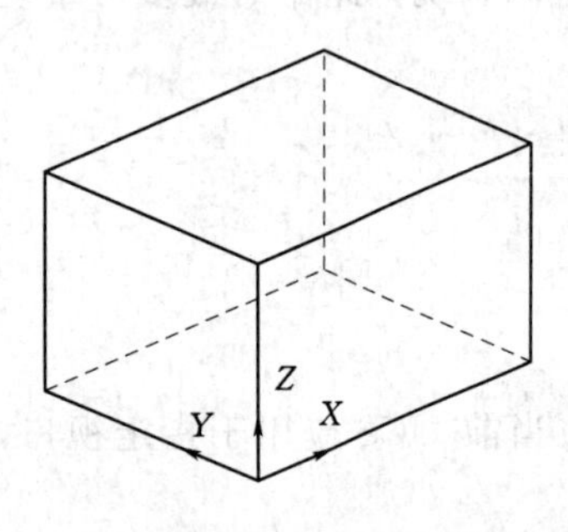

图 10.5　长方体

长方体的长、宽、高是分别平行于当前 UCS 的 X、Y、Z 轴。长方体的长、宽、高的值可正可负，正值表示方向与坐标轴正方向相同，负值则表示方向与坐标轴负方向相同。

（2）指定长方体的对角顶点。命令及说明如下：

指定长方体的角点或［中心点（CE）］〈0，0，0〉：（输入或在屏幕上指定长方体的一个顶点）

指定角点或［立方体（C）/长度（L）］：@150，100，80↙（确定长方体的对角顶点）

当第二个角点和第一个角点不在同一水平面上时，AutoCAD 会根据这两个角点和当前 UCS 确定长、宽、高从而生成长方体。

（3）指定长方体的长、宽、高。命令及说明如下：

指定长方体的角点或［中心点（CE）］〈0，0，0〉：（输入或在屏幕上指定长方体的一个顶点）

指定角点或［立方体（C）/长度（L）］：L↙

指定长度：150↙

指定宽度：100↙

指定高度：80↙

当已知长方体的一个顶点和长、宽、高，可用这种方法生成长方体。

（4）指定底面中心点、角点和高度。命令及说明如下：

指定长方体的角点或［中心点（CE）］〈0，0，0〉：CE↙

指定长方体的中心点〈0，0，0〉：（输入或在屏幕上指定长方体底面的中心点）

指定角点或［立方体（C）/长度（L）］：@75，50↙（输入或指定长方体底面的一个角点）

指定高度：80↙

生成一个已知底面中心点，长为 150，宽为 100，高为 80 的长方体。

本命令还可以创建正方体。生成正方体的方法有两种，一种是已知正方体底面角点和长度，另一种是已知正方体底面中心点和长度。下面以已知角点和长度的方法为例，命令及说明如下：

指定长方体的角点或［中心点（CE）］〈0，0，0〉：（输入或在屏幕上指定正方体的一个顶点）

指定角点或［立方体（C）/长度（L）］：C↙（进入绘制正方体模式）

指定长度：100↙（输入或指定正方体的长度）

生成如图 10.6 所示的正方体。

10.2.2 球体（SPHERE）

创建实心球体模型。启动球体命令的方式为：输入命令“SPHERE”，选择“绘图”→“实体”→“球体”命令。

启动绘制球体命令后，命令及说明如下：

指定球体球心〈0，0，0〉：（输入或在屏幕上指定球体的球心）

指定球体半径或［直径（D）］：（输入或指定球体的半径或直径）

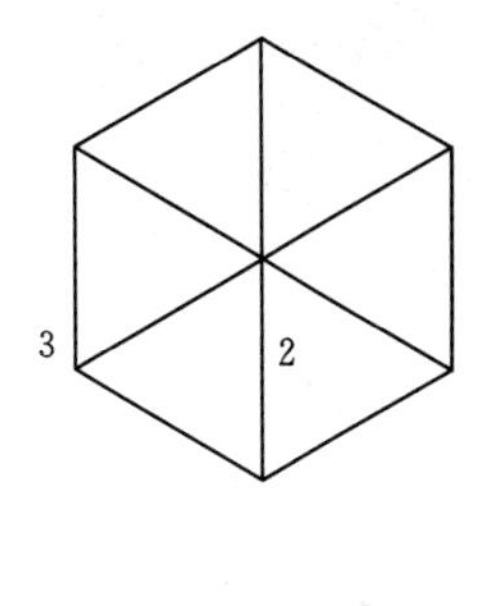

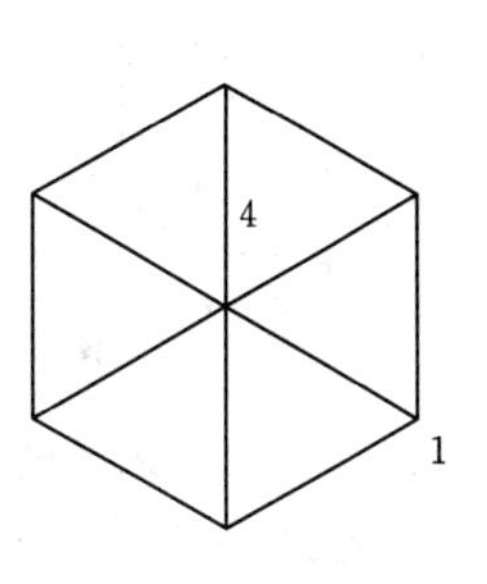

图 10.6 正方体

生成如图 10.7 左边所示的球体。变量 ISOLINES 是控制球体线框密度的，初始设置值为 4，其值越大，线框越密。变量 ISOLINES 对后面介绍的圆柱体、圆锥体、圆环等实体也有相同的影响。当把变量 ISOLINES 改成 10 后生成如图 10.7 所示球体。

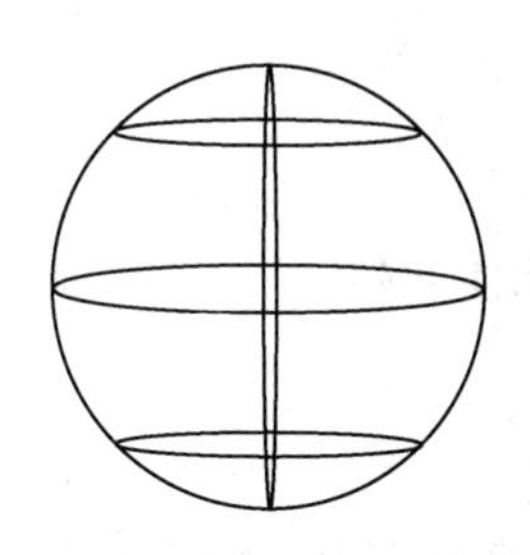

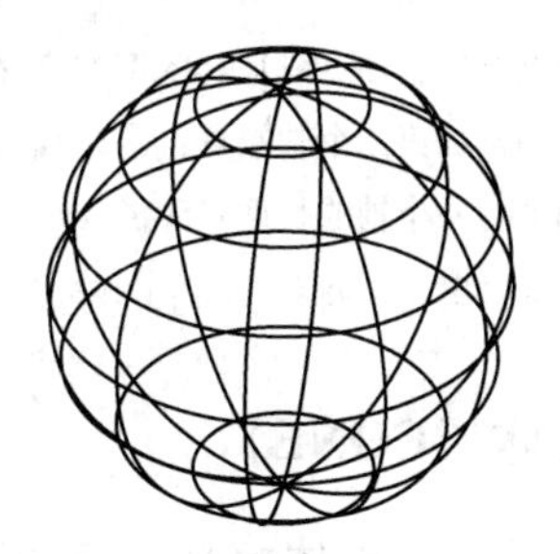

图 10.7 ISOLINES 值为 4 和 10 时的球体

10.2.3 圆柱体（CYLINDER）

创建圆柱体或椭圆体模型。启动圆柱体命令的方式为：输入命令“CYLINDER”，选择“绘图”→“实体”→“圆柱体”命令。

（1）使用本命令创建圆柱实体有两种方法。

1）据圆柱体底面中心点、半径（直径）和高度生成的圆柱体，命令及说明如下：

指定圆柱体底面的中心点或［椭圆（E）］〈0，0，0〉：（输入或在屏幕上指定圆柱体底面的中心点）

指定圆柱体底面的半径［直径（D）］：（输入或指定圆柱体底面的半径或直径）

指定圆柱体高度或［另一个圆心（C）］：（输入或指定圆柱体的高度）

生成如图 10.8 左侧所示的圆柱体。

2）根据圆柱体两个端面的中心点和半径（直径）创建圆柱体。利用此方法，可以创建在任意方向放置的圆柱体，命令及说明如下：

指定圆柱体底面的中心点或［椭圆（E）］〈0，0，0〉：（输入或在屏幕上指定圆柱体底面的中心点）

指定圆柱体底面的半径［直径（D）］：（输入或指定圆柱体底面的半径或直径）

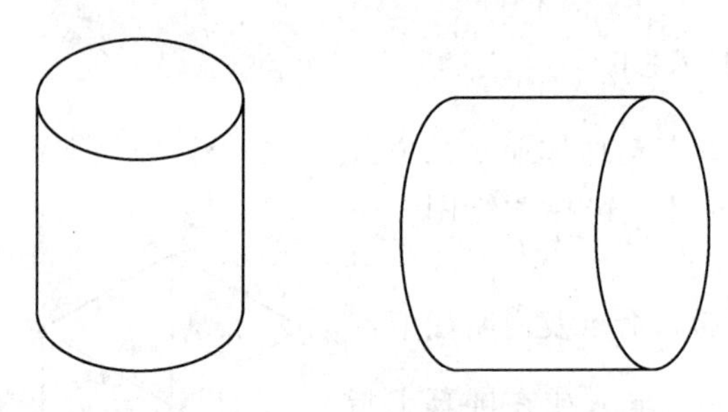

图 10.8　圆柱体

指定圆柱体高度或［另一个圆心（C)]：C↙（进入指定圆柱体另一端面中心点模式）

指定圆柱的另一个圆心：（指定圆柱的另一个圆心）

生成如图 10.8 右侧所示的圆柱体。

(2) 使用本命令创建椭圆柱体也有两种方法，和创建圆柱体的操作类似，这里讲解第一种方法，命令及说明如下：

指定圆柱体底面的中心点或［椭圆（E)]〈0，0，0〉：E↙（进入绘制椭圆柱体状态）

指定圆柱体底面椭圆的轴端点或［中心点（C)]：（屏幕上确定一点）

指定圆柱体底面椭圆的第二个轴端点：@200，0↙

指定圆柱体底面的另一个轴的长度：50↙

指定圆柱体高度或［另一个圆心（C)]：150↙（确定椭圆柱体的高度）

10.2.4　圆锥体（CONE）

创建圆锥体或椭圆锥体模型。启动圆锥体命令的方式为：输入命令“CONE”，选择“绘图”→“实体”→“圆锥体”。

使用本命令创建圆锥体有以下两种方法：

(1) 根据圆锥体底面中心点、半径（直径）和高度创建竖直的圆锥体，命令及说明如下：

指定圆锥体底面的中心点或［椭圆（E)]〈0，0，0〉：（输入或在屏幕上指定圆锥体底面的中心点）

指定圆锥体底面的半径［直径（D)]：50↙（输入或指定底面的半径或直径）

指定圆锥体高度或［顶点（A)]：150↙（输入或指定圆锥体的高度，生成圆锥体的中心线与当前 UCS 的 Z 轴平行）

选择合适的视点，得到如图 10.9 左侧所示的圆锥体。

(2) 根据圆锥体底面中心点、顶点和半径（直径）创建任意方位放置的圆锥体。利用此方法，可以创建在任意方位放置的圆锥体，命令及说明如下：

指定圆锥体底面的中心点或［椭圆（E)]〈0，0，0〉：（输入或在屏幕上指定圆锥体底面的中心点）

指定圆锥体底面的半径［直径（D)]：50↙（输入或指定底面的半径或直径）

指定圆锥体高度或［顶点（A)]：A↙

指定顶点：@150，0↙（输入或指定圆锥体的顶点）

选择合适的视点，得到如图 10.9 右侧所示的中心线与 *X* 轴平行的圆锥体。

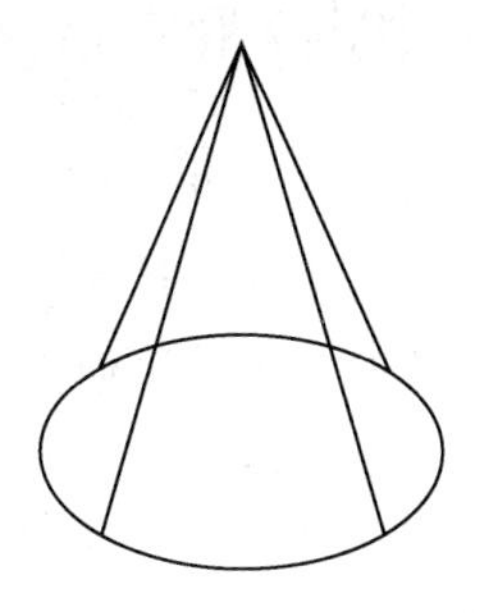

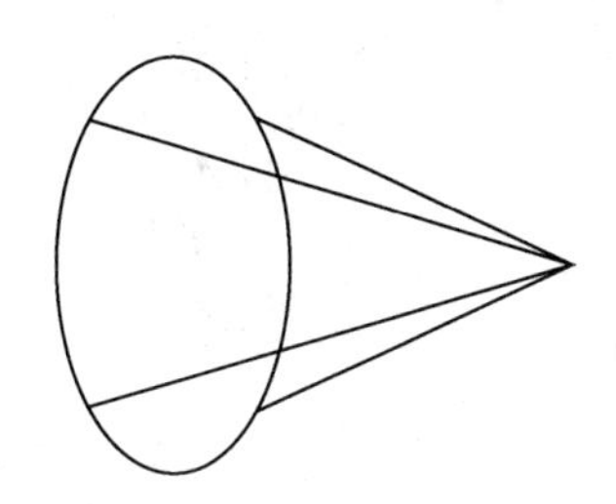

图 10.9 圆锥体

10.2.5 楔形体（WEDGE）

创建楔形体模型。启动楔形体命令的方式为：输入命令“WEDGE”，选择“绘图”→“实体”→“楔体”。

根据楔体底面一个角点和长、宽、高创建楔形实体，命令及说明如下：

指定楔形体的第一个角点或［中心点（CE）］〈0，0，0〉：100，100↙（输入或在屏幕上指定楔形体底面的一个角点）

指定角点或［立方体（C）/长度（L）］：L↙

指定长度：200↙

指定宽度：100↙

指定高度：50↙

选择合适的视点，得到楔形体。

楔形体的长、宽、高分别与当前 UCS 的 *X*、*Y*、*Z* 轴方向平行。楔形体的长度、宽度、高度既可以是正值，也可以是负值。输入正值时，沿相应坐标轴的正方向创建楔形体，负值则沿坐标轴的负方向创建楔形体。

如果在提示“指定角点或［立方体（C）/长度（L）］”下输入“C”，则只需输入一个长度，AutoCAD 2010 就会创建一个等边楔形体，如图 10.10 所示。

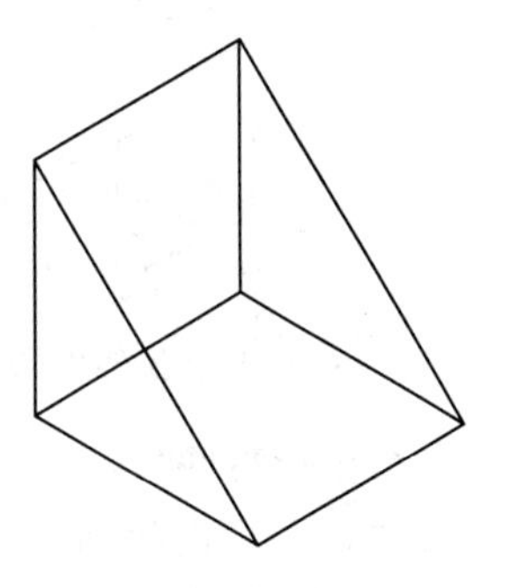

图 10.10 等边楔形体

10.2.6 圆环体（TORUS）

创建圆环实体模型。启动圆环体命令的方式为：输入命令“TORUS”，选择“绘图”→“实体”→“圆环体”。

启动绘制圆环体命令后，命令及说明如下：

指定圆环体中心〈0，0，0〉：（输入或指定圆环体中心点的位置）

指定圆环体半径或［直径（D）］：100↙（确定圆环的半径或直径）

指定圆管半径或［直径（D）］：30↙（确定圆管的半径或直径）

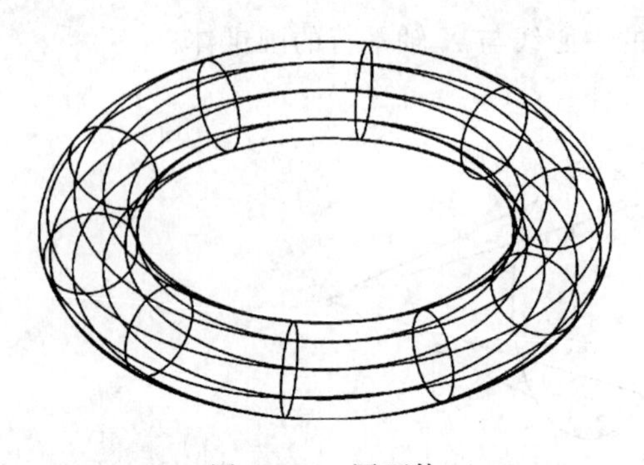

图 10.11　圆环体

改变圆环体（ISOLINES＝10），得到如图 10.11 所示的圆环体。

10.2.7　拉伸生成实体（EXTRUDE）

拉伸生成实体是指通过将二维封闭对象按指定的高度或路径进行拉伸而创建的三维实体。用于拉伸的对象可以是圆、椭圆、二维多段线、样条曲线、面域等对象，但必须是封闭的。启动 EXTRUDE 命令的方式为：输入命令“EXTRUDE”，选择“绘图”→“实体”→“拉伸”。

使用本命令拉伸实体的方法如下：

（1）根据拉伸高度和倾斜角度生成实体。先启动正多边形命令绘制一个正四边形，再启动拉伸命令，命令及说明如下：

选择对象：找到 1 个（选取绘制的四边形）

选择对象：↙（按〈Enter〉键结束选择）

指定拉伸高度或［路径（P）］：100↙（指定拉伸的高度）

指定拉伸的倾斜角度〈0〉：↙（指定拉伸的倾斜角度，按〈Enter〉键表示角度为 0）

选取合适的视点，得到如图 10.12 所示的实体。如果在“指定拉伸的倾斜角度〈0〉”中输入一定的角度（如 15），则生成如图 10.13 所示的实体。

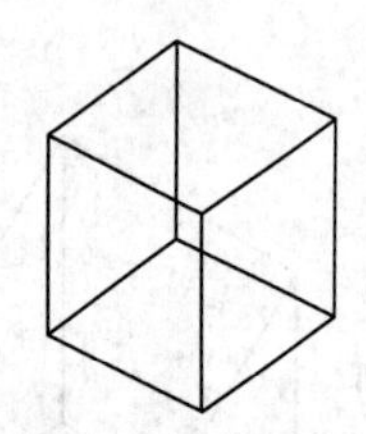

图 10.12　拉伸生成的实体

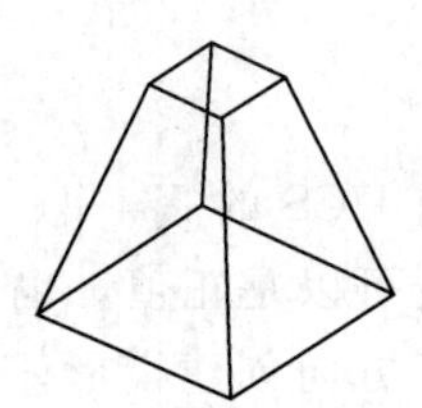

图 10.13　有倾斜角度的拉伸实体

当拉伸高度为正时，拉伸的方向与 Z 轴方向相同，如拉伸高度为负时，则拉伸方向与 Z 轴的负方向相同。倾斜角度允许的范围是－90°～＋90°，为正值时是向内倾斜，为负值时是向外倾斜。要拉伸的对象必须有至少三个顶点，但少于 500 个顶点，对象也不能自交叉或重叠。

（2）根据指定路径生成实体。先绘制一个边长为 100 的正六边形，再绘制一条直线，起点为正六边形某一端点，终点为@0，0，100。再启动拉伸命令，命令及说明如下：

选择对象：（选择绘制的正六边形）

选择对象：↙（按〈Enter〉键结束选择）

指定拉伸高度或［路径（P）］：P↙

选择拉伸路径或［倾斜角］：

选择直线

选择合适的视点，得到如图 10.14 所示的实体。

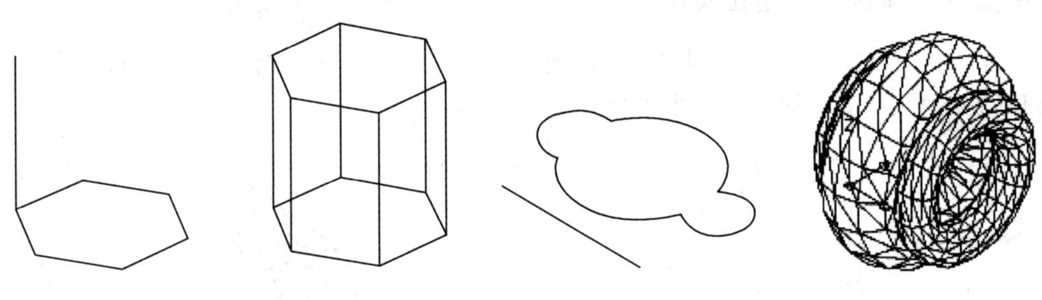

图 10.14　沿路径拉伸生成的实体　　　　图 10.15　通过旋转创建实体

10.2.8　旋转（REVOLVE）

在 AutoCAD 中，可以使用“绘图”→“建模”→“旋转”命令（REVOLVE），将二维对象绕某一轴旋转生成实体。用于旋转的二维对象可以是封闭多段线、多边形、圆、椭圆、封闭样条曲线、圆环及封闭区域。三维对象、包含在块中的对象、有交叉或自干涉的多段线不能被旋转，而且每次只能旋转一个对象。

选择“绘图”→“建模”→“旋转”命令，并选择需要旋转的二维对象后，通过指定两个端点来确定旋转轴，如图 10.15 所示。具体步骤如下：

（1）先用“PLINE”、“LINE”命令绘制左图所示的多段线和直线。

（2）设置线框密度“ISOLINES”为 30。

（3）启动旋转命令：

选择对象：（选取多线段）

选择对象：↙（按〈Enter〉键结束选择）

指定旋转轴的起点或定义轴依照 [对象（O）/X 轴（X）/Y 轴（Y）]：（选取左边直线的一个端点）

指定轴端点：（选取另一个端点）

指定旋转角度〈360〉：↙

10.2.9　通过扫掠创建实体

在 AutoCAD 2009 中，选择新增的“绘图”→“建模”→“扫掠”命令（SWEEP），可以绘制网格面或三维实体。如果要扫掠的对象不是封闭的图形，那么使用“扫掠”命令后得到的是网格面，否则得到的是三维实体，如图 10.16 所示。

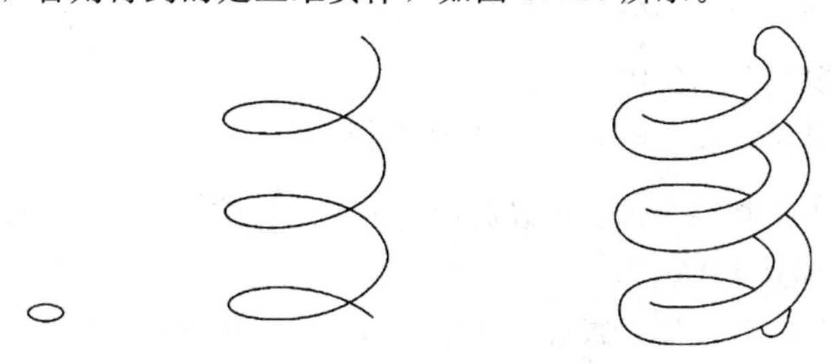

图 10.16　通过扫掠创建实体

10.2.10　通过放样创建实体

在 AutoCAD 2010 中，选择新增的“绘图”→“建模”→“放样”命令，可以将二维图形放样成实体，如图 10.17 所示。

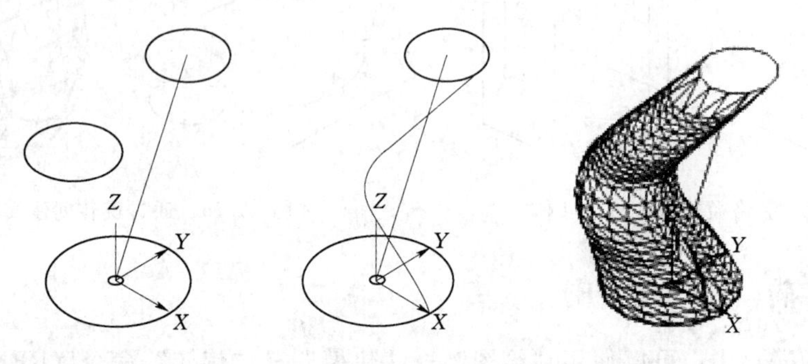

图 10.17　通过放样创建实体

10.3　三维图形编辑

10.3.1　三维实体布尔运算

在用户实际绘图过程中，复杂实体往往不能一次生成，一般都要由相对简单的实体通过布尔运算组合而成。布尔运算就是对多个三维实体进行求并、求差或求交的运算，使它们进行组合，最终形成用户需要的实体，当然，这些操作对面域也能运行。

1. 并集运算（UNION）

并集运算是将多个实体组合成一个实体。启动并集运算命令的方式为：输入命令“UNION（或 UNI）”，选择“修改”→“实体编辑”→“并集”。

“实体编辑”工具栏如图 10.18 所示。

图 10.18 “实体编辑”工具栏

启动并集运算命令后，出现如下提示：

选择对象：(选择要合并的实体)

选择对象：(继续选择或按〈Enter〉键结束选择)

对于不接触或不重叠的实体也可以进行并集运算，结果是生成一个组合实体。

2. 差集运算（SUBTRACT）

差集运算就是从一些实体中减去另一些实体，从而得到一个新的实体。启动差集运算命令的方式为：输入命令“SUBTRACT（或 SU）”，选择“修改”→“实体编辑”→

“差集”。

启动差集运算命令后，出现如下提示：

选择要从中减去的实体或面域...
选择对象：(选择被减的实体)
选择对象：(继续选择或回车结束选择)
选择要减去的实体或面域
选择对象：(选择要减去的实体)
选择对象：(继续选择或回车结束选择)

在差集运算中，作为被减的实体和要减去的实体必须有公共部分，否则被减的实体不变，要减去的实体消失。

3. 交集运算 (INTERSECT)

交集运算就是得到参与运算的多个实体的公共部分而形成一个新实体，而每个实体的非公共部分将会被删除。启动交集运算命令的方式为：输入命令“INTERSECT (或IN)”，选择“修改”→“实体编辑”→“交集”。

启动并集运算命令后，出现如下提示：

选择对象：(选择要交集运算的实体)
选择对象：(继续选择或按〈Enter〉键结束选择)

进行交集运算的各个实体必须有公共部分，否则提示运算错误。

绘制相交的一个长方体和一个圆柱体，分别进行并集、差集、交集运算，得到不同的结果，如图10.19所示。

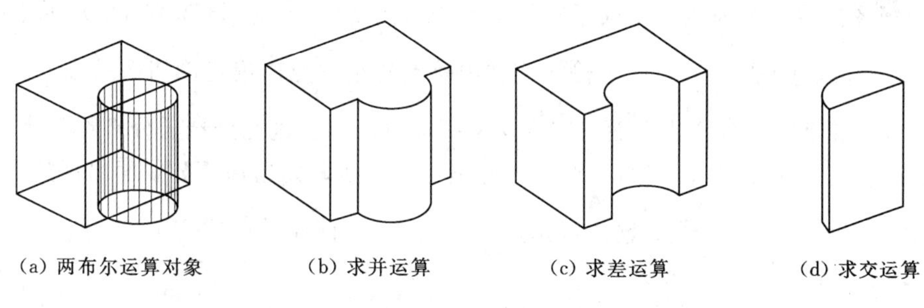

(a) 两布尔运算对象　(b) 求并运算　(c) 求差运算　(d) 求交运算

图10.19 并集、差集、交集运算的结果

10.3.2 三维实体编辑命令

实际生活中的实体往往比较复杂，绘制基本轮廓后还需要对其进行修改，才能完成三维图形的绘制。

1. 剖割实体

利用AutoCAD 2010提供的剖割命令，用户可以方便地根据需要将实体切成两部分，或绘制出实体的切割剖面图。三维实体的剖割有两种形式：一是将三维实体剖切成两部分，用户可以保留其中的一部分，也可以全部保留；二也是将三维实体进行剖切，但实体还是一个整体，只是沿剖切平面生成一个剖面图。

剖切实体时，启动剖切命令的方式为：输入命令“SLICE（或 SL）”，选择“绘图”→“实体”→“剖切”，选择“实体编辑”。

启动剖切命令后出现如下提示：

选择对象：（选择要被剖切的实体）

选择对象：（继续选择或回车结束选择）

指定切面上的第一个点，依照［对象（O）/Z 轴（Z）/视图（V）/XY 平面（XY）/YZ 平面（YZ）/ZX 平面（ZX）/三点（3）］〈三点〉：（可以用多种方式来确定剖切平面）

在要保留的一侧指定点或［保留两侧（B）］：［在剖切平面的一侧选取一点，则位于该侧的那部分被保留，另一部分被删除；选择“保留两侧（B）”则保留被切开的两部分实体］

各选项含义如下：

（1）三点。是缺省项，表示通过指定三点来确定剖切面。选择该选项后出现如下提示：

（2）对象。将指定对象所在的平面作为剖切面。选择该选项后出现如下提示：

选择圆、椭圆、圆弧、二维样条曲线或二维多线段：（选择一个二维图形作为剖切面）

（3）*Z* 轴。通过确定剖切面上的任一点和垂直于该剖切面的直线上的任一点来确定剖切面。选择该选项后出现如下提示：

指定剖面上的店：（指定剖切面上的一点）

指定平面 Z 轴（法向）上的点：（指定一点，该点和剖切面上指定的点的连线垂直于剖切面）

（4）视图。将与当前视图平面平行的平面作为剖切面。选择该选项后出现如下提示：

指定当前视图平面上的点〈0，0，0〉：（输入或在屏幕上指定一点以确定剖切面的位置）

（5）*XY* 平面（*XY*）/*YZ* 平面（*YZ*）/*ZX* 平面（*ZX*）：这三个选项分别将于当前 UCS 下的 *XOY* 平面、*YOZ* 平面、*ZOX* 平面平行作为剖切面。如选择 *XY* 平面出现如下提示：

指定 XY 平面上的点〈0，0，0〉：（输入或指定一点以确定剖切面的位置）

2. 三维阵列

三维阵列是将指定的对象在三维空间进行阵列。它不但在 *X*、*Y* 方向上实现阵列，而且在 *Z* 方向也有相应的阵列数。启动三维阵列命令的方式为：输入命令“3DARRAY”，选择“修改”→“三维操作”→“三维阵列”。

启动三维阵列命令后，出现如下提示：

命令：_ 3darray

选择对象：（选择要进行阵列的对象）

输入阵列类型【矩形（R）/环形（P）】〈矩形〉

（1）用户可选择要进行矩形阵列还是进行环形阵列，如选择矩形阵列，出现如下提示：

输入行数（...）〈1〉：（输入需要进行阵列的行数）

输入列数（|||）〈1〉：（输入需要进行阵列的列数）

输入层数（...）〈1〉：（输入需要进行阵列的层数）

指定行间距（...）：（确定行与行之间的距离）

指定列间距（|||）：（确定列与列之间的距离）

指定层间距（...）：（确定层与层之间的距离）

矩形阵列中的行、列、层是分别沿着当前 UCS 的 X、Y、Z 轴方向，当提示输入某方向的间距值时，用户可以输入正值，也可以输入负值，正值是沿相应坐标轴的正方向阵列，负值则沿负方向阵列。

（2）如选择环形阵列，出现如下提示：

输入阵列中的项目数目：（输入要生成阵列的个数）

指定要填充的角度【+=逆时针，-=顺时针〈360〉】：（确定要阵列的角度）

旋转阵列对象?【是（Y）/否（N）】〈是〉：（旋转阵列是否要旋转视图）

指定阵列的中心点：（确定阵列旋转轴的一个端点）

指定旋转轴上的第二点：（确定阵列旋转轴的另一个端点）

对实体体进行阵列：

命令：_3darray

选择对象：指定对角点：找到1个（指定实体）

输入阵列类型【矩形（R）/环形（P）】〈矩形〉：↙

输入行数（...）〈1〉：3↙

输入列数（|||）〈1〉：4↙

输入层数（...）〈1〉：1↙

指定行间距（...）：80↙（确定阵列的行间距）

指定列间距（...）：80↙（确定阵列的列间距）

指定层间距（...）：80↙（确定阵列的层间距）

选择合适的视点，得到如图 10.20（a）所示的有 3 行、4 列、1 层的矩形阵列，以及如图 10.20（b）所示的环形阵列。

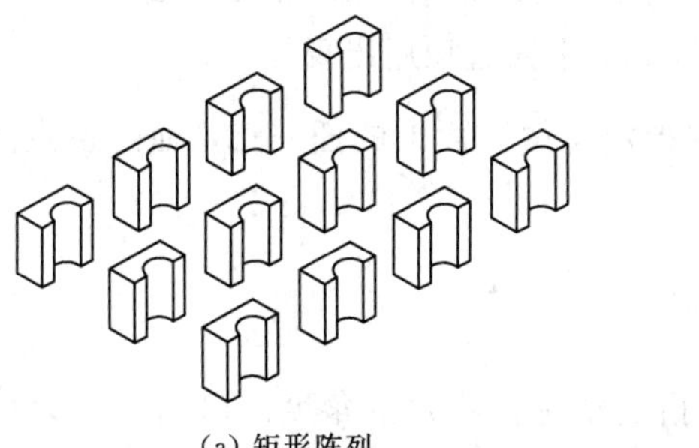

(a) 矩形阵列

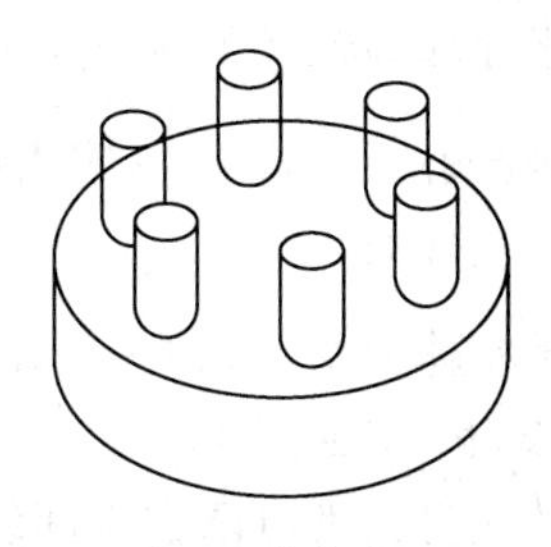

(b) 环形阵列

图 10.20　矩形阵列图形

3. 三维镜像

三维镜像是让三维实体在三维空间相对于某一平面产生一个镜像。启动三维镜像命令的方式为：输入命令“MIRROR3D”，选择“修改”→“三维操作”→“三维镜像”。

启动三维镜像命令后，出现如下提示：

选择对象：（确定产生镜像的实体）

指定镜像平面（三点）的第一个点或【对象（O)/最近的（L)/Z 轴（Z)/视图（V)/XY 平面（XY)/YZ 平面（YZ)/直线】/三点（3)】〈三点〉：（用户可以选择不同的方式来确定镜像平面）

是否删除源对象？【是（Y)/否（N)】〈否〉：（确定是否要保留产生镜像的源对象）

各选项含义如下：

（1）三点。是缺省项，通过输入或指定三点来确定镜像平面。选择该选项后出现如下提示：

提示：指定平面上的第一个点

（2）对象。指定一个二维图形作为镜像平面。二维图形可以是圆、圆弧或二维多段线。选择该选项后出现如下提示：

选择圆、圆弧或二维多段线线段：（选择作为镜像平面的二维图形）

（3）最近的。把本图形文件中最胡一次指定的镜像平面作为本次命令的镜像平面。如本次操作是第一次，则本选项无效。

（4）*Z* 轴。通过指定镜像平面上一点和该平面法线上的一点来定义镜像平面。选择该选项后出现提示：

在镜像平面上指定点：（确定法线与镜像平面的交点）

在镜像平面的 *Z* 轴（法向）上指定点：（输入或指定法线的另外一点以确定法线）

（5）视图。以和当前视图平行作为镜像平面。选择该选项后出现提示：

在视图平面上指定点〈0，0，0〉：（输入或指定镜像平面上的任一点，通过该点且和视图平行的平面即为镜像面）

（6）*XY* 平面/*YZ* 平面/*ZX* 平面。此三项分别表示用和当前 UCS 的 *XY*、*YZ*、*ZX* 平面平行的平面作为镜像平面。如选取 *XY* 平面选项后出现提示：

指定 XY 平面上的点〈0，0，0〉：（输入或指定镜像平面上的任一点，通过该点且和 *XY* 平面平行的面即为镜像面）

镜像复制实体如图 10.21 所示。

4. 三维旋转（ROTATE3D）

三维旋转是将三维对象在空间绕指定轴选择指定的角度。启动三维旋转命令的方式为：输入命令“ROTATE3D”，选择“修改”→“三维操作”→“三维旋转”。

启动三维镜像命令后，出现如下提示：

选择对象：（选择需要旋转的实体）

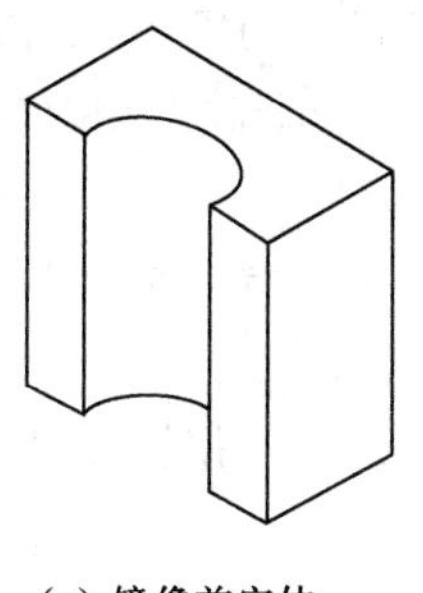

(a) 镜像前实体

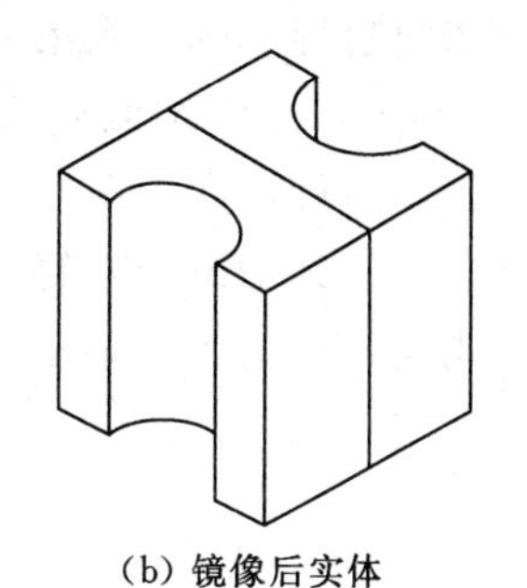

(b) 镜像后实体

图 10.21 镜像复制实体

指定轴上的第一个点或定义轴依据【对象(O)/最近的(L)/实体(V)/X轴(X)/Y轴(Y)/Z轴(Z)/两点(2)】:(用户可以用不同的方式确定旋转轴)

指定旋转角度或【参照(R)】:(输入或指定实体的旋转角度,也可以通过参照方式来确定旋转角)

各选项含义如下:

(1) 二点:为缺省项,通过输入或指定两点来确定旋转轴。

(2) 对象:指定一个二维对象来确定旋转轴。选择该选项后出现提示:

旋转直线、圆、圆弧或二维多段线线段:(指定旋转轴)

可作旋转轴的二维对象可以是直线、圆、圆弧和二维多段线。如果旋转直线段,AutoCAD将该直线段当作旋转轴;如果选择圆或圆弧,则通过它们圆心且和二维对象垂直的轴线将成为旋转轴;如果选择多线段,则当多线段是直线时以此直线为旋转轴,当多线段是圆弧时。则依照圆弧确定旋转轴的发那个发来确定旋转轴。

(3) 最近的:以上一次执行三维旋转命令时的旋转轴为旋转轴。

(4) 视图:绕与当前视图平面垂直的轴(即当前视图的视点方向)旋转。选择该选项后出现如下提示:

指定视图方向轴上的点〈0,0,0〉:(输入或指定一点以确定旋转轴)

(5) *X*轴/*Y*轴/*Z*轴:指绕与当前UCS的*X*轴/*Y*轴/*Z*轴平行的轴旋转。如选择该选项啊出现如下提示:

指定X轴上的点〈0,0,0〉:(输入或指定一点以确定旋转轴)

5. 对齐(ALIGN)

对齐是指通过移动并缩放指定对象使其与另一对象基于一些特殊点对齐位置。

启动对齐命令的方式为:输入命令“ALIGN”,选择“修改”→“三维操作”→“对齐”。

启动对齐命令后,出现如下提示:

选择对象:(选要改变位置的实体,即源实体)

指定第一个源点:(指定源实体上的第一个对齐点)

指定第一个目标点：（指定目标实体上和第一个源点相对应的第一个目标点）

指定第二个源点：（按〈Enter〉键结束目标实体上和第一个源点相对应的第一个目标点）

指定第二个目标点：（指定目标实体上第二个目标点）

指定第三个源点或〈继续〉：（按〈Enter〉键结束命令或指定源实体上的第三个对齐点）

指定第三个目标点：（指定目标实体上第三个目标点）

是否基于对齐点缩放对象？【是（Y）/否（N）】〈否〉：（确定是否要根据源点和目标点的对应位置来对源实体进行缩放）

对齐命令最多可以选择三对对应点，具体为：①如果选择一对对应点，则相当点移动；②如果选择二对对应点，则相当点移动和缩放命令的结合；③如果选择三对对应点，则相当点移动、缩放和缩放命令的结合。

10.3.3　消隐

消隐是在屏幕上隐藏实际存在却被遮挡住的线条。经过消隐后，三维实体更加接近用户现实当中看到的模型。

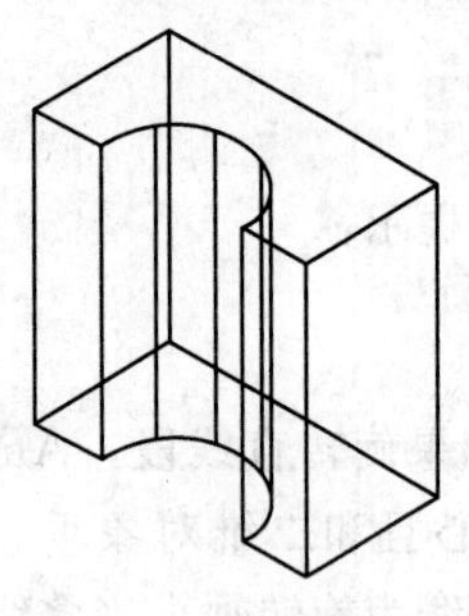

(a) 线框样式

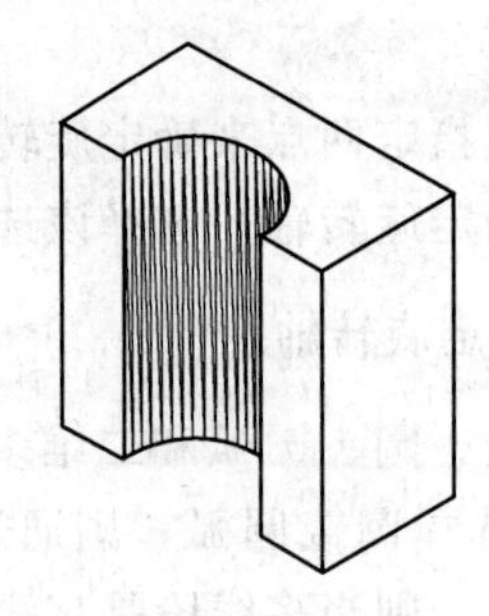

(b) 消隐后效果

图 10.22　消隐前后的效果对比

启动消隐命令的方式为：输入命令“HIDE（或 HID）”，选择“视图”→“消隐”。

消隐后某些线条看不见，并不是被删除了，而是被隐藏起来了。因为消隐时要对图形进行再生，因此图形越复杂，消隐所用的时间就越长。如图 10.22 所示就是消隐前后的效果对比。

10.3.4　着色

着色就是对三维实体的表面进行着色。启动着色命令的方式为：输入命令“SHADEMODE（或 SHA）”，选择“视图”→“着色”→“相关命令”，选择“着色”→“相应按钮”。

启动着色命令后，出现如下提示：

输入选项［二维线框（2D）/三维线框（3D）/消隐（H）/平面着色（F）/体着色（G）/带边框平面着色（L）/带边框体着色（O）］〈平面着色〉：（用户选择着色的类型）

各选项含义如下：

（1）二维线框。用直线、曲线以二维形式显示三维实体，当前 UCS 图标以二维方式显示。

（2）三维线框。显示实体的三维线框模型，当前 UCS 图标以三维方式显示。

（3）消隐。和消隐命令的功能一样。

（4）平面着色。对实体的平面进行着色，未对平面边界作光滑处理，实体的平面缺乏

光泽感。

(5) 体着色。对实体的平面着色的同时还对它们的边界作光滑处理，使得各表面间过度平缓，增强真实感。

(6) 带边框平面着色。在进行平面着色的同时显示三维线框。

(7) 带边框体着色。在进行体着色的同时显示三维线框。

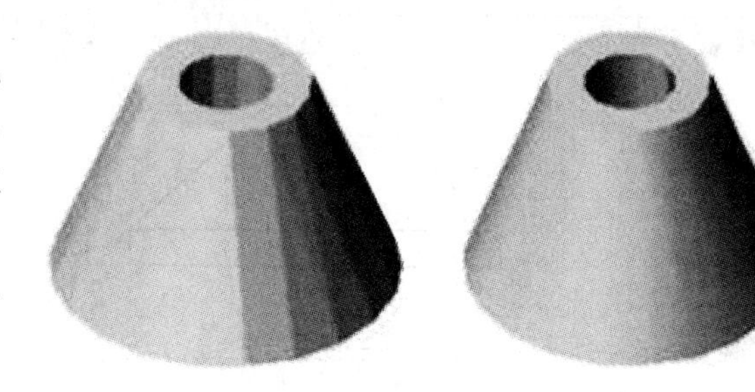

图 10.23　实体进行平面着色和体着色后的效果对比

图 10.23 所示的实体进行平面着色和体着色后的效果对比。

10.3.5　动态观察

在 AutoCAD 2010 中，选择“视图”→“动态观察”命令中的子命令，可以动态观察视图，如图 10.24 所示。

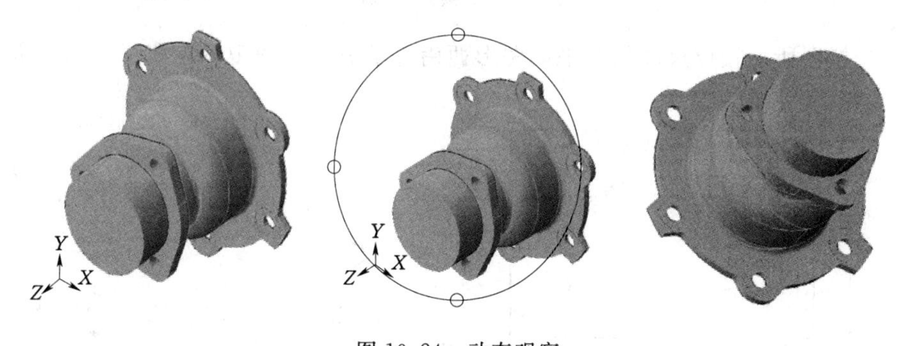

图 10.24　动态观察

小　　结

读者在本章中，可了解到在 AutoCAD 中，可以根据用户的需求来制定坐标系统，制定适合用户需要的坐标系统，可以比较方便绘制用户所需的图形。创建三维实体模型，可以利用 AutoCAD 2010 提供的三维基本实体模型，如长方体、球体、圆柱体、圆锥体、楔体和圆环体，这些实体可以通过相互“加”、“减”或“交”形成更复杂的三维实体，也可以使之旋转、拉伸、切削或倒角形成新实体。实际生活中的实体往往比较复杂，绘制搞基本轮廓后还需要对其进行修改，才能完成三维图形的绘制。

习 题 与 实 训

实体模型创建，绘制多视口组合体，按图 10.25 所示尺寸绘制三维图形，最终绘图结果如图 10.1 所示。

其三维造型的 CAD 过程可参照如下步骤进行：

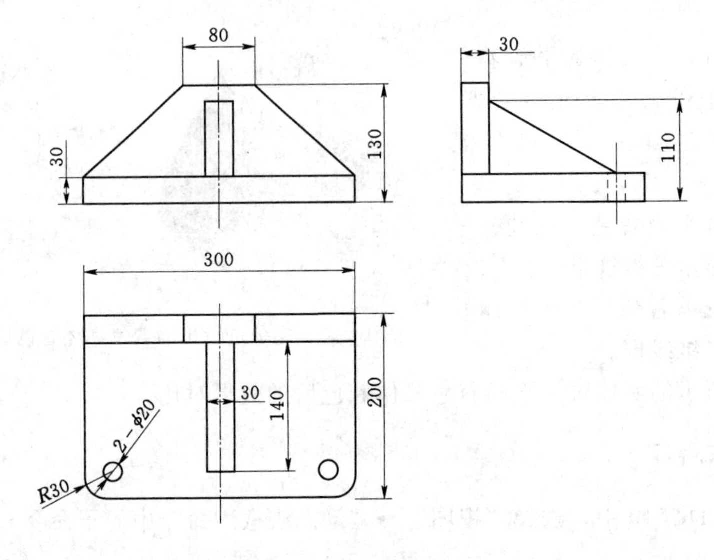

图 10.25　实体三视图

（1）先按图所示按照尺寸绘制平面图形西南等轴测，如图 10.26 和图 10.27 所示。

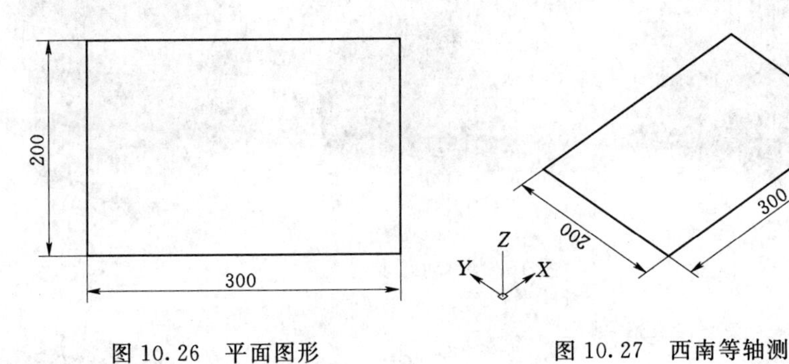

图 10.26　平面图形

图 10.27　西南等轴测

（2）然后用拉伸命令“EXTRUDE”拉伸相应高度得到图所示的三维实体，如图 10.28 所示。

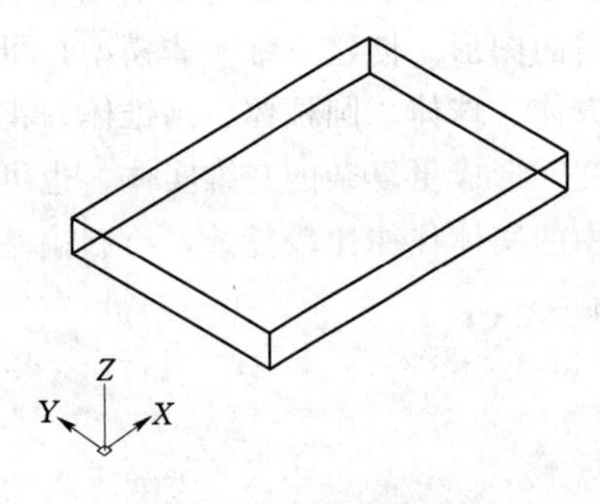

图 10.28　拉伸实体

重复步骤（1）、（2），如图 10.29 和图 10.30 所示。

（3）再将两部分实体移动到一起，如图 10.31～图 10.33 所示。

（4）绘制楔形体用同样的方法即可，如图 10.34～图 10.36 所示。

（5）绘制两个同轴圆柱体求差集，用实体差集的方法或者拉伸的方法在底板上相应位置开孔洞，如图 10.37～图 10.39 所示。

（6）对底板上进行圆角，即可得到图 10.40，调整视口可得最终绘图结果如图 10.1 所示。

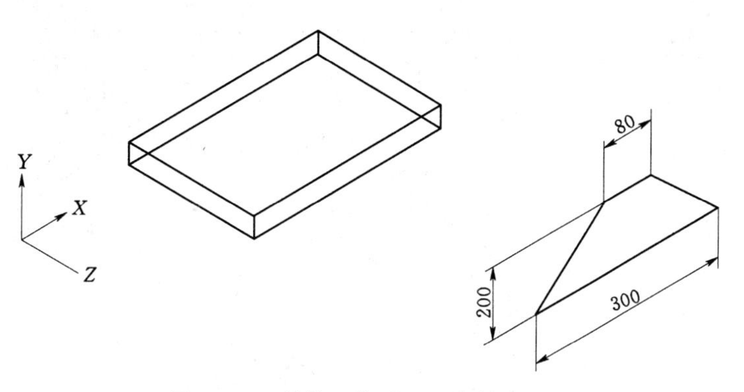

图 10.29　转换工作平面及绘制平面图

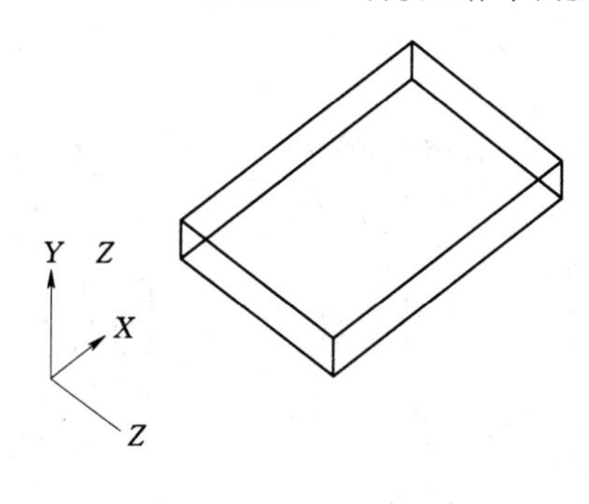

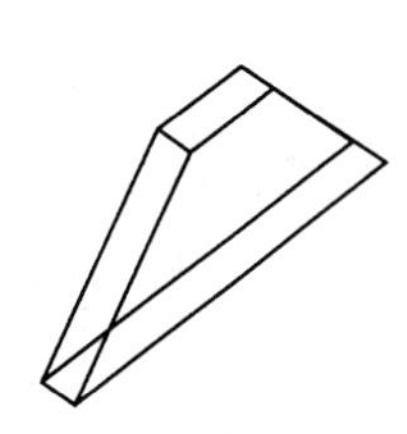

图 10.30　拉伸实体

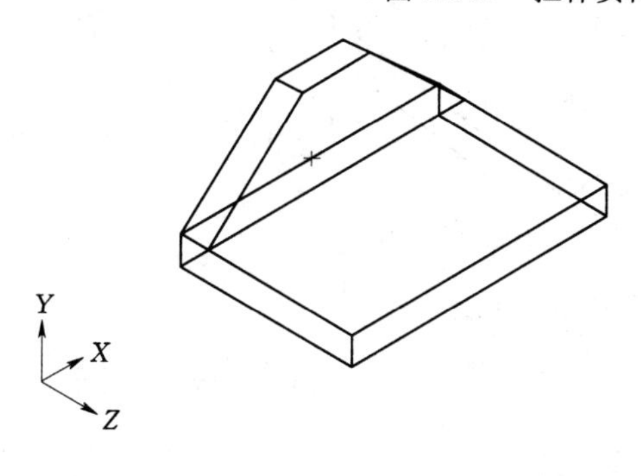

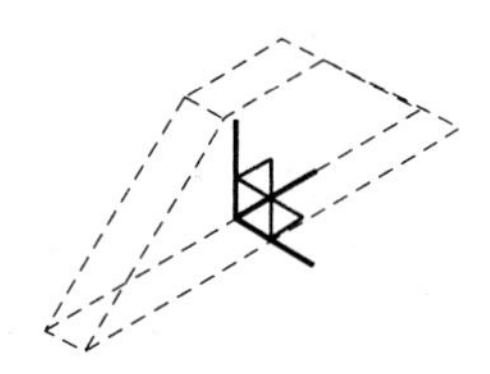

图 10.31　三维移动实体

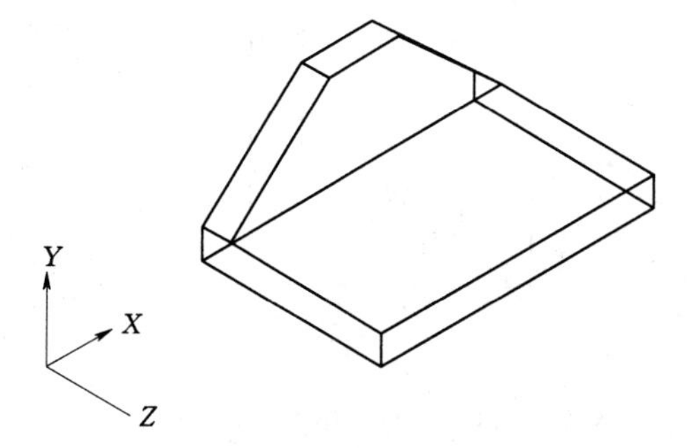

图 10.32　两实体的并集运算

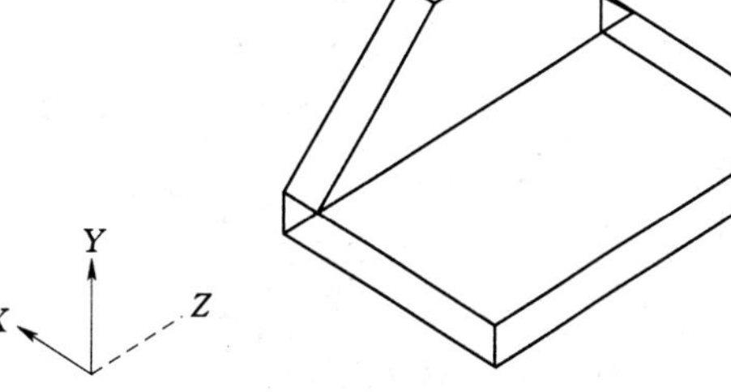

图 10.33　转换工作平面

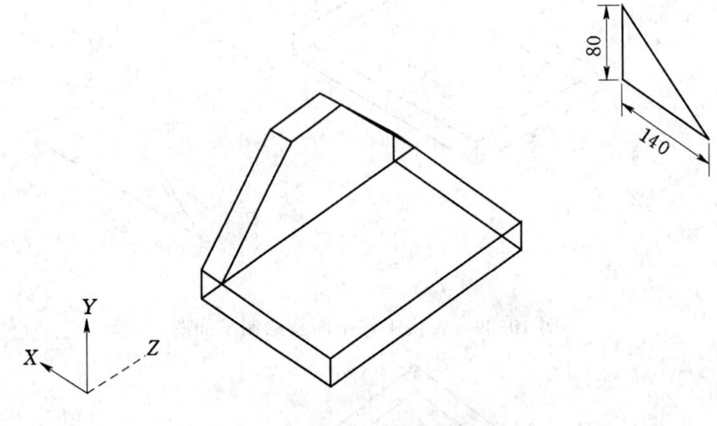

图 10.34　平面图形的绘制

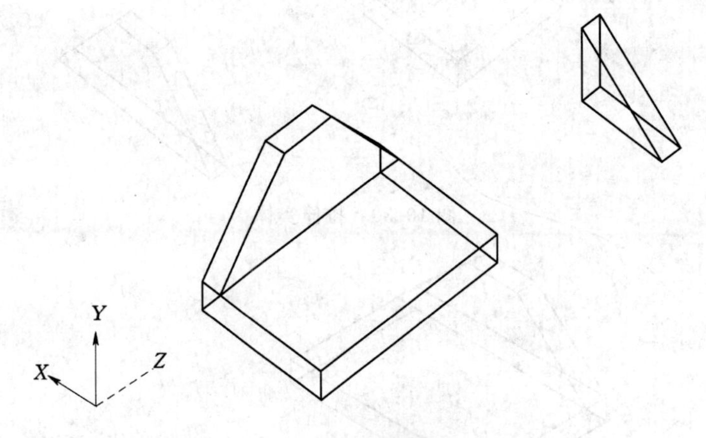

图 10.35　拉伸实体

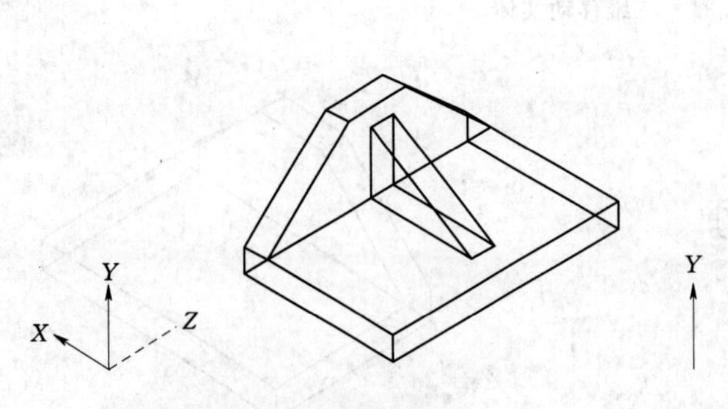

图 10.36　移动三维实体

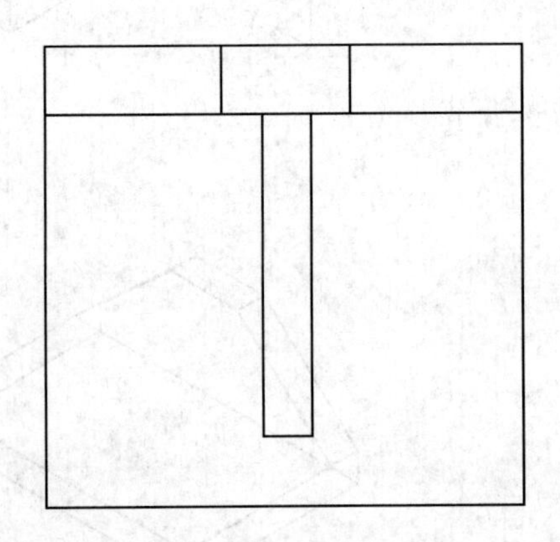

图 10.37　变换视图

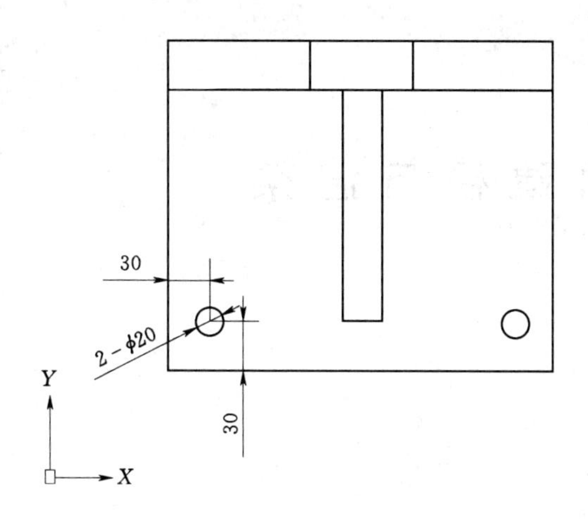

图 10.38　绘制两个直径 20 圆

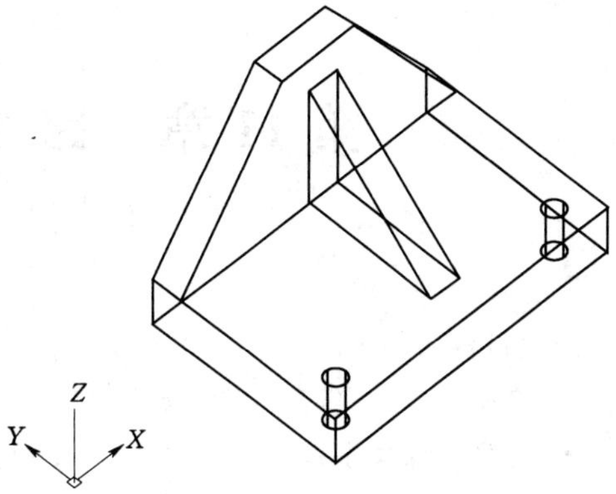

图 10.39　拉伸实体

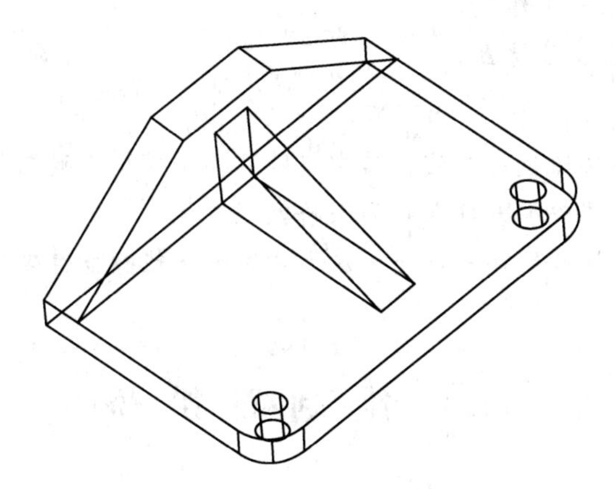

图 10.40　底板圆角

第 11 章　路桥建模与渲染

知识目标：

- 掌握三维建模。
- 理解三维模型渲染。

技能目标：

- 能熟练绘制三维路桥建模。
- 能了解三维模型渲染设置。

本章导语：

本章列举了三维路桥建模的方法，其中包跨石拱桥模型的建立，吊桥模型的建立，钢拱桥模型的建立，桁架桥模型的建立，高架桥模型的建立，立交桥模型的建立，连续钢构桥的模型的建立。根据这些实例可以举一反三，掌握其他相似模型的建立。本章还介绍了CAD 三维模型的渲染。

11.1　绘制石拱桥

11.1.1　绘制桥拱轮廓

在前视图中拱桥桥拱轮廓如图 11.1 所示。

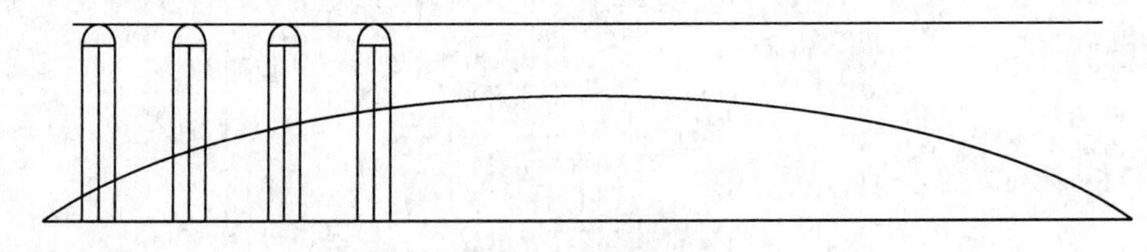

图 11.1　桥拱轮廓

11.1.2　修改外轮廓

修改外轮廓，成桥型，命令如下：

命令：TRIM

当前设置：投影＝UCS，边＝无

选择剪切边

选择对象或〈全部选择〉

命令：MIRROR
找到 12 个
指定镜像线的第一点：指定镜像线的第二点：
要删除源对象吗？[是 (Y)/否 (N)]〈N〉：n

得到拱桥外形如图 11.2 所示。

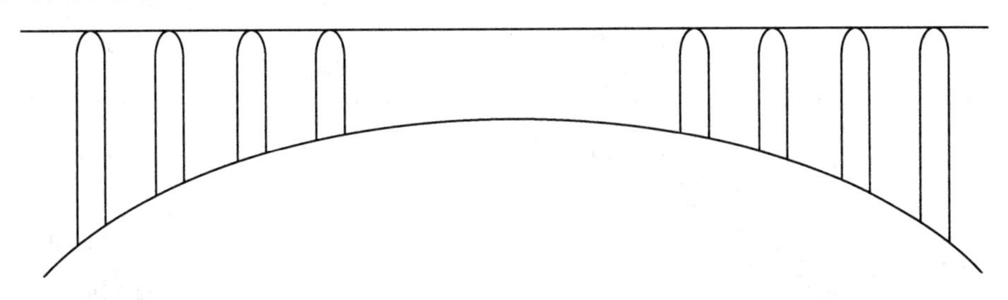

图 11.2 拱桥外形

11.1.3 设置所有图形为多段线

设置所有图形为多段线的命令如下：

命令：PEDIT
选择多段线或 [多条 (M)]：m
选择对象：指定对角点：找到 26 个
选择对象：
是否将直线、圆弧和样条曲线转换为多段线？[是 (Y)/否 (N)]?〈Y〉y
输入选项 [闭合 (C)/打开 (O)/合并 (J)/宽度 (W)/拟合 (F)/样条曲线 (S)/非曲线化 (D)/线型生成 (L)/反转 (R)/放弃 (U)]：j
合并类型＝延伸
输入模糊距离或 [合并类型 (J)]〈0.0000〉：

16 条多段线已增加 8 条线段，如图 11.3 所示。

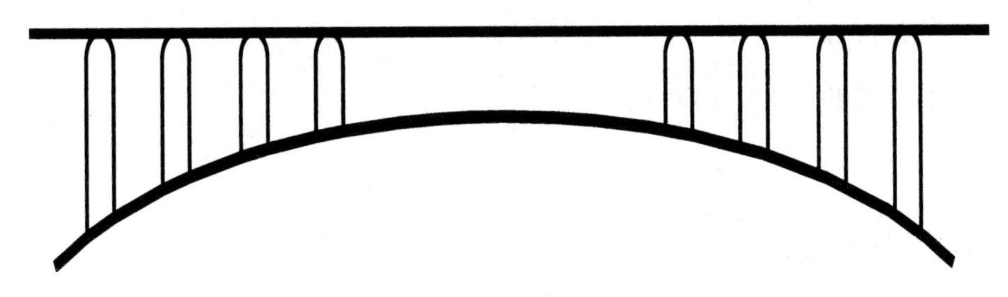

图 11.3 修改拱桥外形为多段线

11.1.4 拉伸桥面和桥拱

绘制拉伸桥面和桥拱的命令如下：

命令：_ extrude

选择要拉伸的对象：指定对角点：找到 27 个
选择要拉伸的对象：
指定拉伸的高度或［方向 (D)/路径 (P)/倾斜角 (T)］〈100.0000〉：

转换视角，如图 11.4 所示。

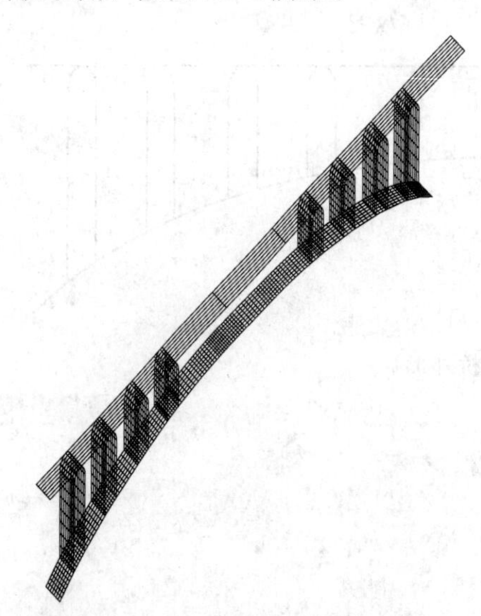

图 11.4　拉伸拱桥

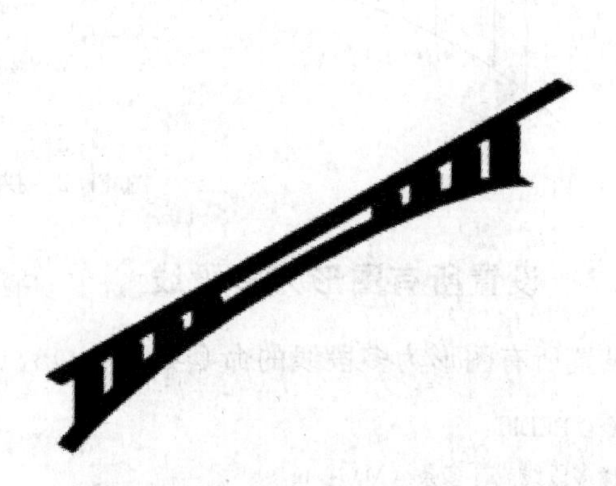

图 11.5　拱桥渲染图

11.1.5　渲染实体

渲染实体如图 11.5 所示。

11.2　绘　制　吊　桥

11.2.1　在俯视图中绘制吊桥立柱并拉伸

绘制吊桥立柱并拉伸的命令如下：

命令：extrude
当前线框密度：ISOLINES=4
选择要拉伸的对象：指定对角点：找到 5 个
选择要拉伸的对象：
指定拉伸的高度或［方向 (D)/路径 (P)/倾斜角 (T)］〈4.0000〉：

吊桥立柱，如图 11.6 所示。

11.2.2　变换 UCS 绘制吊桥桥面

用多段线绘制吊桥桥面，用拉伸命令分别拉伸桥面厚度、桥面长度，如图 11.7 所示。

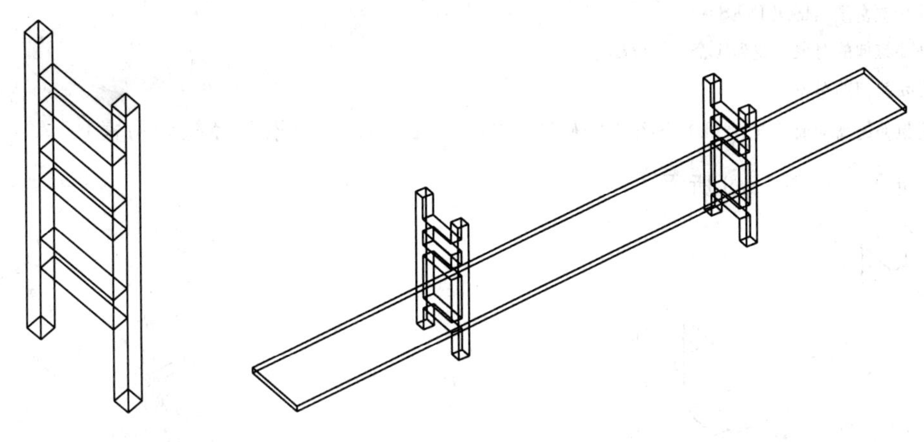

图 11.6 吊桥立柱

图 11.7 吊桥桥面

11.2.3 变换 UCS 绘制吊索剖面

变换 UCS 绘制吊索剖面命令如下：

命令：_UCS

当前 UCS 名称：*世界*

指定 UCS 的原点或 [面 (F)/命名 (NA)/对象 (OB)/上一个 (P)/视图 (V)/世界 (W)/X/Y/Z/Z 轴 (ZA)] 〈世界〉：_x

指定绕 X 轴的旋转角度〈90〉：90

当前 UCS 名称：*没有名称*

指定 UCS 的原点或 [面 (F)/命名 (NA)/对象 (OB)/上一个 (P)/视图 (V)/世界 (W)/X/Y/Z/Z 轴 (ZA)] 〈世界〉：na

输入选项 [恢复 (R)/保存 (S)/删除 (D)/?]：s

输入保存当前 UCS 的名称或 [?]：1

命令：circle

指定圆的圆心或 [三点 (3P)/两点 (2P)/切点、切点、半径 (T)]：

指定圆的半径或 [直径 (D)]〈2.1293〉：4.3

命令：copy

选择对象：找到 1 个

选择对象：

当前设置：复制模式=多个

指定基点或 [位移 (D)/模式 (O)]〈位移〉：指定第二个点或〈使用第一个点作为位移〉：

指定第二个点或 [退出 (E)/放弃 (U)]〈退出〉：

绘制吊桥拉索剖面如图 11.8 所示。

11.2.4 拉伸吊索

在主视图绘制吊索路线命令如下：

命令：extrude

当前线框密度：ISOLINES=4

选择要拉伸的对象：找到1个

选择要拉伸的对象：

指定拉伸的高度或［方向（D）/路径（P）/倾斜角（T）］〈-6.4703〉：p（沿路径拉伸吊索）

拉伸吊索如图11.9所示。

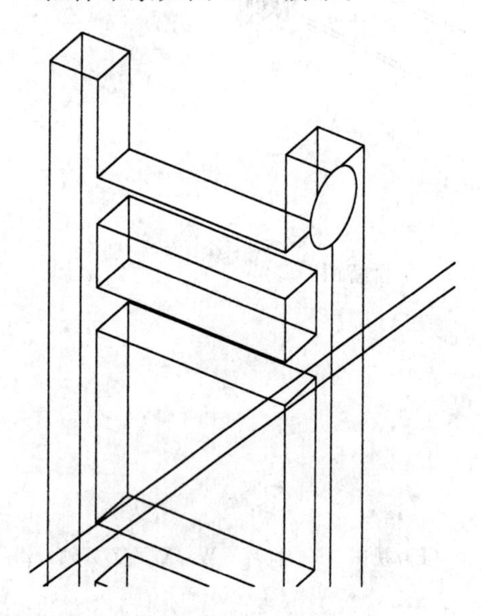

图11.8　绘制吊桥拉索剖面

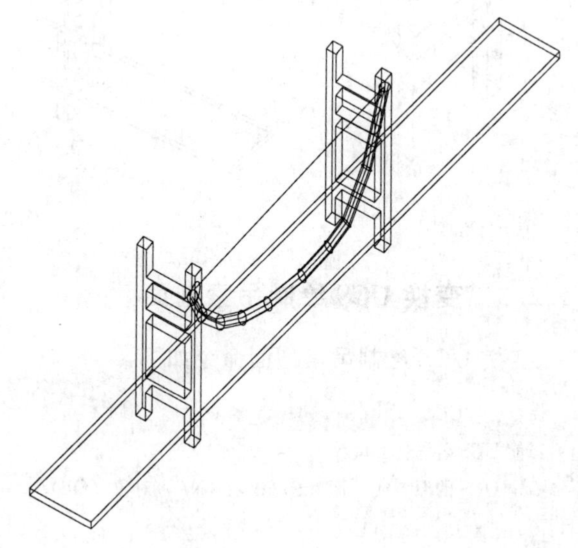

图11.9　拉伸吊索（1）

11.2.5　绘制吊杆并阵列

绘制吊杆并阵列命令如下：

命令：_LINE

指定第一点：

指定下一点或［放弃（U）］：

指定下一点或［放弃（U）］：

命令：_ARRAY

找到1个

命令：TRIM

当前设置：投影=UCS，边=无

选择剪切边...

选择对象或〈全部选择〉：找到1个

选择对象：

选择要修剪的对象，或按住Shift键选择要延伸的对象，或［栏选（F）/窗交（C）/投影（P）/边（E）/删除（R）/放弃（U）］：指定对角点：*取消*

命令：pedit

选择多段线或［多条（M）］：m

选择对象：指定对角点：找到33个

选择对象：

是否将直线、圆弧和样条曲线转换为多段线？[是(Y)/否 (N)]?〈Y〉y

输入选项 [闭合 (C)/打开 (O)/合并 (J)/宽度(W)/拟合 (F)/样条曲线 (S)/非曲线化 (D)/线型生成 (L)/反转 (R)/放弃 (U)]：w

指定所有线段的新宽度：2

拉伸吊索如图 11.10 所示。

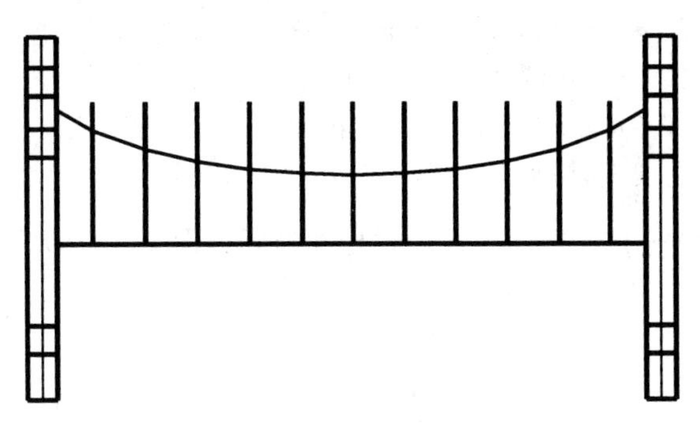

图 11.10 拉伸吊索 (2)

11.2.6 修改并换视角显示

修剪并换视角显示如图 11.11 所示。

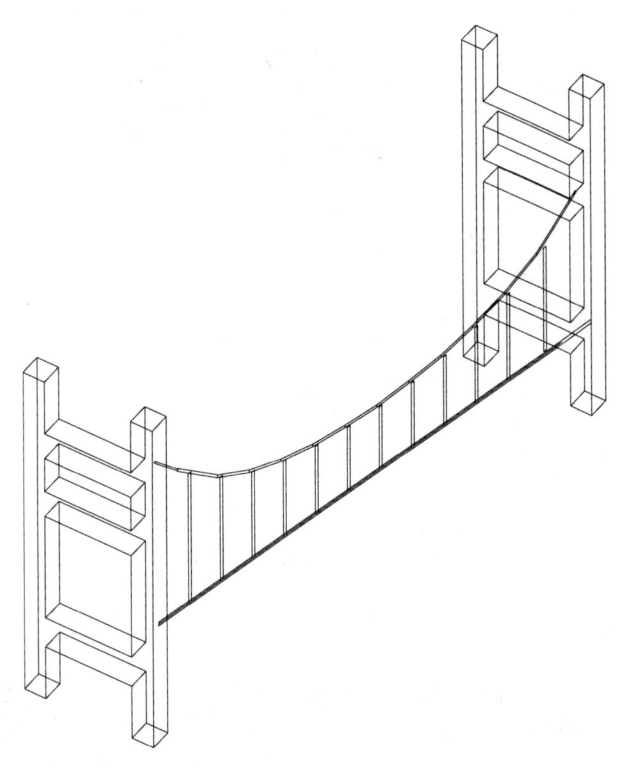

图 11.11 剪切吊杆

11.2.7 在俯视图上镜像栏杆和吊索

绘制在俯视图上镜像栏杆和吊索命令如下：

命令：mirror3d

选择对象：指定对角点：找到 16 个

选择对象：

指定镜像平面 (三点) 的第一个点或 [对象 (O)/最近的 (L)/Z 轴 (Z)/视图 (V)/XY 平面 (XY)/YZ 平面

(YZ)/ZX 平面 (ZX)/三点 (3)] 〈三点〉:

指定镜像平面 (三点) 的第二个点或 [对象 (O)/最近的 (L)/Z 轴 (Z)/视图 (V)/XY 平面 (XY)/YZ 平面 (YZ)/ZX 平面 (ZX)/三点 (3)] 〈三点〉:

在镜像平面上指定第二点:在镜像平面上指定第三点:

是否删除源对象? [是 (Y)/否 (N)] 〈否〉: n

在俯视图上镜像栏杆和吊索如图 11.12 所示。

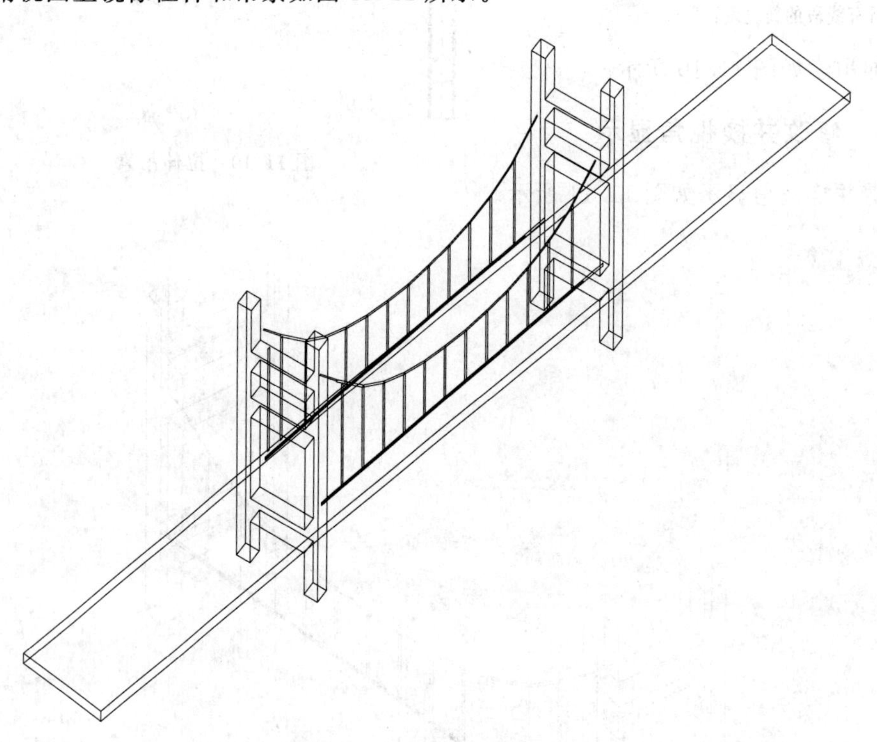

图 11.12 镜像吊索和吊杆

11.2.8 绘制拉索

变换坐标，绘制拉索剖面并制定路径拉伸。绘制拉索如图 11.13 所示。

11.2.9 镜像拉索

绘制镜像拉索命令如下:

命令: mirror3d

选择对象:指定对角点:找到 6 个

选择对象:

指定镜像平面 (三点) 的第一个点或 [对象 (O)/最近的 (L)/Z 轴 (Z)/视图 (V)/XY 平面 (XY)/YZ 平面 (YZ)/ZX 平面 (ZX)/三点 (3)] 〈三点〉:

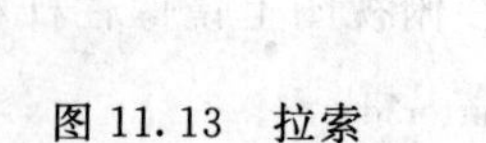

图 11.13 拉索

指定镜像平面 (三点) 的第二个点或 [对象 (O)/最近的 (L)/Z 轴 (Z)/视图 (V)/XY 平面 (XY)/YZ 平面

(YZ)/ZX 平面 (ZX)/三点 (3)]〈三点〉:

在镜像平面上指定第二点:在镜像平面上指定第三点:

是否删除源对象?[是 (Y)/否 (N)]〈否〉:n

拉索桥镜像并渲染后效果如图 11.14 所示。

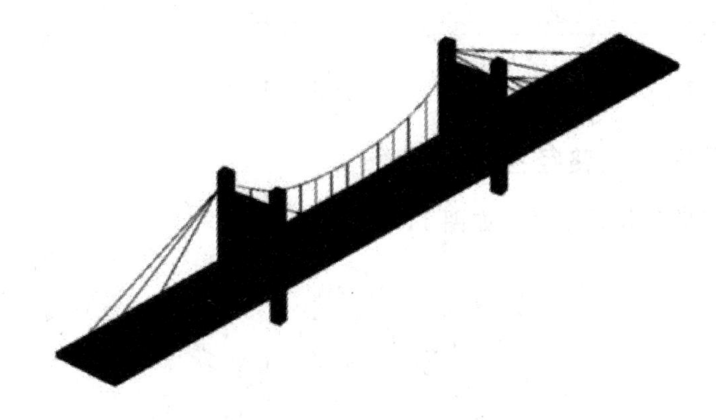

图 11.14 吊桥渲染

11.3 绘 制 钢 拱 桥

11.3.1 在前视图上绘制桥面和桥墩并拉伸

在前视图上绘制桥面和桥墩并拉伸,如图 11.15 所示。

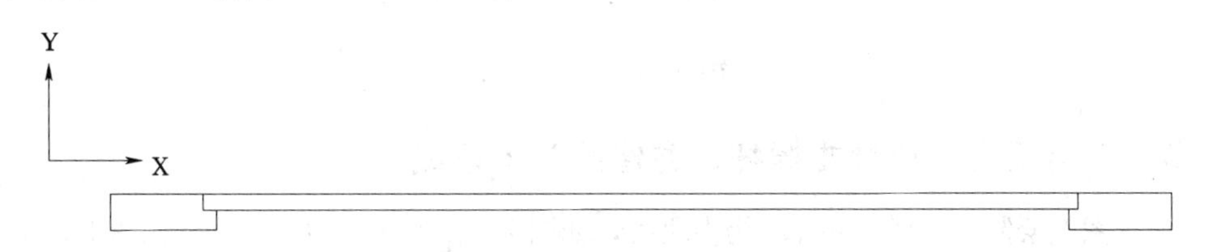

图 11.15 绘制钢拱桥桥面和桥墩 (1)

11.3.2 在俯视图上等分绘制支撑杆截面

在俯视图上等分绘制支撑杆截面,如图 11.16 所示。

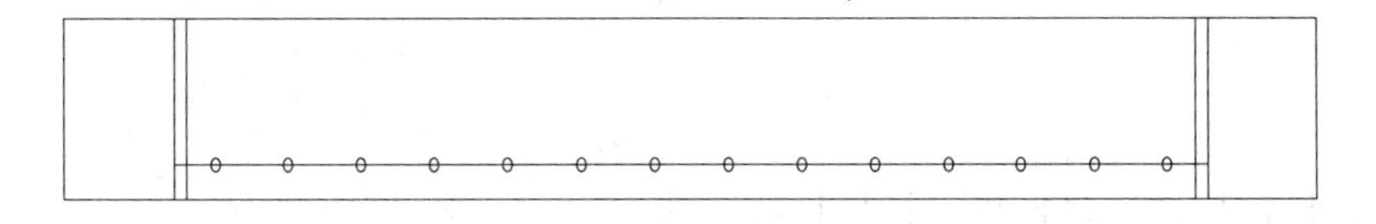

图 11.16 绘制钢拱桥桥面和桥墩 (2)

11.3.3 在前视图上绘制拱圈

在前视图上绘制拱圈,如图 11.17 所示。

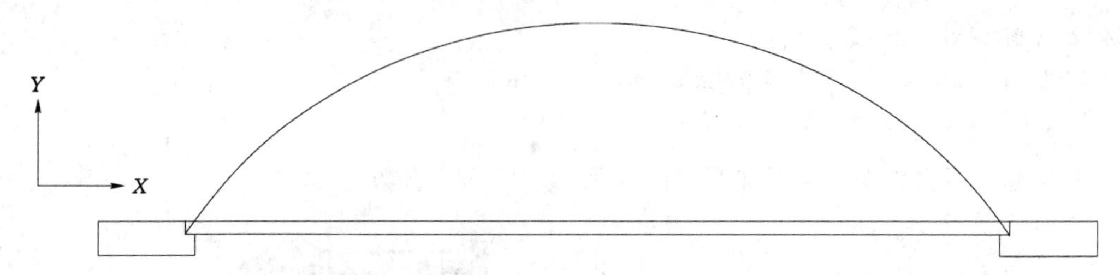

图 11.17　绘制拱圈

11.3.4　绘制截面并沿路径拉伸拱圈

绘制截面并沿路径拉伸拱圈，如图 11.18 所示。

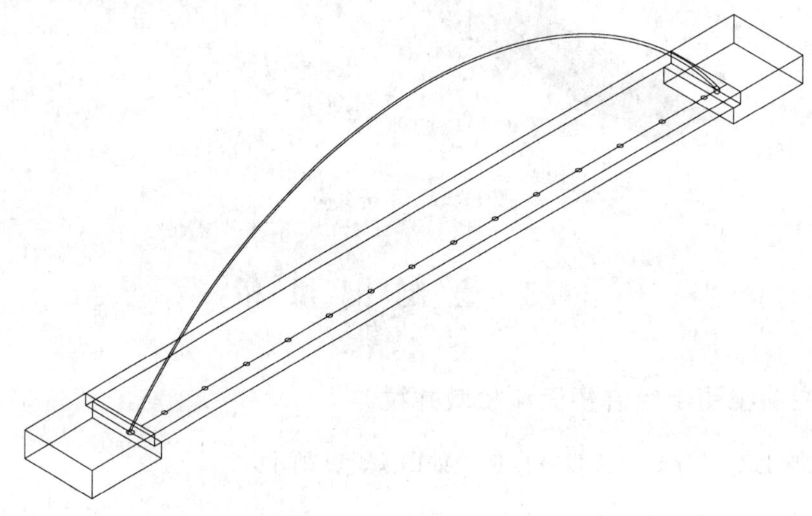

图 11.18　拉伸拱圈

11.3.5　在前视图上绘制支撑杆，并修改为多段线

在前视图上绘制支撑杆，并修改为多段线，如图 11.19 所示。剪切支撑杆如图 11.20 所示。

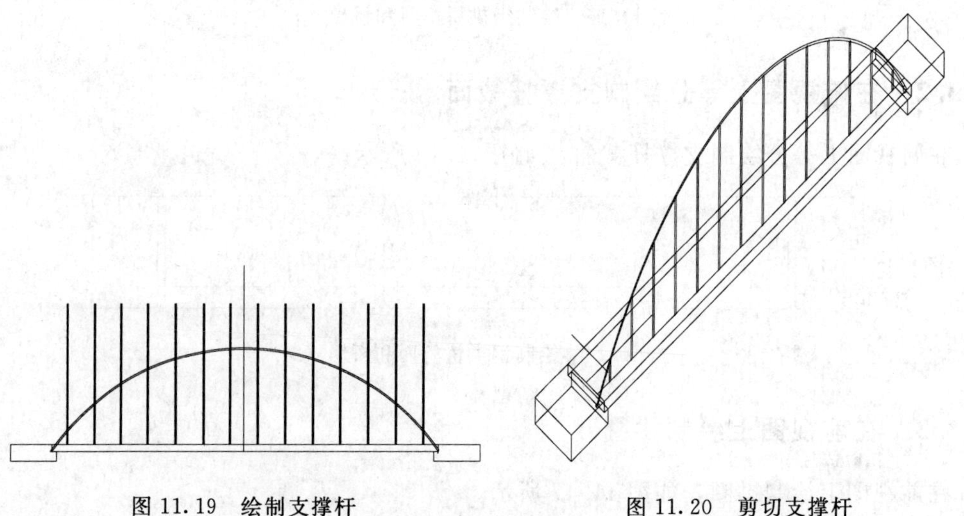

图 11.19　绘制支撑杆　　　图 11.20　剪切支撑杆

11.3.6 镜像支撑杆和拱圈

镜像支撑杆和拱圈，如图 11.21 所示。

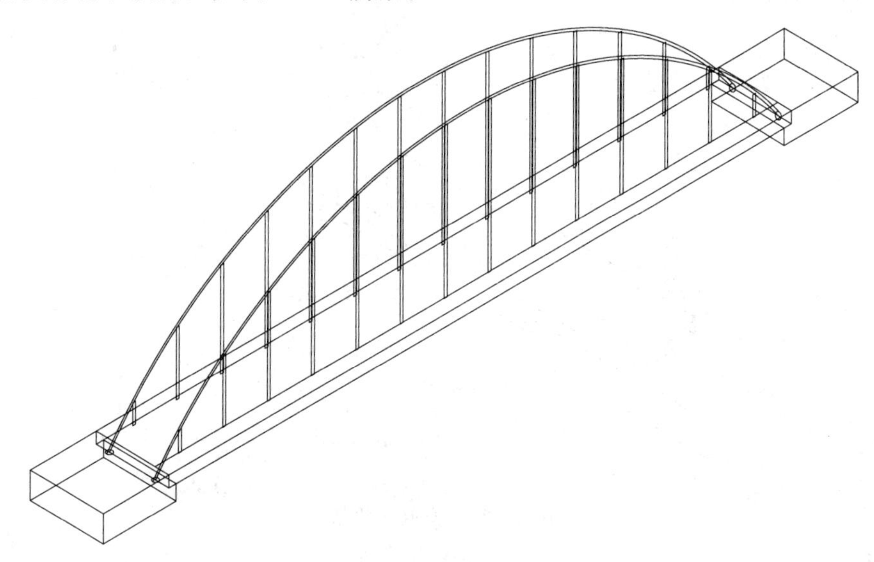

图 11.21 镜像支撑杆和拱圈

11.4 绘 制 桁 架 桥

11.4.1 在前视图上绘制桥面和桥墩

在前视图上绘制桥面和桥墩，如图 11.22 所示。

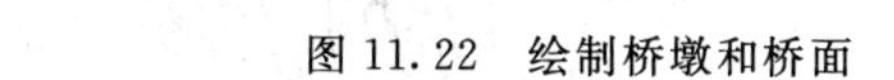

图 11.22 绘制桥墩和桥面

11.4.2 变换坐标绘制三角架拉伸路径和三角架截面

变换坐标绘制三角架拉伸路径和三角架截面，如图 11.23 所示。沿路径拉伸三角架，如图 11.24 所示。

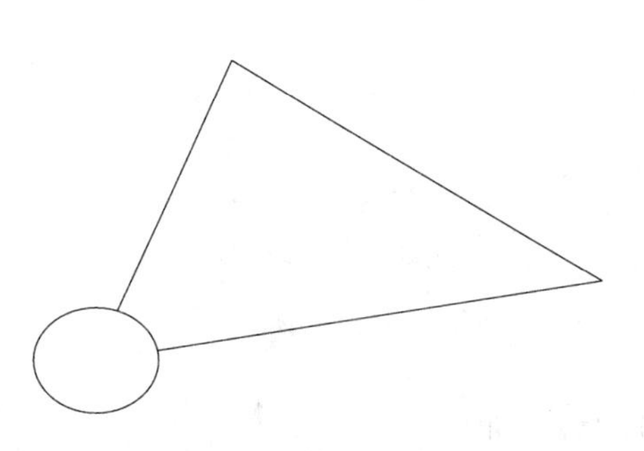

图 11.23 绘制三角架截面

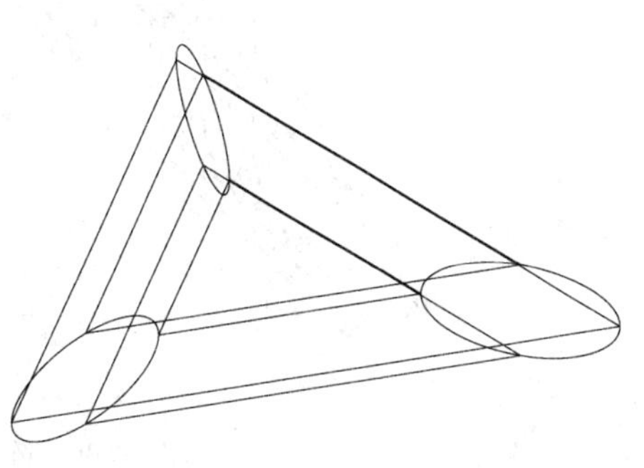

图 11.24 拉伸三角架

11.4.3　在前视图上安放三角架放置位置，并安放三角架

在前视图上定位三角架放置位置，并安放三角架，如图11.25所示。

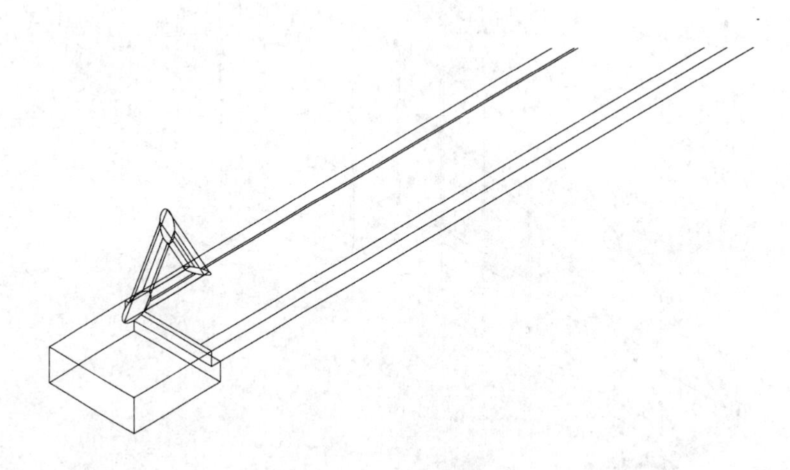

图11.25　安放三角架

11.4.4　阵列三角架、镜像三角架

阵列三角架、镜像三角架如图11.26所示。

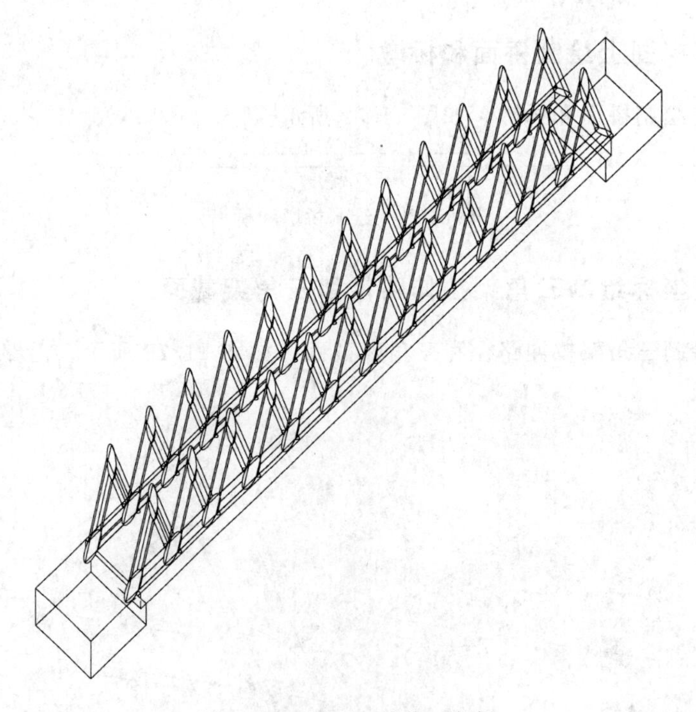

图11.26　阵列、镜像三角架

11.4.5 绘制桥顶桁架

绘制桥顶桁架，如图 11.27 所示。

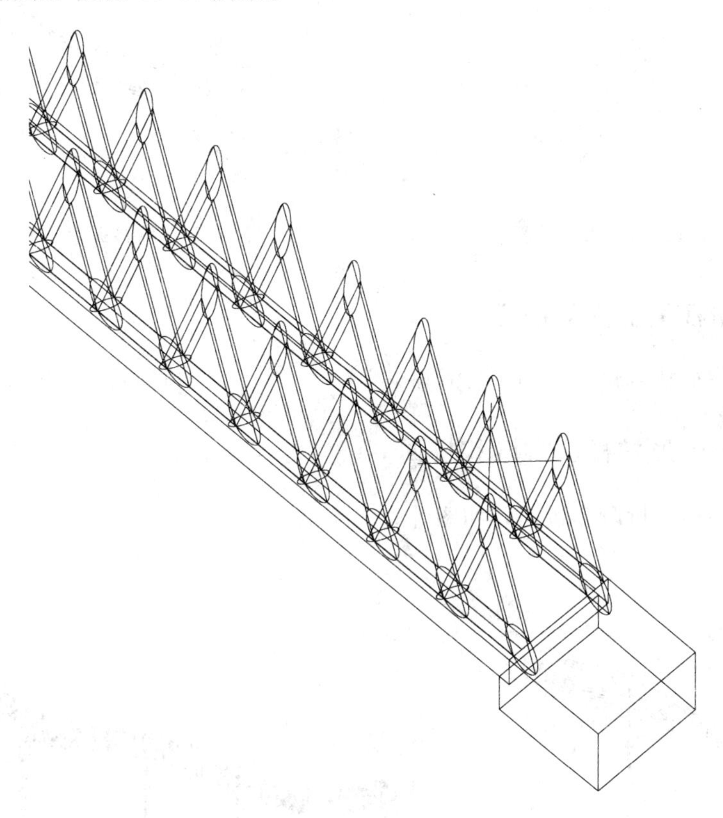

图 11.27 绘制顶部桁架

11.4.6 拉伸顶部桁架，并阵列顶部桁架

拉伸顶部桁架，并阵列顶部桁架，如图 11.28 所示。

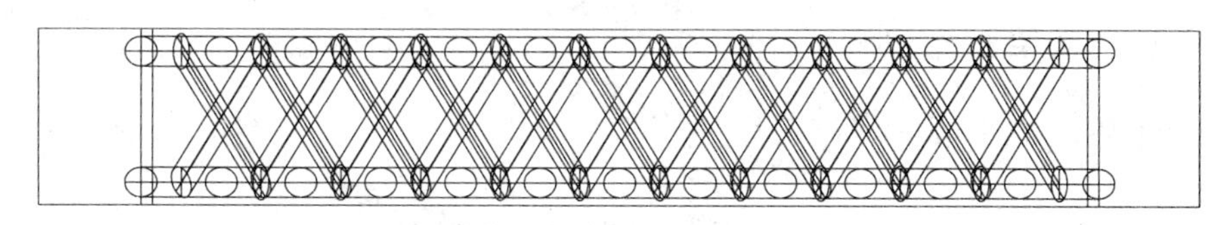

图 11.28 阵列顶部桁架

11.5 绘制高架桥

11.5.1 在俯视图上绘制弧形桥面

在俯视图上绘制弧形桥面，并修改为多段线。用矩形绘制桥墩，如图 11.29 所示。

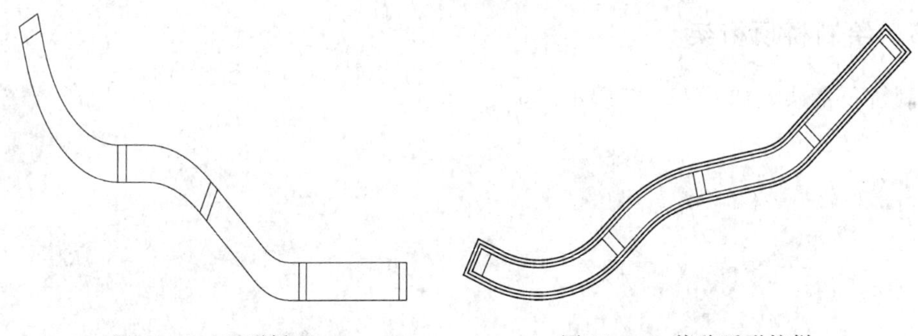

图 11.29　弧形桥面　　　　图 11.30　偏移弧形护栏

11.5.2　在俯视图上偏移护栏

在俯视图上偏移护栏，如图 11.30 所示。

11.5.3　拉伸弧形护栏、桥墩和桥面

拉伸弧形护栏、桥墩和桥面，如图 11.31 所示。

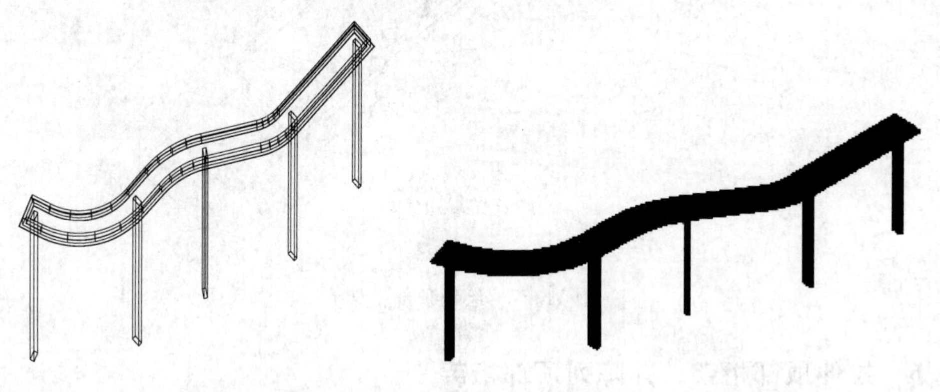

图 11.31　拉伸弧形栏、桥墩和桥面　　　　图 11.32　渲染高架桥

11.5.4　渲染高架

渲染高架桥，如图 11.32 所示。

11.6　绘制立交桥

11.6.1　在俯视图上绘制十字形道路

在俯视图上绘制十字形道路，并修改为多段线，绘制桥墩，如图 11.33 所示。

11.6.2　在俯视图上绘制弧形道路和桥墩

在俯视图上绘制弧形道路和桥墩，如图 11.34 所示。

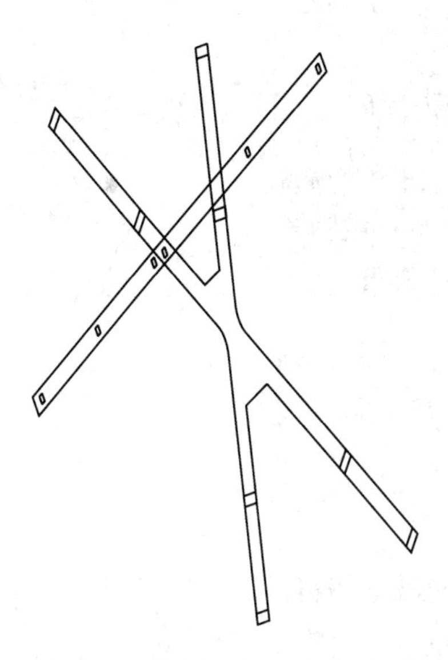

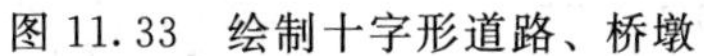

图 11.33 绘制十字形道路、桥墩

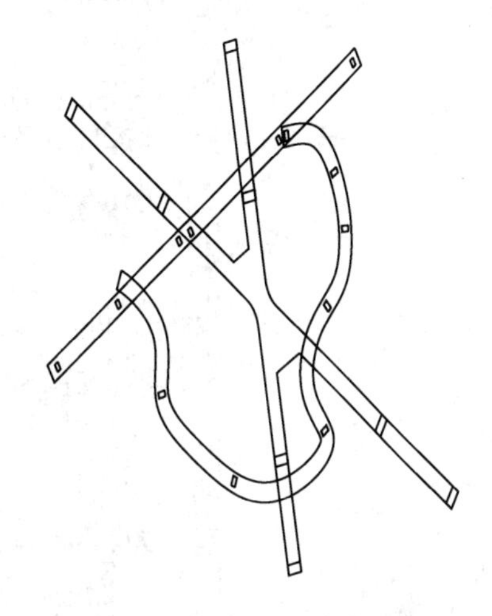

图 11.34 绘制弧形道路和桥墩

11.6.3 拉伸桥墩和桥面并渲染

拉伸桥墩和桥面，并渲染如图 11.35 所示。

图 11.35 渲染立交桥

11.7 修改标高绘制立交桥

11.7.1 修改桥面桥高

如图 11.35 所示立交桥，修改桥面标高为 50，如图 11.36 所示。

11.7.2 修改弧形路面标高

修改弧形路面标高为 25，拉伸桥面、桥墩，如图 11.37 所示。渲染如图 10.38 所示。

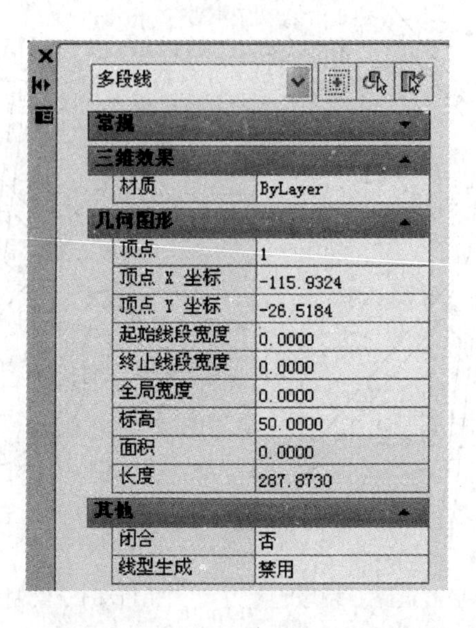

图 11.36　“修改标高”对话框

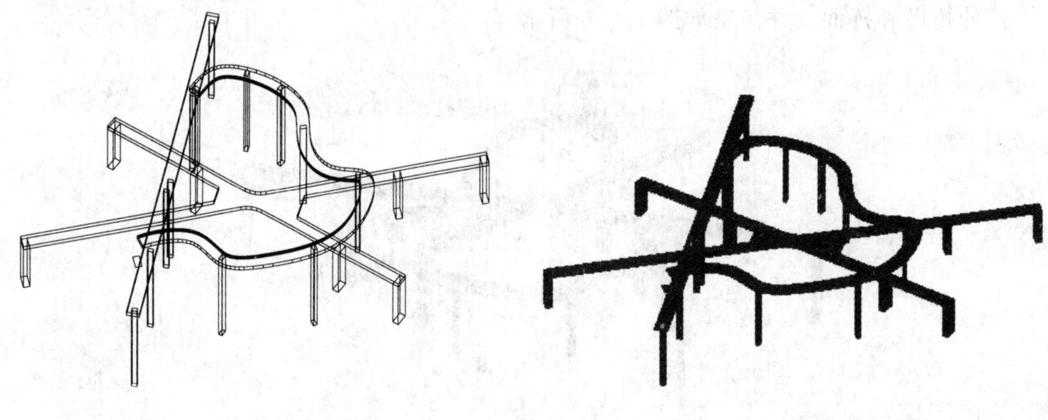

图 11.37　渲染立交桥　　　　图 11.38　渲染立交桥

11.8　绘制斜拉桥

11.8.1　在前视图中绘制斜拉桥立柱，并拉伸立柱

在前视图中绘制斜拉桥立柱，并拉伸立柱，如图 11.39 所示。

11.8.2　绘制桥面并拉伸

在立柱顶定位拉索位置。绘制桥面并拉伸，如图 11.40 所示。

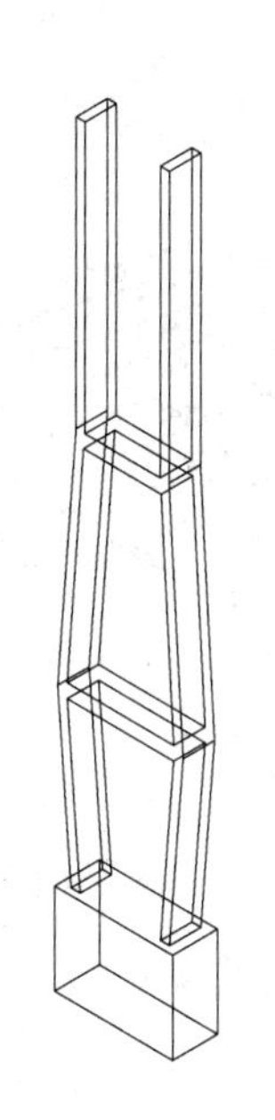

图 11.39 绘制斜拉桥立柱

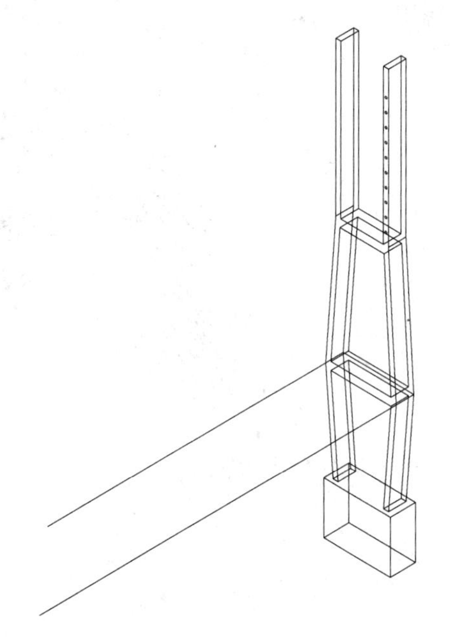

图 11.40 定位拉索位置、绘制桥面

11.8.3 绘制拉索

绘制拉索，如图 11.41 所示。

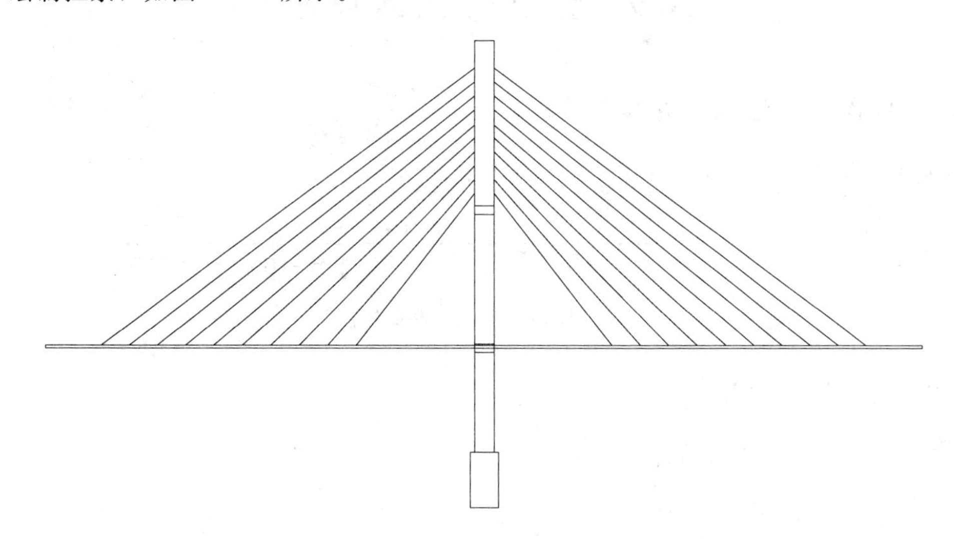

图 11.41 绘制拉索

11.8.4 两次镜像拉索

两次镜像拉索，如图 11.42 所示。

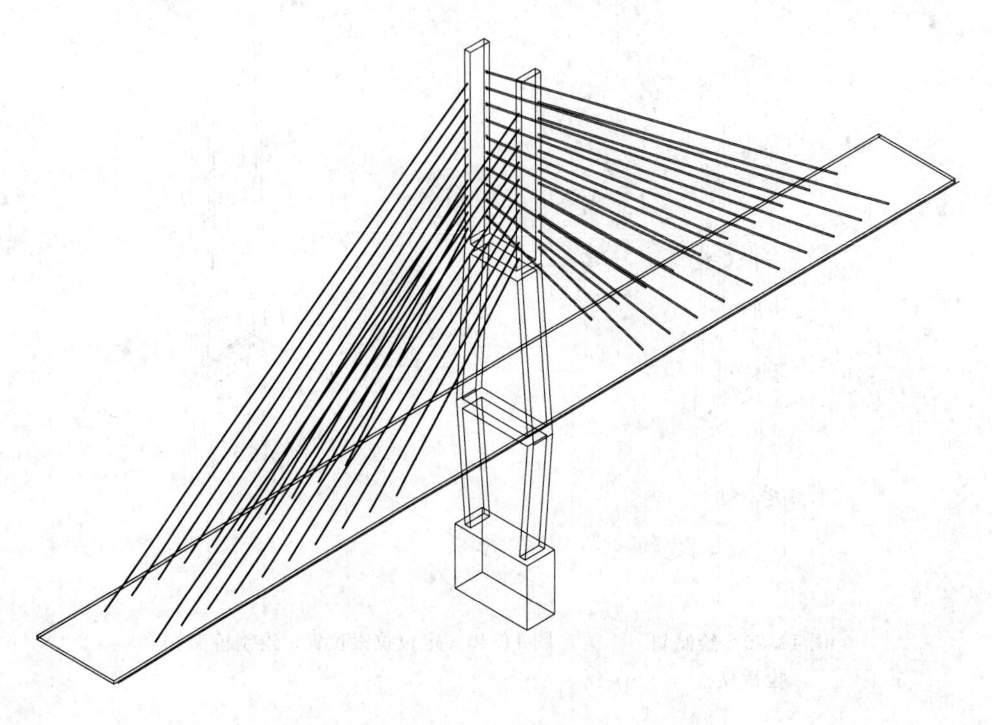

图 11.42　镜像拉索

11.9　绘制连续钢构桥

11.9.1　绘制上部结构，并拉伸

绘制上部结构，并拉伸，如图 11.43 所示。

图 11.43　绘制上部结构

11.9.2　绘制桥墩和承台

绘制桥墩和承台，如图 11.44 所示。

11.9.3　绘制桩基并阵列

绘制桩基并阵列，如图 11.45、图 11.46 所示。

11.9.4　镜像桥墩、承台、桩基

镜像桥墩、承台、桩基，如图 11.47 所示。

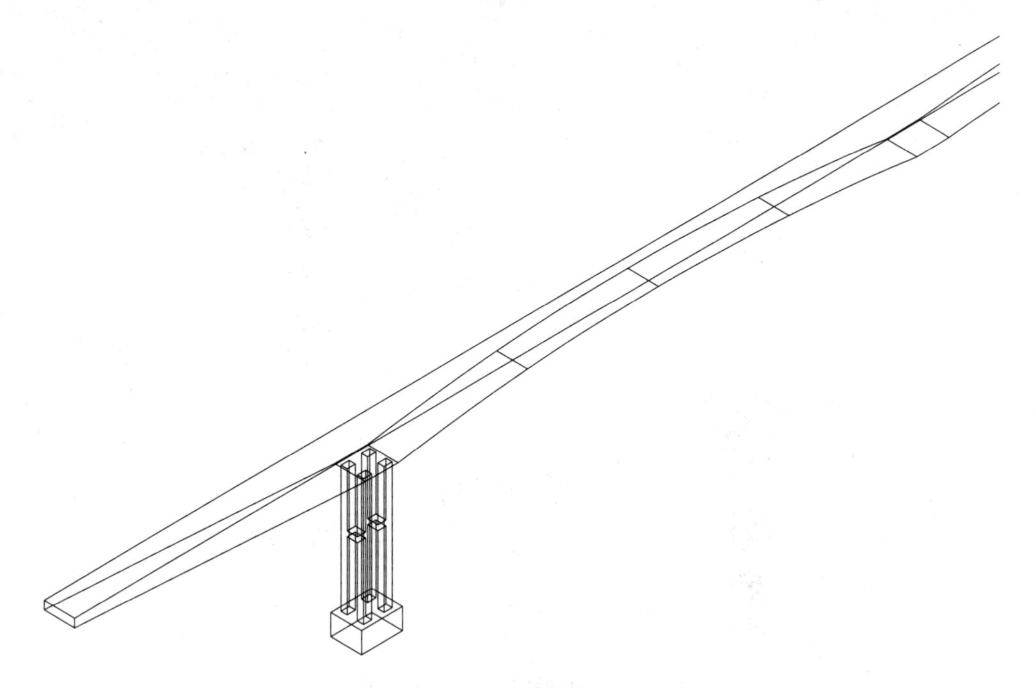

图 11.44 绘制桥墩和承台

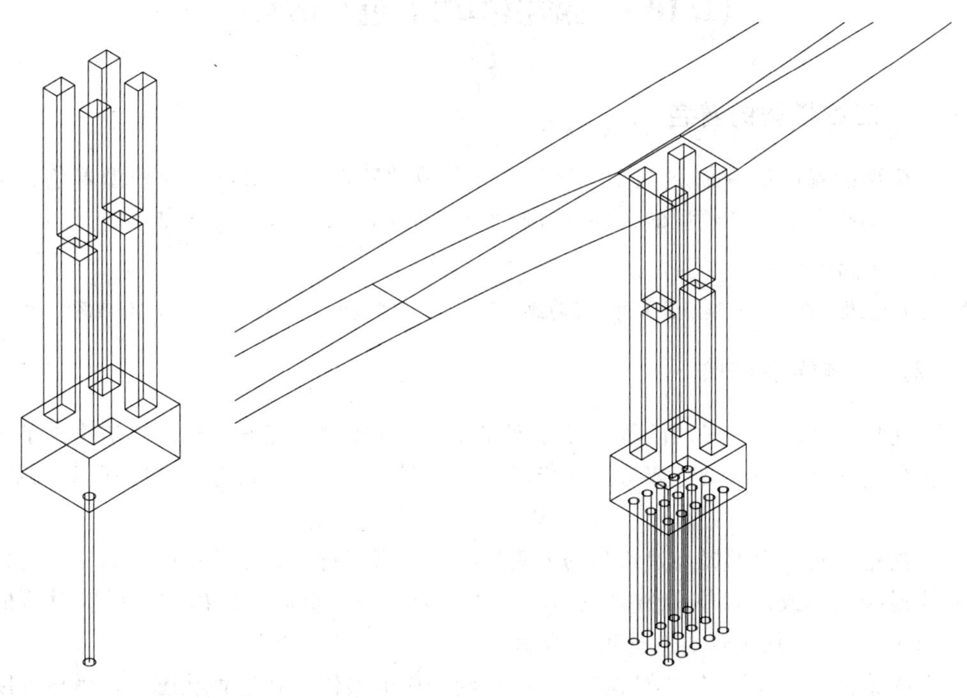

图 11.45 绘制桩基

图 11.46 阵列桩基

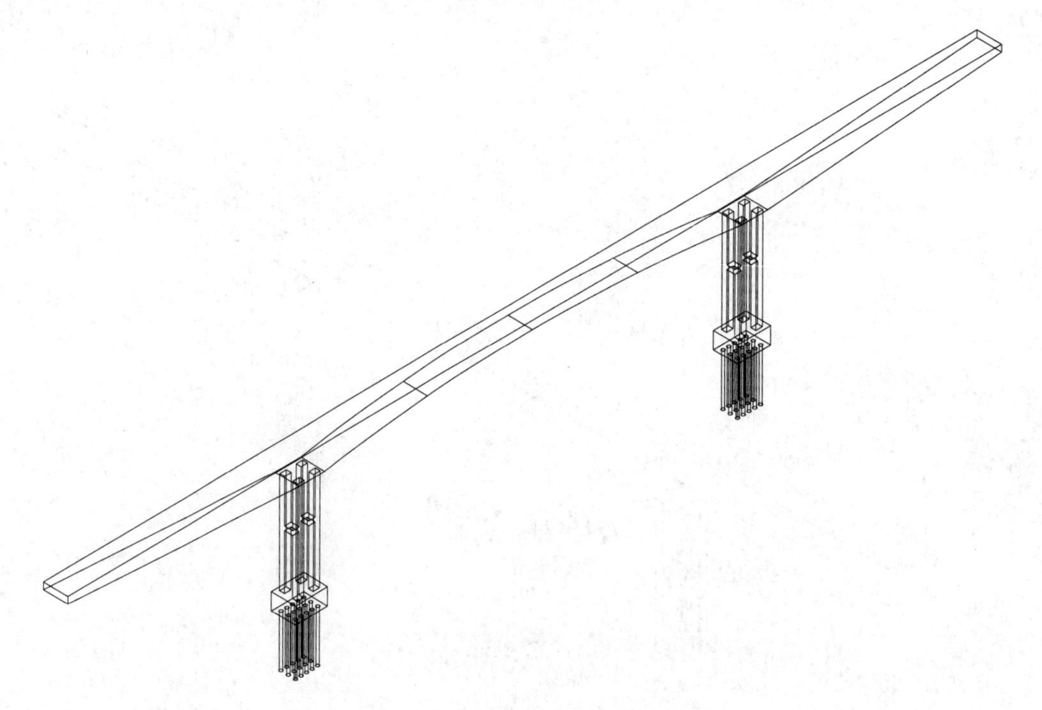

图 11.47　镜像桥墩、承台和桩基

11.10　三维模型的着色与渲染

11.10.1　三维模型的着色

三维模型的着色是用命令“SHAPEMODE”或“VSCURRENT”对模型着色。着色的好处便于动态观察三维模型的各部分并减少不必要的渲染时间，命令如下：

命令：VSCURRENT
输入选项［二维线框（2)/三维线框（3)/三维隐藏（H)/真实（R)/概念（C)/其他（O)］〈二维线框〉：

11.10.2　三维模型渲染

三维建模，总体上分成两阶段，即建模和渲染，建模就是指画三维图，渲染则是对三维体的美化。三维模型渲染主要有：指定材质、附着材质、贴图设置、渲染环境、高级渲染设置等。

(1) 指定材质。为了提高建筑物的外观质感，用指定材质命令“materials”指定材质为木质或混凝土。或用菜单命令“视图”→“渲染”→“材质”弹出“材质”对话框设置，如图 11.48“材质编辑器”选项组所示。

(2) 附着材质。选择好材质后将材质附着给相应的实体。在这种状态下，用户可以渲染整个视图、渲染修剪的部分视图，也可以选择渲染预设以及取消正在进行的渲染任务。

(3) 贴图设置。贴图设置也是在材质对话框中进行设置，可以设置漫射贴图、不透明

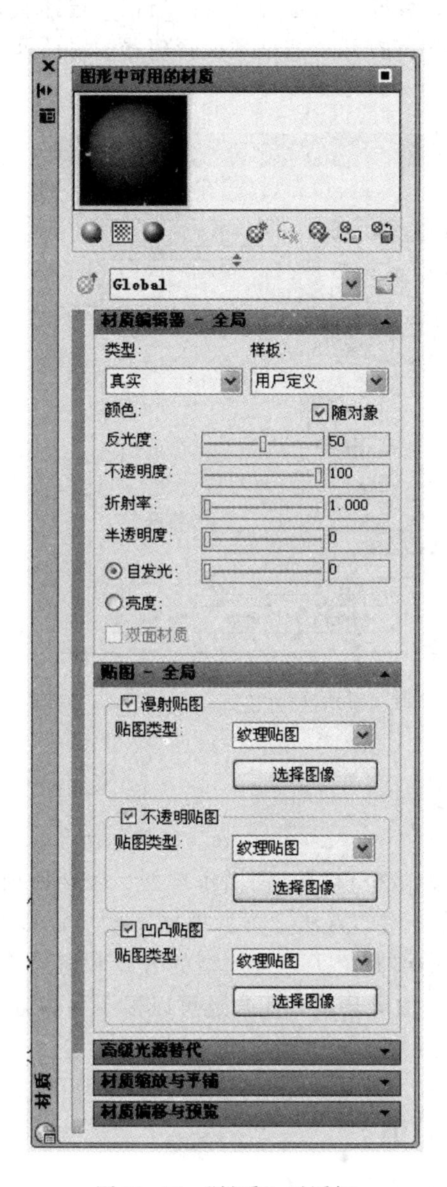

图 11.48 “材质”对话框

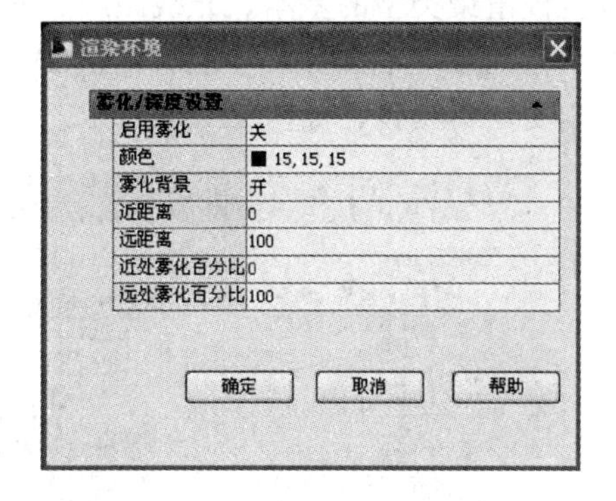

图 11.49 “渲染环境”对话框

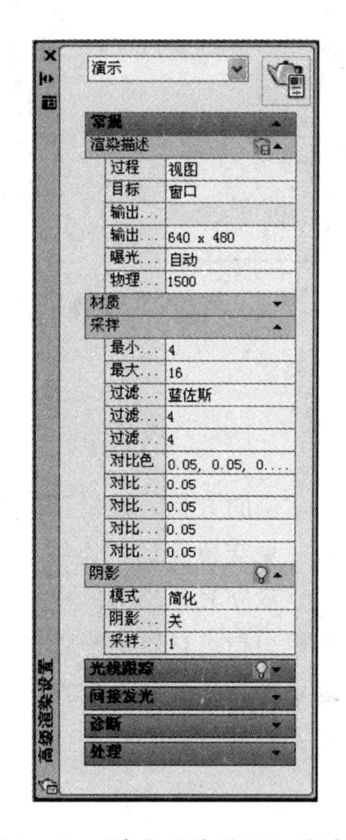

图 11.50 “高级渲染设置”对话框

贴图、凹凸贴图，并可以选择图像，如图 11.48 中“贴图”选项组所示。

(4) 渲染环境。在渲染图形时，可以添加雾化效果。选择“视图”→“渲染”→“渲染环境”命令，弹出“渲染环境”对话框。在此对话框中进行雾化设置，如图 11.49 所示。

(5) 高级渲染设置。在 AutoCAD 2010 中，选择“视图”→“渲染”→“高级设置”命令，打开“高级渲染设置”对话框，可以进行高级渲染选项设置，如图 11.50 所示。

在“选择渲染预设”下拉列表框中，可以选择预设的渲染类型，这时在参数区中，可以设置该渲染类型的基本、光线跟踪、间接发光、诊断、处理等参数。当在“选择渲染预设”下拉列表框中选择“管理渲染预设”选项时，将打开“渲染预设管理器”对话框，可以自定义渲染预设，如图11.51所示。

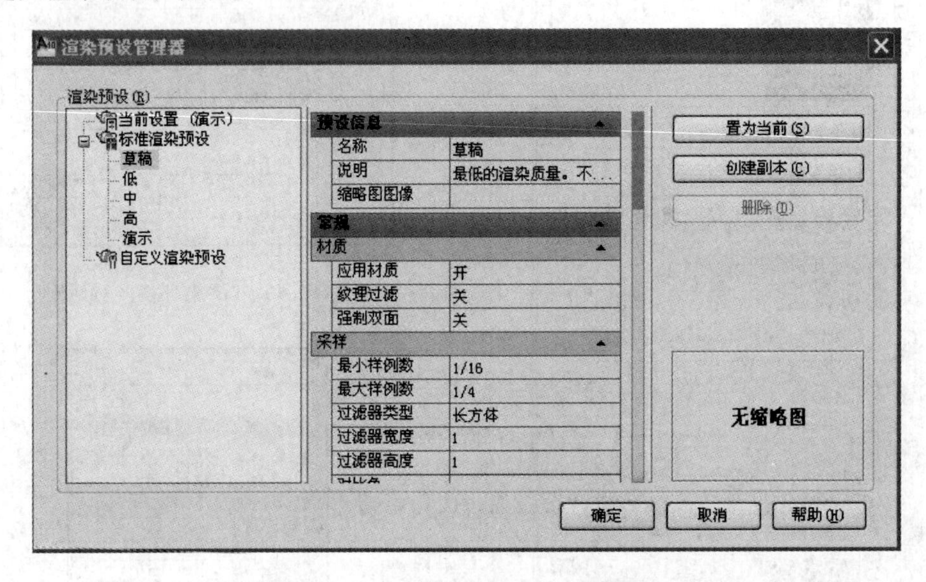

图11.51　“渲染预设管理器”对话框

小　　结

本章以实例的方式，列举了包括石拱桥模型、吊桥模型、钢拱桥模型、桁架桥模型、高架桥模型、立交桥模型、连续钢构桥的模型的建模的方法，读者根据实例可以以此类推、举一反三建立其他相似的模型。同时本章还详细介绍了三维模型的着色和渲染方法，可以对三维模型指定材质、附着材质、贴图设置、渲染环境，用户还可以根据具体需求设置相应的选项进行高级渲染设置。

习题与实训

1. 怎样绘制交叉弧形路面？
2. 怎样绘制刚桁架拱桥？
3. 怎样绘制大跨度桥梁？
4. CAD三维模型渲染跟几个步骤？

附录　AutoCAD 常用快捷键命令

快捷键	命　令	快捷键	命　令
L	直线	A	圆弧
C	圆	T	多行文字
XL	射线	B	块定义
E	删除	I	块插入
H	填充	W	定义块文件
TR	修剪	CO	复制
EX	延伸	MI	镜像
PO	点	O	偏移
S	拉伸	F	倒圆角
U	返回	D	标注样式
DDI	直径标注	DLI	线性标注
DAN	角度标注	DRA	半径标注
OP	系统选项设置	OS	对像捕捉设置

参 考 文 献

［1］ 张郁生．公路CAD［M］．北京：机械工业出版社，2010．
［2］ 王征，王仙红．AutoCAD 2010实用教程［M］．北京：清华大学出版社，2009．
［3］ 黄琴，黄浩，等．AutoCAD 2008建筑施工图实例教程［M］．北京：机械工业出版社，2007．
［4］ 邱会朋．AutoCAD 2008应用教程［M］．北京：清华大学出版社，2008．
［5］ 张立明，严志刚．AutoCAD 2008道桥制图［M］．北京：人民交通出版社，2006．
［6］ 郑益民．桥梁工程CAD［M］．北京：清华大学出版社，2010．
［7］ 王磊，郭景全．道路CAD［M］．北京：中国电力出版社，2010．
［8］ 袁正刚，唐卫清．面向工程CAD的图形库设计［J］．计算机辅助设计与图形学学报，2001．
［9］ 张渝生．土建CAD教程［M］．2版．北京：中国建筑工业出版社，2010．
［10］ 孙启善，王璐璐，马俊凯．AutoCAD 2010完全学习手册建筑入门·进阶·精通篇（1DVD）［M］．北京：科学出版社，2010．
［11］ 汪琪美，霍新民．AutoCAD 2005建筑施工图绘制［M］．北京：电子工业出版社，2005．
［12］ 杨月英，於辉．AutoCAD 2006绘制建筑图［M］．北京：中国建材工业出版社，2006．
［13］ 张小平．建筑工程CAD［M］．北京：人民交通出版社出版，2011．